西南桦培育技术

庞正轰　苏付保　冯立新　主编

中国林业出版社

图书在版编目（CIP）数据

西南桦培育技术／庞正轰，苏付保，冯立新主编. —北京：中国林业出版社，2018.9

ISBN 978 - 7 - 5038 - 9728 - 3

Ⅰ. ①西⋯　Ⅱ. ①庞⋯ ②苏⋯ ③冯⋯　Ⅲ. ①桦木属 – 栽培技术　Ⅳ. ①S792.15

中国版本图书馆 CIP 数据核字（2018）第 207225 号

国家林业和草原局生态文明教材及林业高校教材建设项目

中国林业出版社·教育出版分社

策划编辑： 吴　卉　肖基浒

责任编辑： 肖基浒　高兴荣

电话/传真：（010）83143611　（010）83143561

出版发行	中国林业出版社（100009　北京市西城区德内大街刘海胡同 7 号）
	E-mail：jiaocaipublic@ 163. com
	电话：（010）83143500
	http://lycb. forestry. gov. cn
经　　销	新华书店
印　　刷	固安县京平诚乾印刷有限公司
版　　次	2018 年 10 月第 1 版
印　　次	2018 年 10 月第 1 次印刷
开　　本	787mm×1092mm　1/16
印　　张	15.25
字　　数	300 千字
定　　价	48.00 元

《西南桦培育技术》
主要编写人员

庞正轰　广西生态工程职业技术学院

苏付保　广西生态工程职业技术学院

冯立新　广西生态工程职业技术学院

朱昌叁　广西生态工程职业技术学院

李荣珍　广西生态工程职业技术学院

刘有莲　广西生态工程职业技术学院

周艳萍　天峨县林朵林场

黄弼昌　天峨县林朵林场

王凌辉　广西大学

何　斌　广西大学

陈　荣　红河学院

郝　建　中国林业科学研究院热带林业试验中心

谌红辉　中国林业科学研究院热带林业试验中心

陈顺秀　广西国有三门江林场

周　通　柳州市林业科学研究所

苏　彬　广西那坡县那马林场

前言

西南桦在我国主要分布于云南、广西、四川、贵州、重庆和海南等省（自治区、直辖市），其涵养水源、保持地力和固定碳素等作用突出，是优良的生态树种；西南桦生长快，抗逆性强，树干通直圆满，木材纹理优美，不易开裂，容易加工，是制作高档家具的理想树种。因此，西南桦具有很高的研究和开发利用价值。

2001-2010年广西生态工程职业技术学院主持了广西林业厅"九五"林业科技项目——西南桦人工林丰产技术研究和应用，在百色市老山林场、广西国有雅长林场、河池市天峨县林朵林场等地开展了西南桦优树选择、采种、育苗、造林、抚育、病虫害监测防治等一系列的研究工作，取得的重大研究成果在2011年通过了自治区科研成果鉴定，并获得了广西科技成果进步三等奖。以此成果为依托，2014年广西生态工程职业技术学院申报国家林业局科技推广项目——西南桦丰产技术的推广，并获得了立项。该项目主要在百色市那坡县那马林场实施。为了进一步总结西南桦研究成果，推广应用西南桦先进适用技术，促进西南桦为生态建设和林业发展服务，本书编者将西南桦研究课题组以及有关人员在项目实施过程中发表的研究论文和成果汇编成《西南桦培育技术》，供有关林业教育、科研和生产技术人员参考。

本书有三方面的特点：一是，内容丰富，共收集研究论文35篇，其中，综述1篇、组织培养与育苗技术6篇、造林技术14篇、良种选育4篇、有害生物监测和防治10篇。此外，收集林业行业标准1件、成果简介1份、推广项目简介2份；二是，内容新颖，比较集中地反映了当前我国西南桦的研究成果和推广应用水平，创新性比较鲜明；三是实践性强，树种大多数论文的作者来自林业教学、科研和生产第一线，使论文不仅具有一定的理论水平，而且十分注重实践应用，对生产实践具有重要的指导意义。

本书在汇编过程中，冯立新同志做了大量的工作，同时，得到了论文第一作者的大力支持和密切配合。此外，论文集在出版过程中得到了中国林业出版社的帮助。在此，一并表示感谢。

鉴于编者水平有限，加之时间仓促，书中难免有疏漏之处，敬请读者在使用本书时提出宝贵意见和建议。

庞正轰
2018 年 4 月 6 日

作者简介

庞正轰　男，1957年生，广西博白人，博士，教授、教授级高级工程师，先后在广西博白林场、北京林业大学、广西林业厅工作，2007年5月任广西生态工程职业技术学院院长、2014年7月任学院党委书记；兼任中国林学会桉树专业委员会副主任、中国林业教育学会常务理事、广西林学会副理事长、广西生态文化研究会副会长等职。主持省部级项目10多项，获重大科技成果10项，取得省（部）级科技进步奖7项，其中一等奖1项，二等奖2项，三等奖4项，获省级教学成果二等奖1项、中国职业技术教育教学成果三等奖一项，选育林木良种1个，制订行业标准1件，发表论文60多篇，出版著作5部、教材1部，培养硕士生12人，系自治区级精品课程主持人、自治区优秀教学团队负责人。E-mail：pangzhenghong21@163.com。

苏付保　男，1963年生，广西灵川人，教授、高级工程师，教务处处长，兼任广西珍贵乡土树种培育良种中心主任、全国林业职业教育教学指导委员会园林生态类专业教学指导委员会委员、广西职业教育教学指导委员会农业行业教育教学指导委员会委员、广西林学会营林专业委员会委员、广西杉木良种选育科技支持专家和广西贫困县科技特派员。主持项目13项，取得重大选育林木良种1个，发表论文50多篇，出版著作4部、教材3部，系自治区级精品课程主持人、自治区优秀教学团队负责人。E-mail：sufubao@163.com。

冯立新　男，1979年生，吉林大安人，硕士，副教授。2006年7月到广西生态工程职业技术学院任教，现任教务处副处长、教务党支部书记。主持省部级项目1项，厅级项目3项，获得百色市科技创新二等奖1项，发表论文20多篇，出版教材2部，系自治区级精品课程《林木种苗生产技术》骨干教师、"林木种苗生产技术课程自治区优秀教学团队"主要成员。E-mail：xiaoxin04010215@126.com。

陈荣　男，广西全州人，1977年生，博士，副教授。主要研究方向为植物资源开发与利用、中药材规范化生产、植物遗传改良。主持国家自然科学基金项目1项，参与国家自然科学基金项目2项，主持结题广西教育厅项目1

项，参与省(部)地厅级项目10多项，近5年来以第一作者身份发表核心期刊以上论文17篇，其中被SCI收录文章2篇，EI收录文章1篇，ISTP收录文章1篇，主编出版教材2部。E-mail：chentianyigl@126.com。

朱昌叁　男，1975年生，广西岑溪人，中央民族大学在读博士，高级工程师，曾在广西钟山县第一中学、柳州市赛特生物科技研究中心工作，目前在广西生态工程职业技术学院科研与国际合作处任职。主持完成省部级项目1项，主持或参与广西高校科技项目、广西林业科技项目等8项，获得多项广西自治区科学技术成果，以第一作者或通讯作者发表论文10多篇，参编出版教材1部。E-mail：17889874@qq.com。

李荣珍　女，1965年生，广西桂平人，教授、高级工程师，广西生态工程职业技术学院教师。中国民主同盟广西壮族自治区第十二届委员会生态环境委员会委员，民盟柳州市教育委员会委员。主讲《森林营造技术》《林木种苗生产技术》《植物组织培养》等课程，是广西高校优秀教学团队《林木种苗生产技术》团队的成员，广西高校精品课程《林木种苗生产技术》的主讲教师。主持和参与省部级、市厅级教科研项目15个，学院研究项目8项。发表教学科研论文32篇，主编、参编教材5部。E-mail：gxlyz111@163.com。

刘有莲　女，1968年生，广西柳城县人，硕士，教授，高级工程师，广西生态工程职业技术学院林业工程系教师。主持完成地厅级项目2项，主持或参与省部级、地厅项目等10多项，发表论文20多篇，参编出版教材、专著6部，系自治区级精品课程及优秀教学团队成员。E-mail：stlyl2725072@126.com。

周燕萍　女，1969年生，广西恭城县人，高级工程师，广西大学毕业后在广西天峨县林朵林场长期从事森林培育工作，历任林朵林场技术员、生产技术科副科长、项目办主任等职务。曾经多次参加本场森林资源二类调查，为本场森林经营方案的编制提供科学依据。参与本场历年木材采伐作业设计和伐区验收等工作。先后主持申报中央财政森林抚育补贴、木材战略储备基地建设、林业科技推广示范、林下经济等项目，并落实扶持资金950.6万元。先后与广西大学林学院、广西生态工程职业技术学院、广西林业科学研究院进行林业科研活动，在工作中总结发表论文6篇。E-mail：ldlcxmb@163.com。

黄弼昌　男，1975年生，广西东兰县人，高级工程师，广西大学毕业后在广西天峨县林朵林场长期从事森林培育工作，历任林朵林场技术员、分场副场长，生产技术科长、林朵林场副场长、场长等职务。在抓森林资源培育和林场经济增收方面成效明显，2006年获得天峨县"科技工作先进个人"称号；2006年获得天峨县"优秀共产党员"称号；2013年获得河池市"安全生产月"先进个人及全区绿化模范奖章；2016年荣获广西科学技术奖一等奖。先后与广西大学林学院、广西生态工程职业技术学院、广西林业科学研究院进行林业科研活动，在工作中总结发表论文7篇。E-mail：13877869262@163.com。

何斌　男，1962年生，研究员，硕士，广西大学生态学和森林培育专业硕士生导师，国家自然科学基金项目和广西科技项目评议专家。主要从事森林土壤、森林生态和森林培育等学科的科研和教学工作，主持或作为主要成员承担30多项科研项目，其中国家自然科学基金等国家级项目6项，省部级项8项。获得广西科技进步三等奖2项。在《林业科学》等学术期刊发表研究论文100多篇，其中SCI收录和国内核心期刊论文80多篇。

郝建　男，1983年8月生，中国林业科学研究院在读博士，工程师。2006年毕业于南京林业大学，获农学学士学位；2009年7月研究生毕业于广西大学林学院，获农学硕士学位，同年进入中国林业科学研究院热带林业实验中心工作，主要从事热带、南亚热带珍贵、乡土树种的培育技术与理论研究，先后主持中国林业科学研究院热带林业试验中心主任基金、广西自然科学基金、中国林业科学研究院专项资金项目3项，已发表学术论文16篇。E-mail：xuzhouhaojian@126.com。

谌红辉　男，森林培育学博士，高级工程师，中国林业科学研究院热带林业实验中心林木良种研究室主任，国家林业局木材战略储备项目咨询专家，国家珍贵树种良种基地技术负责人。长期从事珍贵树种良种选育及容器育苗技术研究，独立攻克了西南桦、光皮桦组培快繁技术，并选出了一批增益显著的西南桦无性系良种。作为主要完成人获国家科技进步二等奖1项，省

（部）级科技进步二等奖 3 项，梁希林业科学技术奖 3 项，在核心期刊发表科技论文 30 多篇，对珍贵树种具有良好的研究基础与推广经验。

陈顺秀　女，1985 年 4 月生，广西来宾人，2013 年研究生毕业于广西大学林学院生态学专业，获硕士学位。攻读硕士期间主要从事西南桦病虫害研究，发表论文有：《我国苹掌舟蛾研究进展》《苹掌舟蛾越冬蛹在西南桦林的空间分布型研究》等。2013 年以来在广西国有三门江林场苗圃任技术员、工程师，从事用材林苗木培育及相关科研工作。

周通　男，1970 年 2 月生，广西融水县人，现任柳州市林业科学研究所副所长、工程师。1991 年 7 月从广西林校毕业以来，长期从事林木病虫害防治、丰产栽培技术、苗木繁育等工作。1992—1993 年培育马尾松和尾叶桉营养杯苗 86 万株；1994 年在融水县开展毛竹产地检疫调查及病虫害标本鉴定；1994—1998 年，参与沙田柚丰产园建园工作；2000—2008 年，培育大红苞八角、桂花、竹柏、珍珠罗汉松、长叶罗汉松等苗木 100 多万株；2007 年至今，参与"珍贵乡土树种光皮桦丰产栽培技术研究""名贵中药材牛大力良种苗木培育""杉木测土配方施肥技术研究与示范""杉幼林营养调控速生丰产关键技术集成试验示范"等项目；发表论文 4 篇，2013 年被评为柳州市林业先进工作者。

王凌晖　男，博士，教授，广西大学园林系主任，硕士生导师，林学院学位学术委员会委员，2009 年晋升教授，2015 年晋升三级教授。中国风景园林行业协会副理事长，广西大学"三育人"先进个人。发表论文 100 余篇，主编书籍 4 部，参编 5 部。2009 年广西科技进步三等奖，2013 年梁希林业科学技术二等奖，2006 年广西高校优秀教材二等奖，2012—2014 年连续获园冶杯风景园林国际竞赛一等奖和优秀指导教师奖。主持国家和广西自然科学基金、广西重大林业科技项目等多项。

苏彬　男，1977 年 10 月生，广西那坡县人，助理工程师，广西那坡县那马林场生产股股长，1998 年进入那坡县那马林场工作至今，主要负责那马林场森林培育、有害生物防治等技术工作，发表论文 2 篇。

目 录

第一章

绪　论

西南桦(*Betula alnoides* Buch. -Ham. ex D. Don)是我国热带、南亚热带地区优良速生乡土用材林树种和高效的生态公益林树种,它生长快,抗性强,材质优,价值高,是制作高档家具和木地板的理想材料,其林分具有维持生物多样性、涵养水源、保持地力和固定碳素等优良生态特性。2010 年我国西南桦人工林面积已经达到 90000hm²。1990 年以前,我国对西南桦主要开展种源调查和生物学生态学特性研究。1990 年以来,我国对西南桦开展了比较系统的研究,曾杰于 2006 年对我国西南桦研究情况进行了回顾。2007 年以来,我国西南桦研究进一步深入,取得了一批重大科研成果,发表了一批重要的科研论文。为了系统地总结我国西南桦研究成果,分析存在问题,提升西南桦研究水平,促进西南桦产业化发展,现将我国西南桦的研究进展情况概述如下。

1.1　生物学和生态学特性研究

1.1.1　地理分布

据曾杰、王达明等报道,西南桦在我国主要分布于云南、广西、海南、四川、西藏(墨脱)、贵州 6 个省(自治区),在国外主要分布在越南、老挝、缅甸、泰国、印度、尼泊尔 6 个国家;我国西南桦天然分布最低海拔 200m(广西百色和云南富宁)、最高海拔 2800m;国外(印度)西南桦天然分布最高海拔 3350m。

1.1.2　适生条件

据曾杰、王献溥、王达明等研究,西南桦适合在 pH 值 4.2~6.5 的土壤中生长,土层厚度 100cm 以上,年平均气温 13.5~21℃,最适气温 16.3~19.3℃,极端气温 -5.7~41.3℃;≥10℃的活动积温 3824~7235℃;年均降水量 600~1000mm。西南桦具有外生菌根和内生菌根,是典型的菌根营养型树种,具有较强的菌根依赖性。菌根能提高树种的抗逆性,这可能是西南桦适应能力较强的原因之一。

1.1.3　生长规律

黄镜光等在广西凭祥市的研究结果表明,西南桦天然林在 15 年生以前,年均胸径和树高生长分别超过 1.57cm 和 1.97m，15 年生以后，胸径和树高生长减缓，但是材积生长仍然迅速，优势木平均材积生长曲线与连年生长曲线在 40 年生时还未相交。黄镜光等对西南桦人工幼林生长节律的结果表明，西南桦分别在 4~5 月、8~9 月出现 2 次生长高峰期，而 6~7 月生长减缓，这可能与高温胁迫有关。王达明等在云南省普文林场研究结果表明，1~4 年生西南桦人工林生长十分迅速，胸径生长量最大可达 3.0cm，树高最大可达 4.0m，5 年生以后胸径与树高生长减缓，但是材积生长量仍然迅速，研究结论与黄镜光的十分相近。

1.1.4 演替规律

王献溥认为在亚热带地区，当常绿阔叶林被砍伐后，桦木常常迅速地侵入发展成林，构成亚热带落叶林的一种重要类型，在自然发展过程中，它们又将向原来的森林类型恢复和演替。

1.2 种质资源调查、种源试验与良种选育

1.2.1 种质资源调查

中国林业科学研究院热带林业研究所在"九五"期间收集到云南、广西和海南的种源 14 个，"十五"期间收集到种源 30 个家系 300 个，在表型、等位酶和 DNA 水平上系统地研究了西南桦居群的遗传多样性和遗传结构。施国政等对海南岛西南桦种质资源进行了调查。陈志刚等对不同地理种源西南桦苗木耐热性进行了研究。

1.2.2 种源试验

"九五"和"十五"期间，中国林业科学研究院热带林业研究所与一些单位合作，先后在广州帽峰山、广西凭祥、云南的景东、普文林场和勐腊、福建的建化和华安等地开展种源选择试验。陈国彪 2002 年引进云南、广西 25 个种源在福建漳州等地开展了西南桦种源家系试验，1 年生平均树高 1.98m，最高单株达到 3.82m，初步选择出一批优良的种源、家系和单株。郭文福等应用 25 个地理种源 400 个家系在广西凭祥开展了西南桦种源家系选择试验，对

1~4 年幼林进行生长性状遗传变异分析，以 4 年生时生长性状作为早期评价，发现大多数优良种源来自广西，认为西南桦种源选择以就近种源为好。郭文福对 13 个种源 350 个家系育苗数据进行聚类分析表明，不同种源及不同家系苗高生长差异显著，在广西凭祥试验点，表现较好的有广西靖西、广西田林等种源，云南种源表现较差，认为在中心分布区内家系选择比种源选择意义更大。黄林青等 2006 年引进西南桦 25 个家系种源在福建南安五台山开展对比试验，初步显示 25 个种源中，有 8 个种源表现良好，7 个种源生长较差，10 个种源表现中等；郑海水选择了 13 个种源在云南景东地区开展西南桦种源试验，结果表明，潞西、屏边、镇源 3 个种源生长表现优良，西马、龙陵和百色 3 个种源表现良好，平果、凭祥、靖西、景洪和田林 5 个种源表现一般。王庆华选择了 13 个种源在云南普宁开展西南桦种源试验，结果表明，种源间在种子千粒重、苗高生长、地径生长和全株生物量等方面遗传差异显著，确定云南西畴新马街、莲花塘、腾冲、潞西为苗期生长快种源，云南镇源、屏边、广西田林为苗期生长中等种源，云南龙陵、景洪、广西平果、凭祥、百色、靖西为苗期生长慢的种源。林文锋、林玉清在福建也开展了西南桦种源试验。

1.2.3　优良种源及优良家系选择

陈强等开展了西南桦天然林优树选择试验；通过对西南桦分布区的调查，实测了 25 个县 261 株西南桦候选优树的数量性状、质量性状及环境因子，对候选优树 9 个性状进行相关分析后选择出材积和通直度作为西南桦选优的主要性状；采用数量化回归的方法制定优树选择的指标，建立了各立地因子、林分类型和树龄与材积的多元数量化模型，复相关系数 0.92。庞正轰等 2001—2010 年在广西百色凌云等地开展了西南桦天然优质林分和优良单株选择研究，选出了天然林优质林分 100hm²，优良单株 9 株，并从优良单株上采种造林，在海拔 400~950m 表现良好，其中 6 年生林分平均树高 14.4m，平均胸径生长 14.2cm。周凤林等以广西、云南 407 个西南桦家系为材料，开展了优良种源选择、苗期优良家系选择、2 年人工林生优良家系选择试验，表现最好的家系，实际增益 112.58%。郭文福、毕波、王庆华等也开展了西南桦优良种源、优良家系选择试验研究。

庞正轰等 2010 年在百色市右江区和田林县 4 个年龄组的西南桦试验林中选出优质林分 6 片、选出材积比平均木大 100% 以上的优树 15 株，其中，4.5

年生优树树高 11.8m，胸径 13.5cm，5.5 年生优树树高 13.2m，胸径 16.3cm；6 年生优树高 14.8m、胸径 20.4cm；6.5 年生优树树高 15.2m，胸径 21.7cm。

1.3 育苗技术研究

1.3.1 种子采收

据翁启杰等 2004 年报道，种子采收时间在广西为 1~3 月，云南 2~3 月，滇西北高海拔地区以及海南岛 3~4 月。采收方法，大多采用人工爬树法进行采集。

1.3.2 种子贮藏

黄芬林 1995 年采用不同贮藏方法和不同发芽条件下对西南桦种子发芽率进行试验，结果表明，西南桦种子宜采用低温（8~12℃）密封贮藏或暗藏方法，这两种方法可较长时间（90d 以上）保持西南桦种子发芽能力。曾杰等 2001 年对西南桦种子贮藏设置了干燥、布袋、保鲜袋以及系列温度处理对比试验，结果表明，布袋与保鲜袋处理对种子贮藏影响极不显著，在常温常规条件下，种子贮藏 3 个月即失去发芽力；在常温干燥条件下，贮藏 10 个月种子发芽率未显著下降；在 15℃ 条件下，贮藏 10 个月几乎失去发芽力；在 -5℃、0℃、5℃、10℃ 条件下，贮藏 3 年，种子发芽率仍然达到 80%，效果十分理想。

1.3.3 种子发芽

陈国彪等 2005 年对采自广西和云南 9 个西南桦种源种子，设置了 15℃、20℃、25℃、30℃ 温度处理，结果表明，在不同温度条件下种源间的发芽率差异不显著，而发芽速度、芽苗根生长、茎生长、发芽始期、子叶出现期等差异显著。龙州种源种子发芽最快，生长最好，25℃ 是芽苗茎生长最适温度，根生长最适温度 20~25℃。程伟等 2007 年应用各种浓度蔗糖、蔗糖+硼酸培养基于系列温度下开展西南桦花粉萌发对比试验，结果表明，蔗糖基本培养基上添加硼酸能够显著促进西南桦花粉萌发，花粉体萌发的合适培养基为 15% 蔗糖+200mg/kg 硼酸，适宜温度为 30℃，在此条件下培养 3h，花粉萌发基本稳定，培养 7h，花粉管长度趋于稳定。刘宝等 2008 年以离体培养为参照，从 TTC、I-KI、醋酸洋红 3 种方法中筛选出适宜西南桦花粉活力的快速检测方法，结果表明，TTC 法检测结果与萌发检测法一致，这说明可采用 TTC 法在野外条件下快速检测西南桦花粉活力。

1.3.4　实生苗培育技术

2000 年以前，人工造林以培育裸根苗为主，2000 年以后以培育容器苗为主，2006 年以来则开展轻基质质容器育苗。郑海水等 1998 年开展了育苗基质选择试验，结果表明，以黄心土 1:火烧土 3、黄心土 2:河沙 2 的效果最好，苗木地径粗壮，高径比小，苗木重量大，根系发达；纯黄心土育苗效果最差，黄心土 + 泥炭基质雨季育苗效果也不好。黎明、蒙彩兰等 2007 年开展了轻基质育苗试验，每年 8~9 月播种，待芽苗具 4~6 片真叶时，移入网袋，基质以松皮粉 35% + 沤制锯末 50% + 碳化锯末 15%，翌年 2~3 月，大部分苗木地径大于 0.25cm，苗高大于 0.20m，实践证明，轻基质网袋育苗技术可以应用于工厂化育苗。蒋云东对育苗容器规格进行研究，认为应使用 7cm×8cm 的容器。王凌晖等应用 ABT6、GA3 对西南桦苗木进行叶面喷施试验，结果表明，这两种植物生长调节剂对苗木高生长、地径生长、根系生长和苗木重量都有明显的促进作用。杨斌等 2003 年采用逐步聚类分析方法，对西南桦容器苗苗木分级进行了探讨，提出了以苗高和地径作为分级的质量指标，1 级苗：苗高 ≥ 25.2cm，地径 ≥ 0.26cm；2 级苗：25.2cm < 苗高 ≥ 19.9cm，0.26cm < 地径 ≥ 0.21cm。尹加笔等 2007 年在云南保山采用塑料大棚育苗方法，用 100d 左右时间培育出符合出圃标准的苗木，做到当年采种（3~4 月）、育苗（3~4 月）与造林（8 月）相衔接，减少长时间低温贮藏种子环节，缩短了育苗时间，降低了育苗成本。周志美等 2007 年在云南德宏州采用双层膜育苗技术，在播种出苗期采取在育苗大棚内又盖小棚的方法，提高了种子发芽率和幼苗生长速度，较常规育苗方法缩短了育苗时间，降低了育苗成本，提高了育苗质量。蒋云东等 2003 年在云南普文对西南桦进行苗木施肥试验，结果表明，复合肥能明显提高苗木的高生长、地径生长和生物量，施肥量一般以 0.5%~1.0% 为宜，尿素对苗木生长也有明显的促进作用，钙镁磷肥在育苗生产中不宜采用，合理施肥能够缩短苗木出圃时间 1~2 个月。弓明钦等 2000 年分别对西南桦幼苗实施 VA 菌根和 ECA 菌根接种试验，结果表明，西南桦幼苗对两个类型的菌根均可受感染，对菌根均有较强的依赖性，对外生菌根依赖性较强，接种菌

根的苗木可在 150～180d 后出圃造林，与对照苗木相比，可以提前 5 个月出圃造林。

1.3.5 扦插育苗技术

陈伟等 2004 年对西南桦不同种源扦插生根能力进行了研究，试验结果表明，从幼树上采集枝条经过 ABT 生根粉处理，生根率 74% 以上，最高达97.56%。曾杰等的研究表明，西南桦在不采用任何生根促进剂条件下，生根率为 28%，采用生根促进剂的生根率达到 80%。谌红辉等 2009 年开展了西南桦嫩枝扦插技术研究，以西南桦优良无性系组培苗作为采穗母树，从母树生长状况与产穗量方面考虑，母树截干高度以 20～30cm 为宜；采穗母树应筛选萌芽力强、侧枝粗壮发达的无性系培育；西南桦扦插生根制剂吲哚丁酸(IBA)的合理使用浓度为 0.08%；不同无性系插穗生根数量差异较大；截干高度越低，萌芽条的生根成活率越高。西南桦嫩枝扦插育苗对于快速繁殖优良无性系苗木是一个有效的途径。但是，至 2010 年扦插育苗还没有大规模地开展。

1.3.6 组织培养技术

西南桦组织培养是以芽繁芽的方式为主。樊国盛等 2000 年开展了西南桦组织培养研究。韩美丽等 2002 年以 MS 为基本培养基，在 MS 改良培养基上开展诱导试验，附加 1～3mg/L BA，可诱导西南桦侧芽再生不定芽，添加1.0mg/L KT 可以明显提高不定芽发生率，组培苗所需要的生根条件为 1/2 MS + IBA0.5～1.0mg/L。刘英等 2003 年以 MS 为基本培养基，以 8 个月生苗木采集的枝条作为外植体，通过调整大量元素配比突破了侧芽增殖诱导，成功地研发出一套西南桦以芽繁芽组培快繁技术体系，增殖倍数达 4 倍以上，生根率可达 97.9%。陈伟等对西南桦不同种源外植体组织培养中的启动培养、增殖培养、生根培养进行研究，用优良单株近基部枝条的第 2 个、第 3 个腋芽，以 B_5 为启动培养基，0.05mg/L 的 NAA 处理下，启动萌动率最高；以改良 MS1 为增殖培养基，激素配比 ZT(2mg/L) + NAA(0.2mg/L)时，增殖效果最好；以 1/3MS 为生根培养基，激素配比为 IBA(1.0mg/L) + NAA(0.2mg/L) + ABT1 = (0.2mg/L)时，生根效果最好，在不同种源的各项试验中，以种源 M16 表现最好。汪长水对西南桦不同种源优选株系萌芽条离体快繁技术的初代培养、增殖培养、生根培养和移栽等方面进行研究，初代培养最适培养基为改良 MS + 6-BA 3.0mg/L + NAA 0.25mg/L + 光照 14h/d，芽体分化率最高达

57.8%；最适增殖培养基为改良 MS + 6-BA2.5mg/L + NAA0.25mg/L + 糖 35g/L；生根培养基为 1/2 改良 MS + IBA1.0mg/L + NAA0.1mg/L + IAA 0.10mg/L；组培苗移栽基质为70%泥炭土+30%红心土。中国林业科学研究院热带林业研究中心谌红辉等对西南桦的叶芽组培技术进行研究，在外植体诱导培养基中加入少量抗氧化剂及多次转接可诱导分化并有效防止褐化。最适宜的增殖培养基为 MS + 6-BA1.0mg/L + KT 0.5mg/L + NAA0.1mg/L，增殖系数可达 3.4，生根培养基经正交试验筛选为 1/2MS + NAA1，2007 年成功地培育出了西南桦组培苗，并于 2008 年在广西天峨县林朵林场、百色老山林场等地开展造林试验。

1.3.7 嫁接技术

黎明、赵志刚等开展了西南桦幼苗嫁接试验。黎明等认为西南桦嫁接时间可在 2~3 月或 9~10 月进行，以 9~10 月为佳，采用芽接法，成活率可达 80%以上。赵志刚等认为嫁接的最佳时期应是 9 月下旬，砧木直径以大于 0.5cm 为宜。

1.4　造林技术研究

1.4.1　整地造林技术

黄镜光、赵子庄、郑海水等从 1991 年至 2001 年分别在广西凭祥、云南和海南等地开展了造林技术研究，整地方式一般采用带垦或穴垦方式。挖种植穴，规格40cm×40cm×35cm 或 50cm×50cm×40cm，初植密度一般为2m×3m 或 3m×3m。春季造林或雨季造林成活率较高。郑海水等 2003 年在广西凭祥研究了西南桦造林密度与林木生长的关系，6 年生幼林试验结果：密度对树高生长有影响但不显著，密度与胸径生长呈显著负相关关系；3m×3m 林分的平均胸径分别比 1.5m×2m、2m×2m、2m×3m 高 32.3%、28.4%、11.6%，单株材积生长与密度呈负相关关系，林分蓄积与密度呈正相关关系；培育中大径材，建议采用2m×2m、3m×3m 的株行距。李跟前等 2001 年根据样地调查资料，分析了西南桦人工幼林生长与立地条件的关系，结果表明，林分上层高和平均高与立地腐殖质层厚度、坡位(从山顶到山脚)呈正相关关系，与土壤紧实度和石砾含量呈负相关关系，建立了回归模型，为西南桦人工林立地选择和立地质量评价提供了依据。

1.4.2 混交林造林技术

杨绍增等 1996 年研究了西南桦与马占相思（*Acacia mangium*）的行间混交，认为西南桦与马占相思混交是可以的，西南桦 2：马占相思 1 的混交比例优于西 2：马 2、西 1：马 1。一些天然林调查结果表明，西南桦可与壳斗科（Fagaceae）、樟科（Lauraceae）、山茶科（Theaceae）、松科（Pinaceae）、杉科（Taxodiaceae）等的部分树种混交。于是，有人采用西南桦 1：马尾松 1 进行混交，结果造成马尾松严重受压。

1.4.3 抚育和施肥技术

高温与强光对西南桦幼林生长不利，因此，在造林当年不宜采用全面抚育，而采用带状或扩穴抚育，以免造成幼树灼伤。造林第 2 年可以全面抚育。

蒋云东等 2003 年在云南开展了西南桦苗木施肥试验。庞正轰等 2005—2008 年在广西田林县开展了西南桦人工幼林施肥试验。周燕萍等 2008—2010 年在广西天峨县林朵林场开展了西南桦人工幼林施肥试验，上述研究结果表明，适当施用复合肥对西南桦幼林生长有较明显的促进作用。

1.5 生长适应性和丰产性研究

庞正轰等于 2001—2010 年在广西百色市田林县老山林场海拔 400～1450m 开展 7 个不同海拔的西南桦生长适应性和丰产性试验研究，结果表明，西南桦最适海拔为 400～950m，适生年均气温 15.6～21.1℃，年均降水量 1000～1350mm；海拔过低或过高对西南桦生长都不利，海拔 400m 以下，气温较高、湿度较低，西南桦生长较低；海拔 1250m 以上，气温低、湿度大，西南桦容易遭受低温雨雪灾害；在海拔 400～950m，6 年生试验林，平均树高 14.0m，平均胸径 14.0cm，平均蓄积量 133.96m^3/hm^2，超过了我国阔叶人工林丰产技术标准。

1.6 有害生物控制技术研究

1.6.1 病虫种类及危害情况

西南桦苗圃病虫害与松杉病虫害非常接近。幼林病虫害种类目前发现不多，局部危害严重。苏俊武等 2002 年在云南普文林场发现刺蛾危害、德宏州林业局发现天牛危害。庞正轰等 2005—2010 年在广西凭祥、百色、河池、贺州等地发现木蠹蛾、灯蛾、舟蛾、溃疡病、桑寄生等病虫危害西南桦人工林，2005 年中国林业科学研究院热带林业研究中心（凭祥）20hm^2 西南桦人工林被木蠹蛾危害严重，有虫株率 90%、平均每株有虫 2 条以上，最多达到 8 条；2008 年百色老山林场试验林 60hm^2 在 9 ~ 10 月间，叶子几乎全被吃光，形如火烧。陈尚文等 2005 年调查了广西乐业县西南桦人工林有害生物种类，共发现有害生物 23 种。刘建波等 2008 年研究了西南桦星天牛幼虫种群空间分布格局，应用聚集度指标法、回归分析法对危害桦树的星天牛幼虫种群空间分布格局进行研究，结果表明，星天牛幼虫在桦树林内呈聚集型分布状态，分布的基本成分为个体群，个体之间相互吸引又保持一定的排斥距离；星天牛幼虫的种群类型归属于"聚集度逆密度制约型"。

1.6.2 防治技术

对西南桦苗圃病虫害防治技术研究较多，一般采用化学防治方法控制病虫害。对幼林食叶害虫采用了喷施敌百虫、敌敌畏等化学药液进行防治，效果良好。对蛀干害虫几乎没有开展防治试验。

1.7 生态效益研究

1.7.1 生物多样性

陈宏伟等分别于 1999 年、2002 年对云南西双版纳西南桦人工林群落结构进行了研究，结果表明，西南桦人工纯林或混交林的群落种类组成与其造林前的成分大致相同，各种类型西南桦人工林均具有丰富的层间藤本植物，体现出山地雨林特征，西南桦 + 马占相思混交林、西南桦纯林的下层植被生物多样性指数高，接近邻近的山地雨林，林下鸟类、昆虫种类丰富，且有兽类出没，可见西南桦人工林能够保持生物多样性。

1.7.2 涵养水源

孟梦等利用蘸水法研究了云南普文林场 14 年生西南桦人工纯林的乔、灌、草、枯落物 4 个层次的最大持水能力和土壤蓄水能力，得出西南桦全林分最大持水量为 62.93mm，其中植被层、枯枝落叶层、土壤层的最大持水量分别为 0.62mm、0.81mm、61.50mm。可见，西南桦林分具有良好的水源涵养功能。西南桦林地持水量占全林持水量的 97% 以上，枯枝落叶层最大持水量一般为自身重量的 1 倍以上，因而改善土壤的物理性质，保留林内枯落物层，对提高整个森林系统蓄水能力将起到非常重要的作用。

1.7.3 维持地力

蒋云东等 1993—1998 年在云南普文研究了西南桦人工纯林地力变化情况。通过对西南桦人工幼林土壤肥力 6a 的定位监测，结果表明，西南桦人工幼林期基本不会导致土壤有机质、氮素、有效 P 含量下降，但是会导致土壤有效 K 含量下降；采用 GM(1，1) 模型预测今后 5 年，西南桦人工幼林的土壤有机质和有效 P 含量总趋势为上升；土壤全 N 和有效 N 含量变化不大；土壤有效 K 含量则明显下降。在营林生产中适当施用钾肥，可防止林地有效 K 含量下降。

1.7.4 固定碳素

李江等利用实际测定生物量的方法对西双版纳的几种阔叶人工林生态系统的碳储量进行了研究。7 年生西南桦人工林、山桂花纯林、西南桦 + 山桂花混交林、西南桦 + 高阿丁枫混交林的碳密度分别为：$122.44t/hm^2$、$109.37t/hm^2$、$115.71t/hm^2$、$112.37t/hm^2$，明显高于油松、马尾松、杉木、柳杉、水杉和桉树。年固碳量，西南桦纯林为 $4.17t/(hm^2 \cdot a)$，山桂花纯林为 $3.97t/(hm^2 \cdot a)$，这与国际大气变化组织 IPCC 温室气体调查中使用的热带人工林年固碳量估计值 $[3.4 \sim 7.5t/(hm^2 \cdot a)]$ 是一致的。每年吸收固定的碳量明显高于当地的热带次生林 $[2.33/(hm^2 \cdot a)]$、暖温带落叶阔叶林 $[2.19t/(hm^2 \cdot a)]$，表明西南桦是固碳的优良树种。

1.7.5　绿化美化环境

陈朝飞等认为，西南桦树冠舒展，枝条细长，树形优美，季相变化明显，一般旱季落叶，嫩绿的树冠在秋末到春初格外引人注目，可以作为森林公园、城市道路两旁绿化造林树种。

1.8　木材利用

西南桦木材气干容重 $0.62 \sim 0.67 g/cm^3$，纹理通直，颜色较浅。刘元等采用百度试验法研究了西南桦木材干燥技术，认为采用蒸煮预处理的常规干燥法是西南桦较为适用的干燥法。吕文华等通过显微切片观察化学成分和 FTIR 图谱分析，研究了西南桦木材蓝变、黄变或黄褐变，研究了西南桦木材变色的主要原因。吕建雄等对西南桦人工林木材南北向、近髓心和近树皮 2 个不同径向位置的力学性质以及气干密度进行了研究，结果表明，南北向的不同对西南桦人工林木材的大多数力学性质测定项目和气干密度无显著影响。

1.9　主要存在问题和发展态势

1.9.1　主要存在问题

近 30 年来，我国在西南桦研究中取得了重大进展，但是，仍然存在着三大问题。

（1）研究内容比较分散，重点不够突出

目前，我国西南桦没有像桉树、松树、杉木那样形成产业化的主要原因是良种选育技术、苗木快繁技术没有完全过关。这与研究内容过于分散、研究重点不够突出有关。长期以来，研究重点主要放在种源试验和育苗技术方面，迄今为止，还没有从根本上解决西南桦良种问题。此外，人工林栽培技术规范以及木材开发利用等问题也没有得到很好解决。

（2）研究方法比较落后

到目前为止，我国西南桦几乎都是采用传统研究方法，在宏观上没有应用 RS、GIS、GPS 技术等，在微观上没有应用电镜技术、生物化学技术、生物分子学技术等，研究方法上没有创新、突破，其研究水平和研究成果比较平淡。

（3）研究成果没有及时推广应用

由于重视程度不够以及林业行业发展相对滞后等原因，我国西南桦研究成果大多数都没有得到推广应用，致使研究缺乏后劲。有些地方，将西南桦（适合海拔 400~1000m）误认为光皮桦（适合海拔 1000~2500m），没有按照适地适树原则造林，在海拔较高地区（1000m 以上）种植了西南桦，结果在 2008 年春季冰灾中，造成了大量西南桦幼林受灾；在海拔较低地区（200m 以下）种植光皮桦，致使林分生长很差，严重遭受病虫危害。

1.9.2 发展态势

（1）良种选育技术从种质资源调查和种源试验向规模化系统化选育方向发展

经过近 20 年的种质资源调查，对全国西南桦种源已经有了比较全面的了解。因此，种质资源调查已经不是当前的研究重点。近年来，开展较大规模种源对比试验和家系试验，得出了一些初步结果，开展了苗期和幼林期优树选择试验，但是试验结果还需进一步验证。今后将开展人工林中龄林和成熟林期的优树选择试验、优良家系选择试验、优良无性系选择试验等，还可能开展杂交育种试验和太空育种试验等，将良种选育研究工作推向新的高度，选择出真正适应于各地推广应用的优良无性系。

（2）育苗技术从以实生苗繁育为主向无性繁育为主方向发展

实生苗的西南桦人工林分化比较严重，而组培苗的人工林分化较小。发展组培苗的西南桦人工林应当是今后的重要发展方向。要实现这个目标，首先，要解决西南桦无性繁殖技术问题。然后，解决无性苗的工厂化生产问题。虽然西南桦组织培养已经获得成功，但如何降低育苗成本，提高苗木质量还有待深入研究；扦插繁苗技术还没有成功，仍有待研究。因此，今后的研究重点应当是在优良无性系选择成功基础上，积极推进良种工厂化配套育苗技术研究。

（3）栽培技术从单一技术向综合技术（标准化）方向发展

如何解决西南桦人工林适地适树和优质高产问题，应是今后一个时期的研究重点。采用系统的、规范化的技术是解决此类问题的关键。2006 年以前，中国林业科学研究院热带林业研究所、中国林业科学研究院热带林业研究中心以及云南省有关单位对西南桦栽培技术进行了研究和总结，2010 年云南德宏州拟订了《西南桦栽培技术》，2011 年 3 月广西生态工程职业技术学院拟定了《广西西南桦丰产技术标准》，但是，这些标准都是地方标准，仅适合云南德宏州和广西，不一定适合其他省市，从全国范围来看，应当使用国家标准或行业标准。因此，应当在深入系统研究基础上，将育苗技术、栽培技术、抚育施肥技术、病虫害防治技术、密度控制技术等进行组装配套，形成综合技术，制订行业标准或国家标准。只有这样，西南桦才能走向科学化、规范化和标准化发展道路。

（4）利用技术从木材利用向综合利用方向发展

西南桦木材高效利用技术是引领西南桦产业化发展的技术关键。西南桦生态效益显著，是很好的生态型树种，同时，西南桦的经济效益很高，又是重要的经济型树种。发展西南桦人工林，以获取它的经济效益为主。2009 年以前，对西南桦生物学生态学特性以及木材利用等进行了一些研究。但是，这些研究不够系统深入。随着西南桦人工林面积的不断扩大，对西南桦木材开发利用的研究势必不断深入。今后，对西南桦木材利用研究不会只停留在粗加工方面，更重要的是向深加工、精细加工和综合综合利用方向发展，充分挖掘其经济潜力。

（注：本章节主要观点发表于《广西科学院学报》，2011 年第 3 期）

第二章

组培与育苗

2.1 西南桦以芽繁芽的快繁方法研究

西南桦是桦木科桦木属的乔木树种，天然分布于印支半岛各国以及中国南部。其具备速生、树干通直、材质优良、易于加工等优良特性，广泛应用于高级建筑装饰和高档家具制作，具有重要的生态和经济价值，是我国热带、南亚热带地区的一个颇具发展前途的珍贵速生用材树种。目前，西南桦的组织培养主要有以芽繁芽和愈伤组织两条途径。刘英等从实生苗木采集枝条为外植体诱导芽增殖的方式建立了快繁体系。樊国盛等使用西南桦种子无菌萌发苗顶芽为外植体进行了芽诱导研究，但是没有报道再生芽增殖的具体数据，且多数处理中顶芽被切口处长出的愈伤组织包埋死亡。在西南桦的组织培养相关论文中，目前尚未见以种子无菌苗的顶芽、带叶茎段为外植体进行芽增殖研究成功的报道。在对西南桦进行以芽繁芽的组培快繁研究中，发现植物生长调节物质 TDZ 对芽的繁殖产生了较大影响，有效地提高了西南桦种子无菌苗外植体的繁殖效率，同时发现琼脂浓度、糖浓度对芽增殖及玻璃化均有影响，通过试验优化建立了西南桦以芽繁芽的技术方法。本章建立的西南桦组培快繁技术将促进其种苗繁育与倍性育种等下一步研究工作的开展。

2.1.1 材料与方法

（1）材料

供试种子为广西壮族自治区百色市林业局采集提供的优树种子，采用 4℃ 冷藏约 12 个月的种子进行无菌萌发处理。萌发后，切取 80~90d 苗龄无菌苗的顶芽、茎段为外植体，顶芽带 2 片以上真叶、茎段带 3 片以上真叶。

（2）方法

①培养基及培养方法 以 1/2MS + 2% 蔗糖 + 0.6% 琼脂 + 肌醇 0.1mg/L 为萌发培养基，暗培养 10d；以 3/4MS + 肌醇 0.1mg/L 为芽增殖基本培养基；以 3/4MS + 2% 蔗糖 + 0.65% 琼脂 + 肌醇 0.1mg/L 为生根基本培养基，通过改变激素浓度进行生根试验比较。培养基按常规方法配制，pH 值均为 5.8~6.0，培养温度为 24℃ ±2℃，光强约为 2000Lux，光照时间为 12h/d。

②无菌苗获得 将表面洁净的带膜翅饱满西南桦种子装入培养皿中，斜放培养皿盖以保持透气，另用一广口玻璃瓶装入 25mL 6% NaClO 原液，二者

同置于 210mm 玻璃干燥器内，量取 8mL 36% HCl 倒入广口玻璃瓶中，盖上涂抹过凡士林的玻璃干燥器盖，利用反应产生的氯气进行消毒。消毒处理在通风橱中进行，消毒时间为 20min，消毒完成后在超净工作台内将种子接入萌发培养基中。

③不同浓度 TDZ 对西南桦芽增殖的影响　设计 TDZ 浓度为 0.0125mg/L、0.025mg/L、0.05mg/L、0.1mg/L 共 4 个处理，每个处理 4 次重复，每次重复 10 个外植体，所有处理均不添加 NAA，芽增殖基本培养基中添加 2.5% 蔗糖和 0.65% 琼脂。

④TDZ、NAA 组合对西南桦芽增殖的影响　设定 TDZ 浓度为 0.025mg/L 及 NAA 浓度 0.005mg/L、0.015mg/L、0.045mg/L、0.135mg/L 共 4 个处理，每个处理 4 次重复，每次重复 10 个外植体，芽增殖基本培养基中添加 2.5% 蔗糖和 0.65% 琼脂。

⑤不同浓度琼脂对西南桦芽增殖及玻璃化的影响　设定琼脂浓度分别为 0.50%、0.65%、0.80%、0.95%、1.1% 共 5 个处理，每个处理 4 次重复，每次重复 10 个外植体，所有处理均添加 TDZ 0.025mg/L + NAA 0.015mg/L + 2.5% 蔗糖。

⑥不同浓度蔗糖对西南桦芽增殖及玻璃化的影响　设定蔗糖浓度分别为 1.5%、2.5%、3.5%、4.5%、5.5%、6.5% 共 6 个处理，每个处理 4 次重复，每次重复 10 个外植体，所有处理均添加 TDZ 0.025mg/L + NAA 0.015mg/L + 0.65% 琼脂。

⑦NAA、IBA 组合对西南桦组培生根的影响　设定 NAA 浓度为 0.01mg/L、0.04mg/L 及 IBA 浓度 0.05mg/L、0.1mg/L 共 4 个处理，每个处理 4 次重复，每次重复 10 个外植体。

（3）测定项目及方法

以芽繁芽接种后 40d，统计增殖倍数和玻璃化情况，增殖倍数 = 每个重复总芽数/该重复外植体数，由于每株无菌苗切成顶芽外植体和带叶茎段外植体各 1 个，故全株外植体增殖倍数 = 顶芽外植体增殖倍数 + 带叶茎段外植体增殖倍数；玻璃化芽是指呈现水浸透明状的芽，统计每个处理玻璃化芽数，每个处理玻璃化芽数为 4 个重复的平均数。生根培养接种 20d 后统计生根率和一级根数量，一级根是指与茎直接连接的根。

2.1.2 结果与分析

（1）不同浓度TDZ对西南桦芽增殖的影响

在不添加NAA情况下，仅使用TDZ对西南桦进行以芽繁芽，当TDZ浓度为0.025mg/L时，顶芽外植体增殖倍数最高可达3.8，该处理西南桦顶芽增殖倍数显著高于0.0125mg/L、0.1mg/L TDZ两个处理，较0.05mg/L TDZ处理的顶芽增殖倍数（3.3）高出15.2%，但处理间差异不显著（图2-1）。随着TDZ浓度的增加，玻璃化现象逐渐加重，0.0125mg/L TDZ处理出现无玻璃化芽（图2-2A），0.025mg/L TDZ处理外植体出现玻璃化现象，且外植体有膨大现象，0.05mg/L TDZ处理玻璃化现象较多但未出现畸形芽，0.1mg/L TDZ处理出现严重的玻璃化现象且畸形芽较多（图2-2B）。就带叶茎段外植体来看，0.025mg/L TDZ处理增殖倍数最高可达2.0，显著高于0.05mg/L、0.1mg/L TDZ两个处理，较0.0125mg/L TDZ处理高，但处理间差异不显著。综合观察来看，0.05mg/L、0.1mg/L TDZ两个处理玻璃化现象较为严重，两个处理均有畸形芽出现，0.0125mg/L TDZ处理无玻璃化现象，0.025mg/L TDZ处理的玻璃化芽较多但尚未出现畸形。

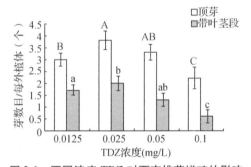

图2-1　不同浓度TDZ对西南桦芽增殖的影响

英文字母不同者表示差异显著，其中大写字母表示顶芽差异，
小写字母表示带叶茎段差异，图2-1、图2-2同。

　　A　　　　　　　B　　　　　　　C　　　　　　　D

图2-2　西南桦以芽繁芽情况

（2）TDZ 与 NAA 组合对西南桦芽增殖的影响

如图 2-3 所示，在所有处理已添加 0.025mg/L TDZ 的情况下，培养基中另加入 0.005mg/L、0.015mg/L、0.045mg/L、0.135mg/L NAA 的 4 个处理中，顶芽外植体增殖倍数分别为 4.4、4.8、4.3、2.7，其中前 3 个 NAA 添加浓度获得的顶芽增殖倍数均高于该 TDZ 浓度下不添加 NAA 的处理，4 个处理中前 3 个浓度获得的增殖倍数间差异不显著，均显著高于添加 0.135mg/L NAA 的处理，顶芽外植体中添加 0.015mg/L NAA 的处理获得了最佳的增殖效果（图 2-2C），此时增殖倍数为 4.8。培养基中另加入 NAA 浓度分别 0.005mg/L、0.015mg/L、0.045mg/L、0.135mg/L 的 4 个处理中，带叶茎段外植体的增殖倍数分别为 2.8、2.5、1.4、0.5，其中前 3 个处理均高于单独使用 TDZ 处理，添加 NAA 浓度为 0.005mg/L、0.015mg/L 的两个处理间带叶茎段外植体增殖倍数差异不显著，但均显著高于其他两个处理，带叶茎段外植体中添加 0.135mg/L NAA 的处理获得的增殖倍数最小，显著低于其他处理。可见，在高浓度 NAA 处理下，愈伤组织生长快，出现外植体被愈伤组织包埋的情况（图 2-2D）。

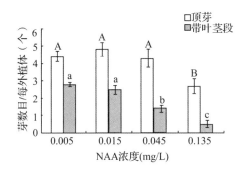

图 2-3　不同浓度 NAA 对西南桦芽增殖的影响（已添加 TD 区）

（3）不同浓度琼脂对西南桦芽增殖及玻璃化的影响

如图 2-4 所示，琼脂浓度为 0.5% 的处理中顶芽外植体增殖产生的芽数目最多，增殖倍数为 4.9，琼脂浓度为 0.65% 的处理中增殖产生的芽数目为 4.8，该两个处理的增殖倍数较为接近；琼脂浓度从 0.65%~0.95% 的 3 个处理，单个顶芽外植体增殖产生的芽体数目（即增殖倍数）随着琼脂浓度的增加而逐渐降低；0.95% 琼脂处理中增殖产生的芽数目（即增殖倍数）为 3.0 个，较 1.1% 琼脂处理略低，二者相差不大，其中 0.95% 处理较 0.65% 处理下降 37.5%。带叶茎段外植体在琼脂浓度为 0.5%、0.65%、0.8% 的处理下的增殖倍数相差不大，3 个处理中琼脂浓度为 0.65% 时获得最大的增殖倍数 2.6，琼脂浓度为 0.95% 时获得增殖倍数为 1.4，较 0.65% 处理下降 46.2%，琼脂浓度为 1.1% 的处理中增殖芽数略低于 0.95% 处理。就琼脂浓度对玻璃化的影响来看，随着琼脂浓度的增加，玻璃化有减轻趋势。综合琼脂浓度对芽增殖和玻璃化的影响效果，琼脂浓度为 0.65% 即可获得较好的增殖效果，同时每个处理的玻璃化芽数在可接受范围内，可以获得较好的组培效果。

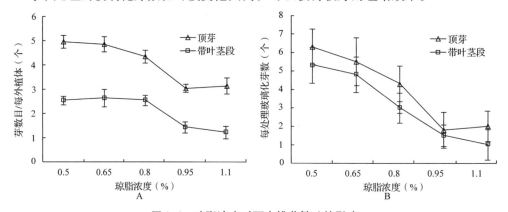

图 2-4　琼脂浓度对西南桦芽繁殖的影响

A. 对芽增殖的影响；B. 对玻璃化的影响

（4）不同浓度蔗糖对西南桦芽增殖及玻璃化的影响

如图 2-5 所示，就糖浓度对芽增殖的影响来看，糖浓度为 1.5%、2.5%、3.5% 的 3 个处理每外植体芽数目变化不大，从 3.5% 到 6.5% 的 4 个处理，随着糖浓度的增加，每外植体芽数目逐渐降低，两种外植体具有相同的变化趋势。就糖浓度对西南桦玻璃化的影响来看，随着糖浓度的增加，每处理玻璃

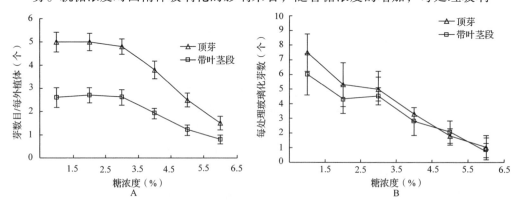

图 2-5　糖浓度对西南桦芽繁的影响

A. 对芽增殖的影响；B. 对玻璃化的影响

化芽数逐渐降低，两种不同外植体具有相同的变化趋势，其中糖浓度为2.5%、3.5%的两个处理差别不大。综合糖浓度对芽增殖和玻璃化的影响效果来看，糖浓度为2.5%即可获得较好的增殖效果，同时每处理玻璃化芽数值大小较为适中，可以获得较好的组培效果；糖浓度3.5%的综合效果与2.5%的处理相差不大，考虑到成本因素，建议使用2.5%的糖浓度。

（5）NAA 和 IBA 浓度对西南桦生根的影响

添加0.1mg/L IBA 的处理西南桦生根效果好，该处理中生根率高、为97.5%，且一级根数量多（达6.3条）。结合观察可知，此处理生根较其他处理早，切口处无愈伤组织，稍膨大；添加0.01mg/L NAA 的处理生根效果在4个处理中表现最差（生根率为85%），且一级根数量较少（为4.3），一级根数量显著低于其他处理，切口处即茎基部膨大不明显，无愈伤组织；添加0.04mg/L NAA 的处理生根率较高（为92.5%），一级根数量也较高（达5.6条）。结合观察可知，该处理切口处膨大较明显，并有愈伤组织出现，部分一级根与愈伤组织连接，将会影响移栽存活率；添加 IBA 0.05mg/L 的处理生根率较低，一级根数量为5.8根，该处理较添加0.1mg/L IBA 的处理生根稍慢，但该处理切口处膨大现象不明显，无愈伤组织（表2-1）。

表 2-1　NAA 和 IBA 浓度对西南桦生根的影响

激素	生根率	一级根数量
0.01mg/L NAA	85.0%	4.3b
0.04mg/L NAA	92.5%	5.6a
0.05mg/L IBA	87.5%	5.8a
0.1mg/L IBA	97.5%	6.3a

注：表中第三列所示英文字母表示差异显著。

2.1.3　研究结论

①汪长水等以不同种源地西南桦侧芽进行组培研究后提出，侧芽增殖的适宜激素组合为 6-BA 2.5mg/L + NAA 0.25mg/L。刘英等报道，适宜的侧芽增殖激素为 NAA 0.2mg/L，在该报道中并未明确给出 6-BA 浓度及基本培养基配方，同时他们建立了达到工业化生产水平的西南桦以芽繁芽快繁方法，40 d 增殖倍数达到4倍，年繁殖量为 2.62×10^5。韩美丽等的研究表明，侧芽繁殖时最佳 6-BA 浓度为 1mg/L，此时增殖效果理想，其 30d 增殖倍数达到3.5倍。

本研究发现，TDZ 单独使用浓度为 0.025mg/L 时得到的顶芽增殖倍数为 3.8，而 TDZ 0.025mg/L + NAA 0.015mg/L 组合处理的增殖倍数则高达 4.8，TDZ 对西南桦的以芽繁芽途径快繁具有很好的增殖效果，效果优于其他激素，使用低浓度 TDZ 即可达到理想的增殖效果，可见，TDZ 是西南桦组织培养的关键激素。TDZ 与 NAA 配合使用时，需要较低浓度的 NAA 即会对芽增殖产生很好的辅助作用，进一步增加芽数量，可能还有助于防止出现玻璃化苗现象；过高浓度的 TDZ 会导致西南桦严重玻璃化，还出现畸形芽；而过高浓度的 NAA 则会导致愈伤组织生长加快，甚至出现愈伤组织包埋外植体的情况；当 TDZ 浓度为 0.025mg/L 时，带叶茎段外植体在 NAA 0.005mg/L 处理下取得了较好的增殖效果，增殖倍率为 2.8。

②琼脂为培养基的固化剂，主要起凝固支撑作用，常用浓度为 0.5%~1%，其浓度影响培养基的水势，用量少时造成培养基水势高，而植物材料在高水势的条件下容易产生生理性的病变，如玻璃化现象的发生；而浓度过大则使培养基太硬，阻碍各种营养元素和激素在培养基中的移动，影响外植体对营养的吸收；同时，培养基太硬还阻碍外植体的外渗代谢产物的扩散，培养基中局部积累高浓度的有害物质会影响芽的增殖。

本研究表明西南桦以芽繁芽时琼脂浓度以 0.65% 较为适宜。蔗糖在培养基中的作用除了作为碳源供给异养状态的植物组织生长外，对培养基的渗透压也有较大的直接影响。作为碳源，蔗糖浓度为 3% 时已经足够满足外植体的需要；但是作为渗透压调节因子，则可对蔗糖浓度进行较大幅度调整，以创造出对培养材料更为适宜的渗透压环境。通常认为，高渗透压（负值）可以减少组培的玻璃化程度，但也可能影响芽的增殖。

本研究表明西南桦以芽繁芽时蔗糖浓度以 2.5% 较为适宜。就西南桦的组培芽的生根来看，IBA 0.1mg/L 处理的西南桦生根早，生根率高，切口处无愈伤组织，根质量好。

③多倍体植株具有器官巨大性、抗性增强等特点，同时倍性育种技术在杨等木本植物中已经成功应用，针对二倍体西南桦，开展多倍体育种研究同样具有理论及实际生产意义。

本研究在前一阶段试验中，在使用 6-BA 配合 NAA 对西南桦进行组培研究取得较好结果的基础上，扩大激素选择范围，发现以 3/4MS + 2.5% 蔗糖 + 0.65% 琼脂 + 肌醇 0.1mg/L + TDZ 0.025mg/L + NAA 0.015mg/L 为顶芽外植体增殖培养基，以 3/4MS + 2.5% 蔗糖 + 0.65% 琼脂 + 肌醇 0.1mg/L + TDZ

0.025mg/L + NAA 0.005mg/L 为带叶茎段外植体增殖培养基，可以获得更理想的增殖效果，顶芽外植体的增殖倍数高达4.8，带叶茎段外植体的增殖倍数为2.8，40d 两种外植体增殖系数之和达到7.6，进一步优化建立了西南桦种子无菌苗顶芽及带叶茎段外植体芽增殖的快繁体系，为下一步利用该技术进行西南桦多倍体诱导育种研究打下良好基础。

（注：本章节主要观点发表于《广东农业科学》2013 年第 22 期）

2.2　西南桦愈伤组织培养分析

西南桦是桦木科的乔木树种，是北半球桦木科桦木属分布最南的暖热类群。是我国云南、广西等西部省区水源涵养林的主要树种之一，具有重要的生态价值。随着西南桦木材用途的逐步开发，木材畅销于国际国内市场，其经济价值日益重要，目前西南桦在我国华南、西南多省大面积推广，已成为我国热带、南亚热带地区的重要造林树种。

西南桦的组织培养研究从以芽繁芽和愈伤组织两条途径进行。刘英等建立了西南桦的以芽繁芽快繁体系。而樊国盛等的报道中仅简单提及西南桦愈伤组织诱导率为25.4%，认为低比例的愈伤组织形成状况是导致其快速繁殖困难的主要原因。目前西南桦并无专门的愈伤组织诱导研究报道，而愈伤组织诱导的研究，有利于建立愈伤组织出芽的再生体系，该再生体系的建立对西南桦的倍性育种及遗传转化具有重要的应用价值。基于此，该研究设计不同植物生长调节物质对西南桦愈伤组织诱导的影响试验，旨在提高愈伤组织诱导率及愈伤组织质量，从而为西南桦的组织培养和染色体工程育种提供有效的技术支持。

2.2.1　材料与方法

（1）材料

供试种子由广西壮族自治区百色市林业局提供，采自田林县，采后冷藏（4℃）约 8 个月后进行无菌萌发。切取 60d 苗龄无菌苗的茎、根、叶作为外植体用于愈伤组织诱导试验，茎、根切成 0.5～0.7cm 长度，叶切成 0.3cm × 0.3cm 的小方块。

（2）方法

①培养基及培养方法　1/2MS + 2% 蔗糖 + 0.6% 琼脂为萌发培养基，pH值 5.8~6，暗培养 10d；3/4 改良 MS 大量 + MS 其他 + 2.5% 蔗糖 + 0.65% 琼脂 + 肌醇 0.1mg/L 为愈伤组织诱导基本培养基，pH 值 5.8~6，通过改变激素浓度进行试验比较，改良 MS 大量元素母液配制方法为 NH_4NO_3 减半 KNO_3 加倍。培养基按常规方法配制。培养环境温度为 24℃ ± 2℃，光强约为 2000Lux，光照时间为 12h/d。

②无菌苗获得方法　将经过挑选的表面洁净的带膜翅饱满西南桦种子装入培养皿中，放入 210mm 玻璃干燥器内，培养皿盖斜放保持透气，另用一广口玻璃瓶装入 25mL 的 6% NaClO 原液，放入玻璃干燥器内，量取 8mL 的 36% HCl 倒入玻璃瓶中，迅速盖上涂抹过凡士林的玻璃干燥器盖，利用反应产生的氯气进行消毒。消毒处理时将玻璃干燥器放在通风橱中进行。消毒时间为 20min，消毒完成后在超净工作台内将种子接入萌发培养基中。

③不同浓度 TDZ 对西南桦愈伤组织诱导的影响　设计 TDZ 浓度为 0.025mg/L、0.05mg/L、0.1mg/L、0.4mg/L 共 4 个处理，每个处理 3 次重复，每瓶接种 10 个外植体，所有处理均添加 NAA 浓度为 0.2mg/L。

④不同浓度 BA 与 NAA 组合对西南桦愈伤组织诱导的影响　设定 BA 浓度为 0.5mg/L、1.5mg/L、3mg/L 及 NAA 浓度 0.1mg/L、0.2mg/L、0.5mg/L 共 9 个处理的组合试验，每个处理 3 次重复，每瓶接种 10 个外植体。

⑤不同浓度 KT 对西南桦愈伤组织诱导的影响　设计 KT 浓度为 0.5mg/L、1mg/L、1.5mg/L、3mg/L 共 4 个处理，每个处理 3 次重复，每瓶接种 10 个外植体，所有处理均添加 NAA 浓度为 0.2mg/L。

⑥建立西南桦愈伤组织生长曲线　在愈伤组织基本培养基中加入 BA 1.5mg/L 和 NAA 0.2mg/L，接入茎外植体，分别在接种后的第 5d、10d、15d、20d、25d、30d、35d、40d、45d、50d、55d、60d 测定每外植体愈伤组织鲜重，取 30 个外植体鲜重平均值为愈伤组织生长量，以培养天数为横坐标，以愈伤组织生长量为纵坐标作出西南桦愈伤组织生长曲线，该试验中使用的西南桦无菌苗为 90d 苗。

⑦统计与分析　愈伤组织诱导试验接种后第 45d 统计愈伤组织诱导率和愈伤组织鲜重，愈伤组织诱导率（%）= 形成愈伤组织外植体数/接种外植体数 × 100。

2.2.2 结果与分析

(1)TDZ 对西南桦愈伤组织诱导的影响试验

在 4 种 TDZ 浓度处理中，就叶外植体来说，当浓度为 0.4mg/L 时愈伤组织诱导率最低，此时的愈伤组织鲜重也最低，二者均显著低于其他 3 个处理，其他 3 种浓度叶愈伤组织诱导率均为 100%，在浓度为 0.05mg/L 时叶外植体得到了最高的愈伤组织鲜重且显著高于其他 3 个处理；其他两种外植体在 4 种浓度 TDZ 处理下变化趋势与叶外植体基本一致。结合平均值来看，4 种浓度处理愈伤组织诱导率最高且鲜重最大的为 TDZ 0.05mg/L 的处理，叶外植体的愈伤组织诱导率及鲜重均高于茎、根外植体。同时观察到当 TDZ 浓度大于 0.05mg/L 时，愈伤组织呈水浸透明状，在所有处理中得到的愈伤组织呈淡绿色，质地松软（表 2-2）。

表 2-2 不同浓度 TDZ 对西南桦不同外植体愈伤组织培养的影响

TDZ 浓度 (mg/L)	不同外植体							
	愈伤组织诱导率(%)				愈伤组织鲜重(g/外植体)			
	叶	茎	根	平均值	叶	茎	根	平均值
0.025	100 Aa	60.0 Bb	53.3 Ba	71.1	0.19 c	0.17 b	0.15 b	0.17
0.05	100 Aa	93.3 Aa	66.7 Ba	86.7	0.36 Aa	0.29 Aa	0.21 Ba	0.29
0.1	100 Aa	96.7 Aa	53.3 Ba	83.3	0.27 Ab	0.23 ABab	0.18 Bab	0.23
0.4	23.3 Ab	16.7 ABc	10.0 Bb	16.7	0.11 Ad	0.06 Bc	0.04 Bc	0.07
平均值	80.8	66.7	45.8		0.23	0.19	0.15	

注：数据后字母表示在 $P \leqslant 5\%$ 水平存在显著差异，大写字母表示是横向比较，小写字母表示纵向比较。本节下同。

(2)BA 和 NAA 组合对西南桦愈伤组织诱导的影响试验

在所有激素组合处理中，叶外植体的愈伤组织诱导率均为 100%，在 BA 1.5mg/L + NAA 0.5mg/L 处理时得到了最高的愈伤组织鲜重，为 0.36g，显著高于 BA 0.5mg/L + NAA 0.1mg/L 处理时的 0.06g，在同一 BA 浓度的前提下，随着 NAA 浓度的增加，愈伤组织鲜重有逐渐增加的趋势；对于茎外植体来说，在 BA 为 1.5mg/L 的 3 个处理中两个愈伤组织诱导率为 100%，且 BA 1.5mg/L + NAA 0.5mg/L 组合得到了最高的愈伤组织鲜重，为 0.29g，显著高于除 BA 1.5mg/L + NAA 0.2mg/L 组合外的其他 7 个组合处理；根外植体的变化趋势与叶、茎外植体的变化趋势基本一致，但是其愈伤组织诱导率及鲜重均低于叶、茎外植体。在 3 种外植体中，叶外植体的培养效果最好，根外植体的培养效果最差，在激素组合中，BA 1.5mg/L + NAA 0.5mg/L 组合取得了最好的诱导效果。经过观察 BA 与 NAA 的所有组合处理得到的愈伤组织，发现 BA 3.0mg/L 的 3 个处理获得的愈伤组织呈深绿色，质地坚硬，切开中部呈黄绿色且空心，可能不适合下一步的胚状体诱导，BA 为 0.5mg/L 的 3 个处理相对颜色要淡，组织比较松软。同时发现，在接种 70d 后，大部分愈伤组织开始褐化，随着 BA 浓度的增加，褐化变的严重（表 2-3）。

表 2-3 **BA 和 NAA 组合对西南桦不同外植体愈伤组织培养的影响**

激素浓度（mg/L）		愈伤组织诱导率（%）			愈伤组织鲜重（g/外植体）		
BA	NAA	叶	茎	根	叶	茎	根
0.5	0.1	100	76.7 b	30.0 bc	0.06 d	0.05 e	0.03 cd
	0.2	100	93.3 ab	36.7 bc	0.14 c	0.11 cd	0.05 bc
	0.5	100	96.7 ab	73.3 a	0.21 b	0.17 b	0.10 a
1.5	0.1	100	86.7 ab	43.3 bc	0.23 b	0.11 cd	0.05 bc
	0.2	100	100 a	50.0 ab	0.32 a	0.22 ab	0.07 b
	0.5	100	100 a	76.7 a	0.36 a	0.29 a	0.13 a
3	0.1	100	80.0 b	23.3 c	0.20 b	0.09 d	0.02 d
	0.2	100	83.3 ab	36.7 bc	0.21 b	0.14 bc	0.04 c
	0.5	100	96.7 ab	50.0 ab	0.27 ab	0.18 b	0.06 b

（3）KT 对西南桦愈伤组织诱导的影响试验

在 4 种不同浓度 KT 处理中，就叶外植体来说，当 KT 为 1.5mg/L 时愈伤组织鲜重最高，为 0.23g，显著高于其他 3 个处理，此时的愈伤组织诱导率为 100%，KT 浓度为 0.5mg/L 时愈伤组织诱导率及鲜重最低且显著低于其他 3 个处理。茎外植体对 4 种不同浓度 KT 处理的反应与叶外植体反应趋势基本一致，愈伤组织诱导率及鲜重与在 KT 浓度为 1.5mg/L 时得到最大值。以根为外植体时，愈伤组织诱导率在 4 个处理浓度下均低于 40%，浓度为 0.5mg/L 时诱导率最低，低至 16.7%，根外植体诱导的愈伤组织鲜重和愈伤组织诱导率在 4 种外植体中最低。结合平均值来看，4 种 KT 浓度处理效果最好的为 1.5mg/L，此时的愈伤组织诱导率及鲜重最大，叶外植体的愈伤组织诱导率及鲜重平均值均高于茎、根外植体。结合观察来看，该试验中得到的愈伤组织外部呈淡白色，内部呈淡绿色，愈伤组织呈扁平状生长，在大多数愈伤组织表面有根长出（表 2-4）。

表 2-4　不同浓度 KT 对西南桦不同外植体愈伤组织培养的影响

KT 浓度 (mg/L)	不同外植体							
	愈伤组织诱导率(%)				愈伤组织鲜重(g/外植体)			
	叶	茎	根	平均值	叶	茎	根	平均值
0.5	86.7 Ab	50 Bc	16.7 Cb	51.2	0.11 Ac	0.08 Ab	0.05 Bc	0.08
1.0	100 Aa	73.3 Bb	30.0 Cab	67.8	0.16 Ab	0.11 Bb	0.07 Cbc	0.11
1.5	100 Aa	100 Aa	36.7 Ba	78.9	0.23 Aa	0.19 Aa	0.12 Ba	0.18
3	100 Aa	56.7 Bbc	23.3 Cab	60.0	0.15 Ab	0.09 Bb	0.10 Bab	0.11
平均值	96.7	70.0	26.7		0.16	0.12	0.09	

（4）西南桦愈伤组织生长曲线

由不同培养天数西南桦的愈伤组织鲜重建立了西南桦愈伤组织生长曲线（图 2-6），从图 2-6 可以看出西南桦愈伤组织生长启动较慢，接种后的前 20d 生长曲线较为平滑，可见愈伤组织重量增加缓慢。从第 25d 开始到第 45d，愈伤组织生长曲线斜率变大，可见期间为愈伤组织快速生长期。从第 45d 到第 60d，愈伤组织生长变缓。可见西南桦愈伤组织最佳的继代培养时间为 45d 左右。

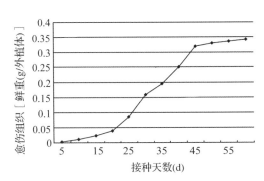

图 2-6　西南桦愈伤组织生长曲线

2.2.3　西南桦愈伤组织培养

植物生长调节剂对植物离体培养具有非常重要的调控作用，选择合适的生长调节剂种类和浓度是愈伤组织诱导和生长的关键因素。

该研究探讨了 TDZ、BA、NAA、KT 对西南桦愈伤组织培养的影响，结果表明，在 TDZ 浓度为 0.5mg/L 时效果较好，当浓度高于该值时愈伤组织玻璃化严重。BA 1.5mg/L + NAA 0.2mg/L 取得了好的愈伤组织诱导效果，得到的愈伤组织鲜重小于 BA 1.5mg/L + NAA 0.5mg/L 处理，但是愈伤组织呈淡白色，后者愈伤组织深绿色且有一定硬化，质量不高；同时前者的愈伤组织诱导率在使用叶、茎为外植体时达到了 100%，远高于樊国盛等报道的 25.4%，其可能的原因是与使用的基因型有关系，或者与本研究在愈伤组织培养时使用的基本培养基为 MS 改良培养基有关。KT 试验结果表明，KT 1.5mg/L + NAA 0.2mg/L 的激素组合愈伤组织诱导率理想，且大部分愈伤组织表面疏松，灰白色，并有大量再生根缠绕，虽然 KT 试验中得到的愈伤组织鲜重低于其他两个试验，但是其愈伤组织的高质量及好的分化生长状态值得关注，是否有利于芽的诱导还有待于进一步研究。在 3 个激素试验中均使用叶、茎、根为外植体，试验结果一致表明，叶外植体用于愈伤组织诱导培养效果最佳。生长曲线表明，最佳的继代培养时间为 45d 左右，同时发现在使用苗龄较短的西南桦无菌苗作为外植体来源时，愈伤组织快速生长期有所提前，王秀杰等对蒙古黄芪研究后发现其最佳的继代培养时间为 24d 左右。由此可见，不同的植物在进行愈伤组织诱导时，都会有其特殊的生长周期，同时其周期可能还跟外植体的幼嫩程度有关系。

（注：本章节主要观点发表于《北方园艺》2011 年第 6 期）

2.3 西南桦组织培养体系

西南桦是桦木科桦木属乔木树种，该树具有速生、树干通直、材质优良、纹理美观、不翘不裂、易于加工等优良特性，广泛用于高级建筑装饰和高档家具制作，具有重要的生态和经济价值，是我国热带、南亚热带地区颇具发展前景的珍贵速生用材树种。该树的组织培养多是以芽繁殖芽和愈伤组织繁殖两条途径，如刘英等建立了以侧芽为外植体诱导芽增殖快繁体系；樊国盛等用西南桦种子无菌萌发苗顶芽为外植体进行芽诱导研究，但没有报道再生芽增殖的数据，且多数处理的顶芽被切口处长出的愈伤组织包埋死亡。因此，目前针对西南桦组织培养尚未见以种子无菌萌发苗顶芽和带叶茎段为外植体进行芽增殖培养成功的相关报道。本研究以西南桦种子无菌萌发苗顶芽和带叶茎段为外植体进行芽增殖研究，以期给西南桦种苗繁育与倍性育种体系的建立提供参考。

2.3.1 材料与方法

（1）材料

西南桦种子采自田林县，由广西壮族自治区百色市林业局提供。

（2）方法

①培养基及培养条件　西南桦种子采后4℃冷藏8个月再进行种子无菌萌发培养。以1/2MS＋2%蔗糖＋0.6%琼脂为萌发培养基，pH值5.8～6.0，暗培养10d。以3/4MS＋2.5%蔗糖＋0.65%琼脂＋肌醇0.1mg/L为芽增殖基础培养基，pH值5.8～6.0。培养温度为24℃±2℃，光强为2000Lux，光照时间为12h/d。

②无菌苗培养　在通风橱中，将精选的西南桦种子装入培养皿中，斜放培养皿盖子保持透气，再放入玻璃干燥器内，另再放入装有25mL 6%的NaClO原液的广口瓶，将8mL 36%的HCl倒入玻璃瓶中，密封，利用反应产生的氯气进行种子消毒20min，然后将种子接入萌发培养基中进行萌发培养。

③西南桦芽的增殖培养试验　用培养得到的西南桦种子苗（除心叶外留2片真叶的为顶芽，留3片真叶的为茎段）外植体为材料进行芽增殖培养试验。

a. 添加BA的增殖效果　在增殖培养基中，添加浓度为0.25mg/L、0.5mg/L、1.0mg/L和2mg/L的BA植物生长调节剂，共4个处理，每处理重复3次，每重复20个外植体。

b. 添加BA与NAA的增殖效果　在基础培养基中，添加浓度为0.5mg/L的BA和浓度为0.01mg/L、0.02mg/L、0.04mg/L、0.08mg/L的NAA植物生长调节剂，共4个处理，重复3次，每重复接种20个外植体。

c. 不同苗龄外植体的增殖效果　以苗龄45d（顶芽外植体为1叶1心，茎外植体为1片真叶）、60d（顶芽外植体为1叶1心，茎外植体为2片真叶）、75d（顶芽外植体为2叶1心，茎外植体为2片真叶）、90d（顶芽外植体为3叶1心，茎外植体为2片真叶）的西南桦为外植体，共4个处理，每处理重复3次，每重复20个外植体，所有处理均添加BA 0.5mg/L＋NAA 0.01mg/L。

④数据统计分析　接种后40d统计增殖倍数，增殖倍数＝每重复总芽数/该重复外植体数，由于每株无菌苗切成顶芽外植体和带叶茎段外植体各一个，故：全株外植体增殖倍数＝顶芽外植体增殖倍数＋带叶茎段外植体增殖倍数。

2.3.2 结果与分析

(1)BA 对西南桦芽增殖的影响

如图 2-7 所示，接种 40d，在添加 BA 对西南桦进行芽诱导时，其添加浓度为 0.5mg/L 的诱导效果最好，顶芽外植体的增殖倍数为 2.57(图 2-8A)，显著高于 BA 浓度为 2.0mg/L 的处理；带叶茎段的增殖倍数为 1.23，也显著高于 BA 浓度为 2.0mg/L 的处理。在添加 BA 的 4 个处理中，顶芽外植体从大到小的增殖倍数依次为 0.5mg/L、0.25mg/L、1.0mg/L 和 2.0mg/L，4 个带叶茎段外植体处理的增殖倍数均小于顶芽外植体的增殖倍数，但变化趋势与顶芽不一致。带叶茎段外植体增殖倍数随 BA 浓度的增加而逐渐降低，表明较低 BA 浓度即可使带叶茎段外植体的芽增殖。在 BA 为 2.0mg/L 时，两种外植体的增殖倍数均为最低，其中顶芽外植体的增殖倍数为 1.75，带叶茎段外植体增殖倍数仅为 0.53，但该处理的愈伤组织生长较快，两种外植体部分被愈伤组织包埋(图 2-8B)，带叶茎段包埋更多。

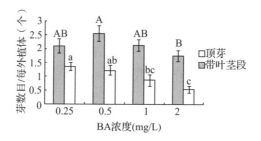

图 2-7 添加不同浓度 BA 西南桦外植体的芽增殖倍数

注：图中不同大小写字母表示顶芽和带叶茎段差异达 0.05 显著水平。

图 2-8 添加不同激素的西南桦组培效果

A. 添加 BA 的西南桦芽增殖效果；B. 外植体部分被愈伤组织包埋；C. 添加 BA 和 NAA 的西南桦芽增殖效果；D. 外植体叶片部分畸形或玻璃化；E. 生长较弱或被包埋的外殖体

（2）BA 与 NAA 组合对西南桦芽增殖的影响

如图 2-9 所示，在 BA 为 0.5mg/L 时，NAA 浓度为 0.01mg/L 和 0.02mg/L 的两处理的顶芽外植体增殖倍数分别为 3.32 和 3.27（图 2-8C），带叶茎段外植体增殖倍数分别为 1.62 和 1.37，均高于单独使用 BA 处理，添加 NAA 浓度为 0.04mg/L 和 0.08mg/L 处理的两种外植体增殖倍数均小于单独使用 0.5mg/L BA 处理。随着 NAA 浓度的增加，两种外植体的增殖倍数逐渐降低，其中 NAA 浓度为 0.01mg/L 和 0.02mg/L 两处理的顶芽增殖倍数显著高于 0.04mg/L 和 0.08mg/L 两处理。添加 NAA 0.01mg/L 和 0.02mg/L 两处理带叶茎段的增殖倍数相差不大，但均显著高于 0.04mg/L 处理，NAA 0.08mg/L 处理的增殖倍数最低，且显著低于其他 3 个处理。表明添加 NAA 的处理比单独使用 BA 处理的愈伤组织生长快，但在 NAA 浓度较低时对芽增殖的影响较小，并随着 NAA 浓度的升高，愈伤组织生长过快导致增殖倍数降低，且外植体叶片部分畸形，并有玻璃化趋势（图 2-8D）的现象。

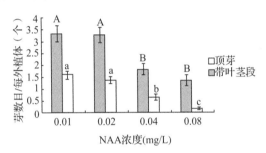

图 2-9　BA 为 0.5mg/L 时不同 NAA 浓度西南桦芽的增殖效果

（3）不同苗龄外植体对西南桦芽增殖的影响

如图 2-10 所示，随着苗龄的增长，顶芽和带叶茎段的增殖倍数逐渐增加，西南桦 90d 苗龄的两种外植体均取得最高的增殖倍数，75d 苗龄的顶芽及带叶茎段外植体增殖倍数均低于 90d 苗龄的植株，但差异不显著。45d 和 60d 苗龄两处理间的顶芽和带叶茎段外植体增殖倍数差异不显著，但显著低于 75d 和 90d 两处理。说明 45d 和 60d 西南桦苗龄的顶芽及带叶茎段外植体的愈伤组织生长较快，外植体被愈伤组织包埋（图 2-8E），芽增殖能力弱，其特殊的生理状态导致芽增殖倍数偏低，同时这两个处理相对于 75d 和 90d 苗龄处理的畸形叶和玻璃化现象更严重。

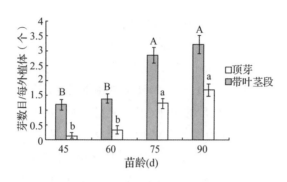

图 2-10　不同苗龄外植体西南桦芽的增殖效果

2.3.3　西南桦组织培养体系

研究结果表明，在增殖培养基中添加浓度为 0.5mg/L 的 BA 对顶芽增殖效果的最好，芽增殖 2.57 倍，说明 BA 是西南桦芽增殖的关键激素物质。在增殖培养基中添加 BA 和 NAA 两种调节剂时，低浓度的 NAA 对芽增殖有利，能够进一步提高再生芽数量，且以添加 BA 0.5mg/L + NAA 0.01mg/L 的增殖效果最好，为 3.32 倍，当 NAA 浓度为 0.04mg/L 以上时，愈伤组织的生长加快，且增殖倍数显著降低。汪长水等对不同种源的西南桦进行侧芽繁殖研究得出，其增殖的适宜激素组合为 BA 2.5mg/L + NAA 0.25mg/L；刘英等研究适用于侧芽增殖的 NAA 浓度为 0.2mg/L；韩美丽等的研究结果表明，添加 BA 浓度为 1mg/L 时的侧芽繁殖增殖效果最好，30d 的增殖倍数达到 3.5 倍。本研究用顶芽外植体进行增殖培养时，比前人报道的侧芽增殖培养的激素浓度低，可能与外植体较幼嫩、生理年龄低有关。樊国盛等以西南桦种子无菌萌发苗顶芽为外植体进行芽诱导试验，在添加 BA 2.0mg/L + NAA 0.2mg/L 培养基中得到部分再生芽，但没有提供具体的再生芽数及增殖倍数，与本试验结果不一致，同时在该文献中提及的侧芽繁殖结果与刘英等的报道存在差异，可能与试验使用不同种源和苗龄的西南桦外植体有关。

试验结果表明，顶芽和带叶茎段两种外植体中，顶芽外植体要求的 BA 浓度较高，可能与顶芽具有顶端优势，BA 作为细胞分裂素在组织培养中有抑制顶端优势促进腋芽萌发的作用。因此，用带叶茎段进行组织培养的 BA 浓度较低。西南桦为二倍体植物，由于多倍体植株具有器官巨大、抗性增强等特点，倍性育种技术在毛白杨等木本植物中的成功应用对西南桦的多倍体育种具有参考作用。

（注：本章节主要观点发表于《贵州农业科学》2013 年第 5 期）

2.4　不同消毒方法对西南桦种子萌发的影响

　　西南桦是桦木科桦木属乔木树种，该树种具备速生、树干通直、材质优良、纹理美观、不翘不裂、易于加工等优良特性，广泛应用于高级建筑装饰和高档家具制作，具有重要的生态价值和经济价值，曾列入国家科技攻关计划，是我国热带、南亚热带地区的一个颇具发展前途的珍贵速生用材树种。

　　西南桦的组织培养研究大多从以芽繁芽和愈伤组织两条途径进行。如刘英等以侧芽为外植体诱导芽增殖的方式建立了快繁体系；樊国盛等研究显示，西南桦愈伤组织诱导率为 25.4%，认为愈伤组织形成率低是导致其快速繁殖困难的主要原因；曾杰等认为，西南桦组织培养成功的关键因素之一为外植体的消毒技术。可见，如何选择合适的消毒方法，使污染率降低并尽可能减少对材料的伤害，从而建立稳定的无菌体系显得尤为重要。由于西南桦种子细小，外有膜质果翅包裹且果翅难以剥离，导致组织培养中易出现种子消毒困难的问题。本研究使用氯气对西南桦种子进行消毒处理，旨在为西南桦的组织培养和遗传转化提供有效的技术支持。

2.4.1　材料与方法

（1）材料

　　供试西南桦种子由广西壮族自治区百色市林业局提供，采自田林县，采后 4℃下冷藏，约 8 个月后用于种子消毒试验。挑选后的饱满西南桦种子使用双层滤纸纸上发芽法测定发芽率，发芽率约为 65%，氯气不同消毒时间试验及 3 种不同消毒方法试验中均使用该批种子。

（2）方法

　　①萌发培养基　　配方为 1/4MS（大量为 1/4，其他成分量不变）+ 1%蔗糖 + 0.6%琼脂，pH 值为 5.8～6.0，暗培养 10d。培养基按常规方法配制。培养环境温度为 24℃ ± 2℃，光强约为 2000Lux，光照时间为 12h/d。

　　②氯气消毒　　参照刘海坤等的方法并做适度调整，将表面洁净、带膜翅、饱满的西南桦种子装入培养皿中，放入玻璃干燥器内，培养皿盖斜放，以保持透气，用广口玻璃瓶装入 6% 次氯酸钠原液 25mL，放入玻璃干燥器内，取浓盐酸 8mL 倒入玻璃瓶中，迅速盖上玻璃干燥器盖（已涂抹凡士林），利用反应产生的氯气进行消毒。氯气不同时间消毒优化试验中设计消毒时间为 5、

10、20、40、60、120min 共 6 个处理，消毒处理时将玻璃干燥器放在通风橱中进行。消毒完成后在超净工作台内将种子接入萌发培养基中，每瓶接种 10 粒种子，3 次重复。另在 3 种消毒方法比较试验中氯气消毒时间为 20min。

③次氯酸钠消毒　按常规方法操作，先将西南桦种子在超净工作台内用 70% 酒精浸泡 30s，再用 1% 次氯酸钠溶液浸泡 15min，无菌水冲洗 5 次，然后接入萌发培养基中。

④升汞消毒　按常规方法操作，西南桦种子用 70% 乙醇处理 30s，用 0.1% $HgCl_2$ 处理 15min，最后用无菌水冲洗 5 次，接入萌发培养基中。

⑤测定指标及其方法　消毒处理每天观察记录其萌发情况，发芽率(%) = 发芽种子数/该处理接种种子总数×100%，污染率(%) = 污染种子数/该处理接种种子总数×100%，污染率以第 10d 统计数据为准。接种后共观察 10d，以胚根突破种皮记为发芽。平均萌发时间(MGT)通过以下公式计算：$MGT = \sum nd / N$，n 为每天萌发种子数，d 为试验天数，N 为总的萌发种子数。

2.4.2　结果与分析

(1)氯气不同消毒时间对西南桦种子萌发的影响

在使用氯气对西南桦种子进行消毒的 6 个不同时间处理中，以消毒 20min 处理的种子萌发率最高、为 63.3%，与双层滤纸纸上发芽法所测该批种子发芽率相近，此时的污染率为 0，平均萌发时间为 5.6d。消毒 5min 和 10min 两个处理，污染率高达 36.7% 以上，种子萌发率显著低于 20min 处理，3 个处理间的平均萌发时间差异不显著。消毒 40min 处理的种子发芽率为 30.0%，显著低于 20min 处理，平均萌发时间为 7.1d，显著高于上述 3 个处理，但是其污染率为 0。而氯气消毒 60min 和 120min 处理基本没有发芽，仅 60min 处理有 1 粒种子发芽，且萌发时间为 9d，显著高于其他处理(表 2-5)。

表 2-5　氯气不同消毒时间对西南桦种子萌发的影响

消毒时间(min)	萌发率(%)	污染率(%)	平均萌发时间(d)
5	16.7c	50.0	5.0c
10	26.7b	36.7	5.3c
20	63.3a	0	5.6c
40	30.0b	0	7.1b
60	3.3d	0	9.0a
120	0	0	0

注：表中同列数据后小写英文字母不同者表示显著差异，本节下同。

（2）不同消毒方法对西南桦种子萌发的影响

氯气消毒萌发率为 66.7%，显著高于其他两种方法处理，且污染率为 0。而其他两种消毒方法间种子萌发率和污染率均无显著性差异，但是两种传统消毒方法所得的平均萌发时间均低于氯气消毒且差异显著，其中升汞消毒后所得平均萌发时间与氯气消毒的平均萌发时间相差 1.3d（表 2-6）。

表 2-6　不同消毒方法对西南桦种子萌发的影响

消毒方法	萌发率(%)	污染率(%)	平均萌发时间(d)
氯气消毒	66.7a	0	5.5a
次氯酸钠消毒	23.3b	40.0	4.4b
升汞消毒	30.0b	36.7	4.2b

2.4.3　研究结论

①组织培养能否成功，接种材料的消毒是基础而关键的一步。西南桦种子细小，外有膜翅包裹，常规消毒方法效果不理想。本研究结果表明，适宜时间的氯气消毒方法操作方便、消毒效果好，但长时间的氯气消毒对种子造成严重伤害，导致萌发率下降及萌发时间延长。

②在西南桦不同消毒方法比较试验中可以看出，氯气消毒后西南桦种子的萌发率比其他两种常用消毒方法显著提高，同时得到零污染的理想效果，但是氯气消毒方法的平均萌发时间显著高于其他两个处理，原因可能是氯气消毒使用的是干种子，而其他两种常用消毒方法在消毒过程中约有 30min 的水浸处理，导致种子萌发启动早于氯气消毒处理，从而导致平均萌发时间的差异。结合后期种子萌发苗的长势来看，3 种消毒方法所得无菌苗长势一致，培养 85d 得到了 4~5 片真叶、高 5~6cm 的健壮小苗，可见 3 种消毒方法对种子材料的伤害不大。

③从本试验结果来看，氯气消毒 20min 效果最好，这可能与西南桦种子外有膜翅包裹，升汞和次氯酸钠消毒液渗透能力相对较弱，而氯气为气体状态、渗透能力强的原因有关。随着氯气处理时间的延长，渗透入种皮后，可能对种子产生毒害，从而导致萌发率显著下降。在剧毒物品分级、分类与品名编号（GA57-93）标准中氯气的液化或压缩品被划为第一类 A 级无机剧毒品，考虑到氯气的毒性，因此氯气消毒处理应该在通风橱中进行，同时氯气遇水产生次氯酸和盐酸，这两种化合物对消毒材料有伤害作用，因此外植体及湿种子不适合使用该方法，仅适用于干燥种子。

（注：本章节主要观点发表于《广东农业科学》2011 年第 12 期）

2.5 西南桦染色体加倍的影响因子

西南桦是桦木科桦木属的乔木树种，天然分布于东南亚半岛各国以及中国南部。该树种具有速生、树干直、材质优、易加工等优良特性，广泛应用于高级建筑装饰和高档家具制作，具有重要的生态和经济价值，是我国热带、南亚热带地区颇具发展前景的珍贵速生用材树种。

多倍体植株具有器官巨大性、抗性增强等特点，倍性育种技术已成功应用于木本植物。天然西南桦为二倍体，对西南桦开展多倍体育种研究同样具有理论及实际生产意义。本研究针对倍性育种前期西南桦染色体加倍的影响因子进行分析。

2.5.1 材料与方法

（1）材料

供试种子为广西壮族自治区百色市林业局提供的西南桦优树种子，采后冷藏（4 ℃）约 12 个月再进行无菌萌发处理。萌发后，切取苗龄 80~90d、具 3 节以上的无菌苗顶芽为外植体。

（2）方法

①培养基及培养方法　培养基按常规方法配制。以 1/2MS + 2% 蔗糖 + 0.6% 琼脂 + 肌醇 0.1mg/L 为萌发培养基。以 3/4MS + 肌醇 0.1mg/L + TDZ0.025mg/L + NAA 0.015mg/L + 2% 蔗糖 + 0.6% 琼脂为增殖培养基。以 1/2MS + 肌醇 0.1mg/L + IBA 0.1mg/L + 2% 蔗糖 + 0.6% 琼脂为生根培养基。3 种培养基 pH 值 5.8~6，培养环境温度 24℃ ±2℃，光强约 2000Lux，光照时间 12h/d。

②外植体获得　选取饱满且带膜翅的西南桦种子置于培养皿中，斜放培养皿盖以保持透气，另用一广口玻璃瓶装入 6% NaClO 25mL 原液，二者同置于 210mm 玻璃干燥器内，量取 36% HCl 8mL 倒入广口玻璃瓶中，迅速盖上涂有凡士林的玻璃干燥器盖，利用反应产生的氯气消毒。消毒处理在通风橱中进行，消毒时间为 20min。消毒后在超净工作台内将种子接入萌发培养基中培养萌发，80~90d 后获得具 3 个节以上的无菌顶芽。

③秋水仙素浓度对西南桦染色体加倍的影响　将秋水仙素浓度设为 0mg/

L、40mg/L、80mg/L、120mg/L、240mg/L 共 5 个处理，每处理 3 次重复，每重复 10 个外植体接入同一培养瓶中。所有处理均先在含秋水仙素的培养基中诱导加倍处理 12d，再转入不添加秋水仙素的增殖培养基中培养 40d（其中对照处理的培养基不含秋水仙素，在增殖培养基中培养 8d 后转入新的增殖培养基），最后转入生根培养基培养。

④秋水仙素诱导处理时间对西南桦染色体加倍的影响 秋水仙素诱导加倍的处理时间设定为 0、4d、8d、12d、24d 共 5 个处理，每处理 5 次重复，每次重复 10 个外植体接入同一培养瓶中，除诱导加倍处理时间为 0d 的处理外，其余 4 个处理均在增殖培养基中添加 120mg/L 秋水仙素，按照设定天数诱导加倍培养后，再转入不添加秋水仙素的增殖培养基中培养 40d，最后转入生根培养基培养。

⑤不同预培养时间对西南桦染色体加倍的影响 设定预培养时间 0、10d、20d 共 3 个处理，每个处理中再设定秋水仙素处理时间分别为 10d、15d，共 6 个处理，每处理 5 次重复，每次重复 10 个外植体接入同一培养瓶中。在不含秋水仙素的增殖培养基中预培养后，转入添加 120mg/L 秋水仙素的增殖培养基中进行诱导加倍培养，再转入不含秋水仙素的增殖培养基中培养 40d，最后转入生根培养基培养。

⑥西南桦根尖染色体鉴定 通过根尖组织压片处理并镜检来鉴定染色体加倍情况。于上午 10：00～12：00 取西南桦根尖组织，经 0.05% 秋水仙素溶液 16℃下预处理 5h，随后自来水冲洗 20min，去离子水浸泡 5min；再用卡诺固定液于 8℃冰箱固定 20h，自来水冲洗 20min，去离子水浸泡 5min；在 60℃恒温水浴锅中使用 1mol/L 盐酸酸解 6min，卡宝品红染色 15min，压片镜检计数。

⑦统计与分析 统计外植体成活率、每瓶有效不定芽株数、嵌合体数。外植体成活率是指有不定芽长出的外植体占总外植体的百分比。有效不定芽是指未玻璃化的不定芽，此类不定芽在生根培养基中易生根。

2.5.2 结果与分析

（1）不同浓度秋水仙素对西南桦四倍体诱导的影响

由表 2-7 可见，不同浓度秋水仙素处理对外植体成活率有显著影响。在不含秋水仙素的处理中外植体成活率最高，达 100%；随着秋水仙素浓度的增加，外植体成活率逐渐下降，当浓度为 240mg/L 时，成活率最低，仅为 4%，显著低于其他处理。就每瓶有效不定芽数量来看，变化趋势与外植体成活率相似，即随着秋水仙素浓度的增加，每瓶有效不定芽数量逐渐降低，5 个处理间差异达到显著水平。5 个处理均未得到西南桦四倍体，但秋水仙素浓度为 80mg/L 和 120mg/L 两个处理得到了嵌合体，嵌合体植株中四倍体细胞和二倍体细胞同时存在，二倍体细胞比例略高于四倍体（数据未列出），西南桦种子无菌苗的染色体数量为 $2n=2x=28$，嵌合的四倍体细胞染色体为 56 条。

表 2-7　不同浓度秋水仙素对西南桦染色体加倍的影响

浓度（mg/L）	外植体存活率（%）	每瓶有效不定芽数（株）	嵌合体数（个）
0	100a	46.4 a	0
40	76 bc	29.6 b	0
80	60 cd	20.0 c	2.2
120	42 d	6.8 d	3.0
240	4 e	0.2 e	0

注：数值后小写英文字母表示差异达显著水平（$P<0.05$）。本节下同。

（2）秋水仙素处理时间对西南桦四倍体诱导的影响

由表 2-8 可见，秋水仙素处理时间对西南桦的外植体成活率、有效不定芽数量有较大影响。随着秋水仙素处理时间的增加，外植体成活率显著下降，且每瓶有效不定芽数量也随之下降，无秋水仙素培养的处理经规定时间增殖后有效不定芽数量达到 52.8 株，较秋水仙素处理 24d 的 6.0 株高 7.8 倍，可见增殖培养基中的秋水仙素给外植体不定芽的增殖带来了负面影响。所有处理均未得到西南桦四倍体，但在秋水仙素加倍培养 8d 和 12d 处理下得到了西南桦二倍体与四倍体细胞嵌合的嵌合体，其中加倍 12d 的处理效果最好，此时得到的嵌合体数量最大。

表 2-8　秋水仙素处理时间对西南桦染色体加倍的影响

处理时间（d）	外植体存活率（%）	每瓶有效不定芽数（株）	嵌合体数（个）
0	96 a	52.8 a	0
4	88 b	39.6 ab	0
8	62 c	28.4 bc	1.2 b
12	50 c	24.2 c	2.4 a
24	14 d	6.0 d	0

（3）不同预培养时间对西南桦染色体加倍的影响

由表 2-9 可见，预培养有助于外植体成活并获得更多的有效不定芽，随着预培养时间的增加，外植体成活率逐渐增加，每瓶有效不定芽株数也在逐渐增加。3 个不同预培养时间处理，西南桦外植体存活率的由 44%~56% 提高到 74%~80%，再提高到 86%~92%，而每瓶有效不定芽株数增加幅度类似，6 个处理均未得到西南桦四倍体，但是均得到了嵌合体，随着预培养时间的增加，嵌合体数量先增加再降低。就加倍天数来看，在 3 个不同预处理条件下，随着加倍天数的增加，成活率降低，这一现象与表 2-8 中出现的情况一致。预培养 10d，加倍 15d 的处理效果最佳，获得嵌合体数量最大，为 5.4 个，且此时得到的嵌合体四倍体细胞比例较二倍体高（数据未列出），此现象在其他处理中均未出现。

表 2-9　不同预培养时间对西南桦染色体加倍的影响

预培养时间 （d）	加倍天数 （d）	外植体存活率 （%）	每瓶有效不 定芽数（株）	嵌合体数 （个）
0	10	56 d	25.2 c	2.8 bc
0	15	44 e	17.6 c	2.2 c
10	10	80 b	35.4 b	3.6 b
10	15	74 c	34.8 b	5.4 a
20	10	92 a	56.0 a	0.6 d
20	15	86 ab	39.2 b	1.0 d

2.5.3　研究结论

多倍体植株具有器官巨大性、抗逆性强等特点，同时倍性育种技术在杨等木本植物中的已经成功应用，针对二倍体西南桦，开展多倍体育种研究同样具有理论及实际生产意义。

本研究中发现西南桦染色体加倍时秋水仙素浓度以 120mg/L 为宜，在秋水仙素加倍前，预培养 10d 后再加倍 15d 效果较好，此时得到的嵌合体四倍体细胞比例较大。本研究未得到西南桦四倍体，究其原因主要还是经过秋水仙素处理后，外植体活力降低，导致不定芽增殖较慢，出现较多的愈伤组织，从而影响了不定芽进一步增值。后续研究将继续优化西南桦染色体加倍的条件，同时对已获得的西南桦嵌合体进行继代培养，以从中分离获得四倍体，因为培养嵌合体获得四倍体理论上存在可能性，且在其他植物中已有成功先例。

（注：本章节主要观点发表于《亚热带植物科学》2014 年第 4 期）

2.6　西南桦播种期和育苗技术

西南桦是热带山地、南亚热带地区的珍贵速生落叶树种，西南桦天然林分布于云南省东南部、南部、西部及西北部的怒江峡谷地区，广西西部，海南岛尖峰岭、坝王岭和吊罗山三大林区，四川西南部的德昌一带（王达明，1996）以及西藏墨脱地区喜马拉雅东部雅鲁藏布江大峡弯河谷地（孙航等，1996）。据报道，贵州亦有西南桦分布（成俊卿，1980），与我国西南部、西部接壤的越南、老挝、缅甸、印度、尼泊尔亦有西南桦分布，西南桦的模式标本采自尼泊尔（吴征镒，1983）。据报道，泰国清迈亦有西南桦天然分布（Fox等，1995）。印度的喜马拉雅地区（包括喜马偕尔邦、北方邦和西孟加拉邦以及阿萨姆邦等）（Shukla 和 Aswa，1986）以及尼泊尔的西南桦为间断分布。主要分布在24°N 以南，少数在24°~25°。西南桦生长迅速，由天然林调查结果看，30 年生时胸径为35cm，树高约25m，蓄积量811.78m³/hm²，可生产木材568.25m³/hm²（郑海水等，2001）。西南桦为强阳性树种，喜光、耐旱瘠生境，材质优良，已广泛用作高档家具、木地板以及室内装修原料，应用前景十分广阔。

因西南桦种子在春末夏初成熟，细小且带翅，幼苗前期生长慢，抗逆性差，生产上育苗大多采用即采即播的方式，幼苗期正值炎热的夏季，立枯病害发生严重，管理困难，苗木质量差，造林成活率低，因此，确定西南桦一年生播种苗适时的播种期，掌握其苗木生长规律和各时期育苗技术要点，对生产上培育壮苗具有重要意义。

2.6.1　材料与方法

（1）试验地概况

试验地设在广西大学林学院苗圃内，地处南宁市东北方向约 7km 处，热量丰富，降水充沛，夏长冬短，干湿季明显，属于湿润季风气候，全年平均气温 21.6℃，月平均气温 20℃ 以上有 7 个月，无霜期 330d，年降水量1300mm；育苗地地势平坦，土壤属于第四季红土母质赤红壤，土质为壤土，疏松肥沃，排水良好。

（2）材料和方法

试验所用的种子来自百色地区老山林场天然林的西南桦母树，4 月底当果序由绿色转为淡黄色至黄褐色时，及时采收果穗，摊放在室内干燥阴凉处（切忌暴晒），经过 3~5d，将果穗轻揉抖动，取出种子，一部分即采即播（5 月 7日），另一部分（秋播的种子）放入 3~5℃的冰箱贮藏到 10 月 7 日播种。两种播种期育苗在播种 10~15d 苗木出齐后采用一致的育苗管理措施，及时进行除草、喷药（预防苗木病害）、灌溉、追肥及间苗等常规育苗管理。同年的 6 月18 日和 11 月 18 日分别开始在试验地内随机抽取 20 株苗木作为生长量测定的固定标准株，在生长期内每隔 20d 定期测定苗高和地径生长量，同时在周围选择与其苗高和地径一致的苗木观测地下主根与侧根生长情况以及立枯病害发生情况；为适用于生产上培育 1 年生播种苗上山造林的需要，两种播种时期的苗木观测和研究的时间均为 1 年，虽然每次测定对应时间不一致，但一年中经历的各季节影响是一致的，通过比较两种播种时期的 1 年生苗木的质量和病害感染程度，确定西南桦一年生播种苗适宜的播种期。

2.6.2　结果与分析

（1）苗高、地径及地下根系年生长过程

从表 2-10 可见，西南桦秋季播种的 1 年生苗的苗高、地径及地下根系生长量在苗木生长初期小于即采即播的 1 年生苗木的同期生长量，这是因为秋季播种后的生长初期处于气温较低的时期，因此苗木生长较缓慢，但秋季播种（10 月 7 日播种）的苗木苗高、地径及地下根系的主根和侧根生长量分别在5 月 17 日（约 190d）、6 月 26 日（约 230d）、4 月 7 日（约 150d）首次超过了即采即播苗木的同期生长量，而且不同器官首次超过的时间略有不同，这与不同器官在春季萌动早晚不一样有关，地下根系萌动早，其生长量首次超过的时间分别比苗高和地径生长量首次超过的时间提早 40d 和 80d。

表 2-10　西南桦秋季播种和即采即播苗木生长及病害观测

时间 （日/月）		苗高		地径		主根		侧根（条）		立枯病 害（%）
		生长量	净生长量	生长量	净生长量	生长量	净生长量	生长量	净生长量	
秋季播种	06/02	3.4	0.9	0.072	0.002	6.2	0.9	36	11	1.5
	26/02	4.0	0.6	0.088	0.016	9.2	3.0	48	12	1.8
	18/03	5.8	1.8	0.099	0.011	12.4	3.2	61	13	2.8
	07/04	9.0	3.2	0.120	0.021	15.2	2.8	73	12	3.2

（续）

时间 （日/月）	苗高		地径		主根		侧根（条）		立枯病 害（%）
	生长量	净生长量	生长量	净生长量	生长量	净生长量	生长量	净生长量	
27/04	16.1	7.1	0.159	0.039	17.0	1.8	83	10	1.1
17/05	24.8	8.7	0.207	0.048	18.4	1.4	92	9	0
06/06	34.5	9.7	0.251	0.044	20.0	1.6	100	8	0
26/06	41.5	7.0	0.320	0.069	22.0	2.0	108	8	0
16/07	47.7	6.2	0.392	0.072	24.1	2.1	117	9	0
05/08	52.6	4.9	0.467	0.075	26.5	2.4	128	11	0
25/08	57.7	5.1	0.540	0.073	28.8	2.3	138	10	0
14/09	64.0	6.3	0.603	0.063	30.7	1.9	145	7	0
04/10	67.7	3.7	0.646	0.043	32.7	2.0	150	5	0
24/10	70.8	3.1	0.683	0.037	34.8	2.1	154	4	0
13/11	73.2	2.4	0.705	0.022	36.6	1.5	156	2	0
03/12	74.7	1.5	0.720	0.015	37.5	1.2	167	1	0
06/09	8.6	3.1	0.157	0.041	9.6	2.1	49	11	8.2
26/09	13.1	4.5	0.201	0.044	11.8	2.2	57	8	5.1
16/10	16.6	3.5	0.238	0.037	13.9	2.1	63	6	3.7
05/11	19.3	2.7	0.268	0.030	15.1	2.2	38	5	1.8
25/11	21.6	2.3	0.286	0.018	16.2	1.1	71	3	1.1
15/12	23.3	1.7	0.299	0.013	17.1	0.9	72	1	0
04/01	24.0	0.7	0.301	0.002	17.7	0.6	73	1	0
24/01	24.6	0.6	0.304	0.003	18.2	0.5	75	2	0
13/02	25.5	0.9	0.317	0.013	19.3	1.1	77	2	0
05/03	27.1	1.6	0.344	0.027	21.6	2.3	86	9	0
25/03	30.2	3.1	0.377	0.033	23.7	2.1	99	13	0
14/04	35.4	5.2	0.422	0.045	25.6	1.9	111	12	0
04/05	43.1	7.7	0.463	0.041	27.6	2.0	122	11	0
24/05	51.7	8.6	0.505	0.042	29.4	1.8	130	8	0
13/06	60.9	9.2	0.570	0.065	31.1	1.7	137	7	0
13/07	68.1	7.2	0.642	0.072	33.2	2.1	145	8	0

注：即采即播（位于第二组数据组左侧的标注）

在苗木生长达一年时，秋季播种的苗木苗高、地径及地下根系的主根和侧根的平均生长量分别比即采即播苗木的同期生长量提高了57.1、39.5、18.5、23.0；从次年进入生长初期和速生期(2~7月)苗木各器官的净生长量来看，虽然秋季播种苗木的地径净生长量比即采即播苗木的同期净生长量下降5.3，但秋季播种苗木的苗高、地下根系的主根和侧根的净生长量分别比即采即播苗木的同期净生长量提高了1.9、19.3、15.7，总的来说，苗木的综合质量得到了提高。

（2）苗木立枯病害感染程度

从苗木立枯病害感染程度比较来看，秋季播种的苗木立枯病害感染程度比即采即播苗木减少90.4，这一点对生产上育苗具有重要意义，因为对于夏熟种子，一般认为种子寿命短，难贮藏，传统上大多采用即采即播方式，但对于西南桦，即采即播的苗木幼苗期正值高温高湿的夏季，立枯病害很容易发生并迅速蔓延。而本研究证明将种子低温贮藏5个月，种子发芽率并没有明显下降（实验室测定仅下降3.7），秋播的苗木立枯病害感染程度大大减少，苗木质量也大为提高。

2.6.3　研究结论

对西南桦播种育苗而言，本研究表明秋季播种培育的1年生苗木与即采即播培育的一年生苗木比较，苗木苗高、地径及地下根系平均生长量分别提高了57.1、39.5、18.5、23.0，苗木的质量得到了提高；从苗木立枯病害感染程度比较来看，秋季播种的苗木立枯病害感染程度比即采即播苗木减少90.4，这一点对西南桦在生产上育苗具有一定的指导意义。

西南桦秋季播种一年生苗育苗技术措施主要抓好4个时期的工作：

①出苗期　10月上旬播种，从幼苗出土到真叶展开之前，约10~15d。由于西南桦种子细小，播种前应细致整地，要求土块细碎，床面整平，掌握适宜的复土厚度（0.4~0.6mm），灌溉时尽量采用喷雾法，以免水滴大而将种子冲出土面；此时期幼苗娇嫩细弱，抗性差，应及时搭盖荫棚，为幼苗出土创造良好的条件；同时注意冬季的保温防寒工作。

②幼苗期　2月上旬至4月上旬，持续时间约60d。南方气温回升较早，苗木较快进入生长初期，育苗的关键技术是采取保苗措施，每隔7~10d喷药预防立枯病害的发生（可选用波尔多液、800倍液的多菌灵、甲基托布津等）；加强水肥管理，及时松土除草，追肥可施用低氮高磷的混合肥，促进地下根系生长；雨季应特别注意及时排水，以防积水而影响根系的生长；3月下旬可分次拆除荫棚，给苗木逐步增加光照，并进行1~2次间苗。

③苗木速生期　从4月上旬至9月中旬，持续时间约160d。此期是决定苗木质量的关键时期，育苗措施应满足苗木在速生期所需的水、肥和光照，加强苗木田间管理，及时中耕除草，适时进行灌溉；10~15d追肥1次，前期

施用氮肥，后期施磷、钾肥，到 9 月上旬停止施肥；注意排水防涝。采用浓度为 $50 \times 10 mg/L$ 的 ABT6 对西南桦苗木叶面喷施，在苗木分枝数、单株叶面积、苗木干鲜重及苗木根系生长发育方面有显著的提高（王凌晖等，2002）。

④苗木生长后期 9 月中旬到 12 月上旬，持续时间约 80d。此期间育苗技术措施主要是促进苗木木质化，控制或停止灌溉，防止苗木徒长，提高苗木对低温和干旱的抗性，采取适当的御寒防冻措施。

西南桦苗木的苗高、地径及地下根系生长过程呈现明显的"慢—快—慢"节律。出苗期和幼苗期苗木生长缓慢，种子细小，苗木娇弱，抗性差，防病保苗是关键，注意灌溉采用喷雾式，西南桦苗期生长要注意水肥的管理，特别是水分管理，幼苗期水分不可过多，更不能缺水，土表发白即应浇水，否则苗木一旦出现枝叶干枯现象就难恢复生长或导致死亡（郑海水等，2001）；苗木速生期是促进苗高和地径生长、提高苗木质量的关键时期，应加强水肥管理，保证苗木有充足的水肥条件。

（注：本章节主要观点发表于《广西植物》2004 年第 4 期）

第三章

造林研究

3.1 不同坡向对西南桦造林的影响

西南桦是广西优良乡土树种之一，它具有生长快，抗性强，材质优，价值高等特点，适合制作高档家具、地板、建筑和造纸等。我国西南桦主要分布于云南省东南部、南部、西部及西北部，广西中部、西部和北部；贵州、四川西南部，西藏墨脱地区喜马拉雅东部、海南尖峰岭、浙江也有少量分布。与我国西南部、西部接壤的越南、老挝、缅甸、印度、尼泊尔、泰国亦有西南桦分布。郑海水等研究了西南桦人工造林技术，曾杰等研究了西南桦对立地条件的要求，均未涉及坡向；李根前等在云南省景谷县开展"西南桦人工幼林生长与立地条件的关系"研究，认为坡位对林分上层高及林分平均高有极显著影响，坡向、坡度对西南桦高生长无显著影响。本研究始于2001年起在广西百色市开展广西"十五"林业科技项目"西南桦人工林丰产技术研究与示范"过程中，发现坡向对西南桦有一定影响，并开展了专题研究。

3.1.1 试验地概况

试验地设在广西百色市右江区大楞乡，位于23°52′N，106°12′E，海拔400~650m，原有植被为杂灌木和荒草，土层厚度>100cm，表土层厚20cm。

3.1.2 研究方法

（1）试验设计

在造林试验地内海拔约450m、550m、600m 3处分别阳坡、半阳坡、阴坡和半阴坡4个坡向设置调查样地，每个坡向样地数3个。

（2）研究措施

①整地造林　经炼山，按2m×4m的株行距整地挖坑，规格为40cm×40cm×30cm，验收后回填碎表土，每坑施Ⅰ级钙镁磷肥0.25kg作基肥，与回填土拌匀。造林时间为2004年2月，造林苗木为实生容器苗。

②抚育管理　造林后连续3年在5~6月、9~10月各铲草抚育1次。

（3）数据测定

2010年7月，分别在阳坡、半阳坡、阴坡和半阴坡4个坡向各设3个调查样地，每个样地测50株，每木测树高和胸径。计算各样地平均树高、平均胸径和平均单株材积(表3-1)。

表3-1 不同坡向各样地平均树高、胸径和单株材积

坡向	样地1			样地2			样地3		
	树高 (m)	胸径 (cm)	材积 (m³)	树高 (m)	胸径 (cm)	材积 (m³)	树高 (m)	胸径 (cm)	材积 (m³)
阳　坡	10.0	10.9	0.0467	10.1	11.2	0.0498	10.3	11.3	0.0516
半阳坡	10.4	11.5	0.0540	10.6	11.7	0.0570	10.6	11.6	0.0560
半阴坡	10.5	11.6	0.0555	10.9	11.5	0.0566	11.2	11.7	0.0602
阴　坡	10.8	12.2	0.0631	10.9	12.4	0.0658	11.1	12.5	0.0681

注：材积 $V = f \times h \times \pi \times D^2 / 40000$，式中，$f$ 取 0.5，π 取 3.14159，h 单位为 m，D 单位为 cm。

3.1.3 结果与分析

(1)坡向与高生长的关系

平均树高从高到低排序为阴坡 > 半阴坡 > 半阳坡 > 阳坡，平均树高阴坡比阳坡高7.9%(图3-1)。

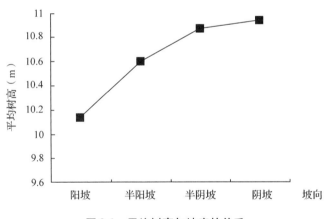

图3-1 平均树高与坡度的关系

经方差分析，不同坡向间树高在0.01水平有极显著差异。进一步进行多重比较(表3-2)，阴坡与阳坡之间有极显著差异，与半阴坡和半阳坡之间无显著差异；半阴坡与阳坡之间有极显著差异，与半阳坡之间无显著差异；半阳坡与阳坡之间有显著差异。

表 3-2　不同坡向树高多重比较表

不同坡向均值	差值（m）			
（m）	阴坡	半阴坡	半阳坡	阳坡
阳　坡（10.133）	0.800**	0.734**	0.467*	0.000
半阳坡（10.600）	0.333	0.267	0.000	
半阴坡（10.867）	0.066	0.000		
阴　坡（10.933）	0.000			

注：LSD(0.01)=0.627 663，LSD(0.05)=0.430 665。

（2）坡向与径生长的关系

平均胸径从高到低排序为阴坡＞半阴坡与半阳坡＞阳坡，平均胸径阴坡比阳坡大 11.1%（图 3-2）。

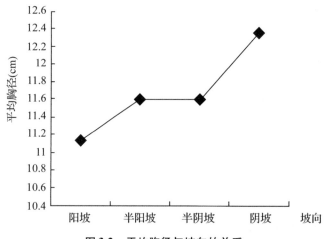

图 3-2　平均胸径与坡向的关系

经方差分析，不同坡向间胸径在 0.01 水平有极显著差异。进一步进行多重比较（表 3-3），阴坡与阳坡、半阳坡、半阳坡之间有极显著差异；半阴坡与阳坡之间有极显著差异，与半阳坡之间无显著差异；半阳坡与阳坡之间有极显著差异。

表 3-3　不同坡向胸径多重比较表

不同坡向均值	差值（cm）			
（cm）	阴坡	半阴坡	半阳坡	阳坡
阳　坡（11.133）	1.234**	0.467**	0.467**	0.000
半阳坡（11.600）	0.767**	0.000	0.000	
半阴坡（11.600）	0.767**	0.000		
阴　坡（12.367）	0.000			

注：LSD(0.01)=0.403 221，LSD(0.05)=0.276 666。

（3）坡向与材积生长的关系

由表3-1和图3-3可以看出，平均单株材积从高到低排序为阴坡＞半阴坡＞半阳坡＞阳坡，平均单株材积阴坡比阳坡大33.0%。

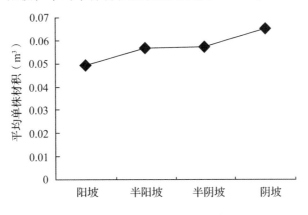

图3-3　平均单株材积与坡向的关系

经方差分析，不同坡向间单株材积在0.01水平有极显著差异。进一步进行多重比较（表3-4），阴坡与阳坡、半阳坡、半阳坡之间有极显著差异；半阴坡与阳坡之间有极显著差异，与半阳坡之间无显著差异；半阳坡与阳坡之间有极显著差异。

表3-4　不同坡单株材积径多重比较表

不同坡向均值	差值（m³）			
（m³）	阴坡	半阴坡	半阳坡	阳坡
阳　坡（0.049 4）	0.016**	0.008**	0.006 3**	0.000
半阳坡（0.055 7）	0.010**	0.002	0.000	
半阴坡（0.057 4）	0.008**	0.000		
阴　坡（0.065 7）	0.000			

注：LSD(0.01) = 0.006 244，LSD(0.05) = 0.004 284。

广西百色市右江河谷是比较干热的地区，阴坡的温度、水分和湿度条件好于阳坡。这是西南桦在阴坡生长好于阳坡的主要原因。

3.1.4　研究结论

①坡向对西南桦高生长有极显著影响。不同坡向平均树高从高到低排序为阴坡＞半阴坡＞半阳坡＞阳坡，平均树高阴坡比阳坡高7.9%。

②坡向对西南桦径生长有极显著影响。不同坡向平均胸径从高到低排序

为阴坡>半阴坡与半阳坡>阳坡，平均胸径阴坡比阳坡大11.1%。

③坡向对西南桦材积生长有极显著影响。不同坡向平均单株材积从高到低排序为阴坡>半阴坡>半阳坡>阳坡，平均单株材积阴坡比阳坡大33.0%。

④西南桦是喜光树种，之所以阴坡比阳坡生长好，主要是阴坡的温度、水分和湿度条件好于阳坡。

（注：本章节主要观点发表于《安徽农业科学》2011年第18期）

3.2　不同造林密度对西南桦生长的影响

西南桦，是我国热带、南亚热带地区的一个优良乡土阔叶树种，具有重要的生态和经济价值。目前西南桦木材已被列为珍贵木材而广泛应用，木材价格不断上涨。在广西、云南过去的木材价格为700～800元/m³，最近已上升至2000～3000元/m³。西南桦已在华南和西南地区诸省（自治区）大面积推广，推广面积已逾5万hm²。已成为我国热带、南亚热带地区的主要造林树种之一。然而，以往的研究，推荐西南桦人工林初植密度，采用2.0m×3.0m及3.0m×3.0m的株行距。因此，为了研究西南桦人工林其他适合的造林密度，2003年、2005年、2006年在百色市田林老山林场和百色右江区大椤乡设计密度研究，旨在找出西南桦人工林其他合理的种植密度，以期获取较高的产量，实现较佳的经济效益。

3.2.1　材料与方法

（1）试验地概况

选取2个试验点：一是广西百色市田林老山林场利周分场3林班；二是百色市右江区大椤乡3林班。试验地属南亚热带，干湿季交替明显。试验点概况如下：

①广西百色市老山林场利周分场3林班　地处24°17′～24°27′7″N，105°46′～106°22′41″E。海拔600～950m，造林前属杉木和马尾松林，土层厚度≥100cm，表土层厚≥10cm。

②百色市右江区大椤乡3林班　地处23°51′18″～23°51′19″N，106°11′54″～106°11′55″E。海拔400～650m，造林前为杂灌木和荒草，土层厚度100cm，表

土层厚20cm。

（2）实验设计

①密度选择　百色市右江区大楞乡3林班试验点，选用2种不同密度和2个年度，株行距分别为2.5m×4m（1000株/hm²，表示为A），2m×4m（1250株/hm²，表示为B），2006年造林；2m×4m（1250株/hm²，表示为C），2.5m×4m（1000株/hm²，表示为D）2005年造林。

百色市田林老山林场利周分场3林班试验点，选用2种不同密度，株行距分别为2m×3m（1667株/hm²，表示为E），2m×4m（1250株/hm²，表示为F），2003年造林。

②生长管理　整地：经炼山，按设计的株行距拉线定点后整地，整地方式为挖明坑，规格为40cm×40cm×30cm，验收后回填碎土，在回填表土时每坑施放I级钙镁磷肥0.25kg作基肥，回填土拌匀，以备造林。抚育管理：造林后的当年8月铲草扩坑抚育1次，第2、3年5~6月、9~10月各铲草抚育一次。

③生长量测定方法　定点、定株、定时测定林木生长情况。2010年7月，采用样地法进行生长量调查。在西南桦试验林内设置固定样地和样株。每个样地调查50株林木。采用测高器、测树尺测定样株的树高、胸径、冠幅，记录样地坡向、坡位、海拔、林分郁闭度、植被种类及盖率。

（3）研究方法

将调查数据整理，在所测定胸径、树高的基础上，计算单株材积，具体计算见式（3-1）。

$$V = \frac{f \times \pi \times h \times D^2}{40000} \tag{3-1}$$

式中，f为树干形数，取0.5；π为圆周率；h为树高（m）；D为胸径（cm）。应用式（3-2）进行检验分析不同密度对西南桦生长的影响。

$$t = \frac{\bar{x}_1 - \bar{x}_2}{\sqrt{\frac{n_1 s_1^2 + n_2 s_2^2}{n_1 + n_2 - 2}\left(\frac{1}{n_1} + \frac{1}{n_2}\right)}} \tag{3-2}$$

式中，$\bar{x}_1$为样本1平均数；$\bar{x}_2$为样本2平均数；s_1^2为样本1均方；s_2^2为样本2均方；n_1为样本1含量（株数）；n_2为样本2含量（株数）。

3.2.2　结果与分析

（1）不同造林密度对树高生长的影响

不同密度西南桦幼林的高生长在造林后逐年加速，3年生时达生长高峰

（1.91～2.33m），4年后其连年生长量开下降。在造林初期低密度林分高生长比高密度林分小，随林龄增长不同密度林分高生长渐趋一致，但到5年生时，低密度林分的高生长开始超过高密度林分。

在右江区大楞乡3林班设计2.5m×4m，2m×4m的两组密度对比试验，通过t检验分析（表3-5），$|t| < t_{0.05}$，两种密度的西南桦树高生长没有显著性的差异。说明2.5m×4m与2m×4m造林密度对西南桦树高生长的影响差异不大。

在百色市田林老山林场利周分场3林班设计2m×3m，2m×4m的密度试验（表3-5），$|t| > t_{0.05}$，可见，两种密度的西南桦树高生长有显著性的差异。说明2m×3m与2m×4m造林密度对西南桦树高生长的影响差异较大。

表3-5　不同造林密度对树高生长的影响

试验地点	平均树高（m）	标准差（m）	T值
右江区大楞乡3林班A	8.9	1.077 7	1.044 2
右江区大楞乡3林班B	9.2	1.698 1	
右江区大楞乡3林班C	10.9	1.854 7	0.667 4
右江区大楞乡3林班D	10.6	1.555 6	
老山林场利周分场3林班E	13.8	1.992 5	2.668 7
老山林场利周分场3林班F	14.8	1.705 9	

注：表中A～F，6个试点样株数均为50株；表中$t_{0.05}(f=98)=2.00$。本节下同。

（2）不同造林密度对胸径生长的影响

不同密度西南桦幼林胸径生长过程与其高生长相似，也是3年生时达到生长高峰（连年生长量2.31～2.91cm），4年生后生长量开始逐渐下降，密度越大下降也愈快。造林密度与径生长成反比关系，密度越大林木径阶越小，反之则径阶越大。

在右江区大楞乡3林班设计2.5m×4m，2m×4m的两组密度对比试验，通过t检验分析（表3-6），$|t| < t_{0.05}$，两种密度的西南桦胸径生长没有显著性的差异。说明2.5m×4m与2m×4m造林密度对西南桦胸径生长的影响差异不大。

表3-6　不同造林密度对胸径生长的影响

试验地点	平均胸径（cm）	标准差（cm）	T值
右江区大楞乡3林班A	10.4	2.447 4	0.374 8
右江区大楞乡3林班B	10.2	2.821 3	
右江区大楞乡3林班C	11.5	3.255 8	0.232 4
右江区大楞乡3林班D	11.7	3.297 0	
老山林场利周分场3林班E	11.4	2.703 7	2.174 6
老山林场利周分场3林班F	12.6	2.758 6	

在百色市田林老山林场利周分场 3 林班设计 2m×3m，2m×4m 的密度试验（表3-6），｜t｜>$t_{0.05}$，可见，两种密度的西南桦胸径生长有显著性的差异。说明 2m×3m 与 2m×4m 造林密度对西南桦胸径生长影响差异较大。

（3）不同造林密度对材积生长的影响

林分蓄积是林分生产力的集中表现，它与林分初植密度以及保存率密切相关。郑海水等研究表明：西南桦林分密度对材积生长影响显著。它与林分蓄积呈正相关，而与单株材积呈负相关，为幂函数关系，即 $V = ax^{-b}$。其结果还表明：西南桦以 2.0m×3.0m 及 3.0m×3.0m 的株行距造林比较好。

在右江区大楞乡 3 林班设计 2.5m×4m，2m×4m 的两组密度对比试验、百色市田林老山林场利周分场 3 林班设计 2m×3m，2m×4m 的密度试验，通过 t 检验分析（表3-7），｜t｜<$t_{0.05}$，造林密度对西南桦蓄积量生长没有显著性的差异。说明 2.5m×4m 与 2m×4m，2m×3m 与 2m×4m 的造林密度对西南桦蓄积量生长的影响差异不大。

表 3-7　不同造林密度对材积生长的影响

试验地点	单位面积蓄积量（m^3/hm^2）	标准差（m^3/hm^2）	T 值
右江区大楞乡 3 林班 A	37.0	18.183 5	1.745 4
右江区大楞乡 3 林班 B	47.0	35.745 2	
右江区大楞乡 3 林班 C	56.88	36.545 9	1.380 1
右江区大楞乡 3 林班 D	70.96	41.020 7	
老山林场利周分场 3 林班 E	117.22	73.062 2	0.179 3
老山林场利周分场 3 林班 F	114.79	60.490 2	

综合分析表明：百色市右江区大楞乡、田林老山林场利周分场设计三组密度进行对比试验，造林密度 2.5m×4m 与 2m×4m、2m×4m 与 2m×3m 对西南桦生长影响的差异小。

3.2.3　研究结论

①通过三组密度对比试验表明，2.5m×4m 和 2m×4m 造林密度对西南桦树高、胸径生长的影响差异很小；2m×4m 与 2m×3m 对西南桦树高、胸径生长的影响差异较大。

②2.5m×4m 与 2m×4m，2m×4m 与 2m×3m 造林密度对西南桦单位蓄积量生长的影响差异很小。

③2.5m×4m、2m×4m 与 2m×3m 相比，造林密度较小、成本较低，胸

径较大，价值较高，由此可见 2.5m×4m 或 2m×4m 优于 2m×3m。因此，西南桦初植密度应为 2.5m×4m，2m×4m。

（注：本章节主要观点发表于《广东农业科学》2011 年第 11 期）

3.3　西南桦不同海拔造林试验

西南桦是优良乡土树种之一，它具有生长快，抗性强，材质优，价值高等特点，适合制作高档家具、地板、建筑和造纸等。据调查，广州木材市场小头直径 26cm 西南桦原木价格，2000 年为 2500~3000 元/m^3，2010 年为 4600~5200 元/m^3，是同期桉树、松树、杉木价格的 3~5 倍。我国西南桦主要分布于云南省东南部、南部、西部及西北部，广西中部、西部和北部；贵州、四川西南部，西藏墨脱地区喜马拉雅东部、海南省尖峰岭、浙江也有少量分布。与我国西南部、西部接壤的越南、老挝、缅甸、印度、尼泊尔、泰国亦有西南桦分布。很多研究探讨了西南桦人工造林技术。曾杰等通过对西南桦天然林调查和文献检索，得出我国西南桦天然分布的最低海拔为 200m，最高海拔达 2800m，在广西百色市区域内为 200~1600m 的结论。李根前等在云南省景谷县开展"西南桦人工幼林生长与立地条件的关系"研究，由于调查样地集中分布在海拔 1550~1800m 之间，得出"海拔对西南桦高生长无显著影响"的结论。为了进一步探索西南桦在不同海拔高度的适应性和丰产性，本研究在广西百色市海拔 400~1450m 范围开展了造林试验。

3.3.1　材料与方法

（1）试验地概况

试验地设在百色市的田林县老山林场 3 林班、52 林班、42 林班，田林县八渡乡、潞城乡，隆林县猪场乡。这些试验地在百色市范围内具有代表性，主要试验点安排在田林县老山林场。

田林县广西老山林场 3 林班，海拔 600~1000m，以前种植杉木和马尾松，采伐后营造西南桦试验林；52 林班海拔 1000~1300m，原为天然林，受冰灾危害后营造西南桦试验林。42 林班，海拔 1400~1500m，退耕后营造西南桦试验林。土壤为红壤、黄红壤和黄壤，土层厚度≥100cm，表土层厚度≥10cm。

　　田林县八渡乡、潞城乡试验地，海拔 400~1050m，原有植被为天然次生
杂灌木。土壤为红壤和黄红壤，土层厚度≥100cm，表土层厚度 15~20cm。

　　隆林县猪场乡试验地，海拔 1000~1300m，原为荒山和坡耕地。土壤为黄
红壤和黄壤，土层厚度≥100cm，表土层厚度 10~20cm。

　　（2）方法

　　①试验设计　　在造林试验地的 400m、500m、630m、750m、950m、
1250m 和 1450m7 个海拔高度各设 3 个调查样地。

　　②试验措施

　　a. 整地造林　　经炼山，按 2×4m 的株行距整地挖坎，规格为 40cm×
40cm×30cm，验收后回填碎表土，每坎施Ⅰ级钙镁磷肥 0.25kg 作基肥，与回
填土拌匀。造林时间为 2004 年 5~6 月，造林苗木为实生容器苗。

　　b. 抚育管理　　造林后连续三年在 5~6 月、9~10 月各铲草抚育 1 次。

　　c. 数据与分析　　2010 年 7 月，分别在 7 个海拔高度各设 3 个调查样地，
每个样地测 50 株，每木测树高和胸径。计算各样地平均树高、平均胸径和平
均单株材积。平均单株材积的计算公式为 $V = f \times h \times \pi \times D^2 / 40000$，式中：$f$ 取
0.5，π 取 3.14159，h（树高）单位为 m，D（胸径）单位为 cm。

3.3.2　结果与分析

　　（1）海拔与西南桦高生长的关系

　　如图 3-4 所示，6 年生西南桦人工林平均树高在海拔 400~630m 随海拔升
高而升高，在海拔 630~1450m 随海拔升高而降低。不同海拔平均树高从高到
低排序为 630m>750m>500m>950m>400m>1250m>1450m，平均树高海拔
630~950m 比 400m 和 1250~1450m 高 18% 以上。

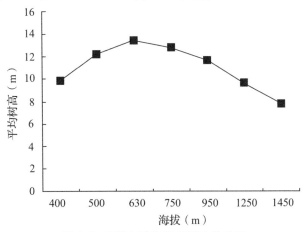

图 3-4　平均树高与海拔高度的关系

方差分析和多重比较(表3-8)表明,不同海拔间树高有极显著差异。其中,630m与1450m、1250m、950m和400m之间平均树高有极显著差异,与500m之间有显著差异,与750m之间无显著差异;海拔750m与1450m、1250m和400m之间平均树高有极显著差异,与950m之间有显著差异,与500m之间无显著差异;海拔500m与1450m、1250m和400m之间平均树高有极显著差异,与950m之间无显著差异;海拔950m与1450m、1250m和400m之间平均树高有极显著差异;海拔400m与1450m之间平均树高有极显著差异,与1250m之间无显著差异;海拔1250m与1450m之间平均树高有极显著差异。

表3-8　不同海拔西南桦树高多重比较表

不同海拔均值 (m)	不同海拔差值(m)						
	630	750	500	950	400	1250	1450
1450(7.667)	5.700**	5.133**	4.533**	4.000**	2.167**	1.967**	0.000
1250(9.633)	3.733**	3.167**	2.567**	2.033**	0.200	0.000	
400(9.833)	3.533**	2.967**	2.367**	1.833**	0.000		
950(11.667)	1.700**	1.133*	0.533	0.000			
500(12.200)	1.167*	0.600	0.000				
750(12.800)	0.567	0.000					
630(13.367)	0.000						

注:LSD(0.01) = 1.1837,LSD(0.05) = 0.9676。

(2)海拔与西南桦径生长的关系

如图3-5所示,6年生西南桦人工林平均胸径在海拔400~630m随海拔升高而升高,在海拔630~1450m随海拔升高而降低。不同海拔平均胸径从高到低排序为630m>750m>500m>950m>400m>1250m>1450m,平均胸径海拔630~950m比400m和1250~1450m大34%以上。

方差分析和多重比较(表3-9)表明,不同海拔间胸径有极显著差异。其中,海拔630m与1450m、1250m和400m之间平均胸径有极显著差异,与950m之间有显著差异,与500m和750m之间无显著差异;海拔750m与1450m、1250m和400m之间平均胸径有极显著差异,与950m之间有显著差异,与500m之间无显著差异;海拔500m与1450m、1250m和400m之间平均胸径有极显著差异,与950m之间无显著差异;海拔950m与1450m、1250m和400m之间平均胸径有极显著差异;海拔400m与1250m和1450m之间无显著差异;海拔1250m与1450m之间无显著差异。

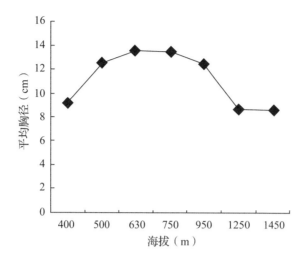

图 3-5　平均胸径与海拔高度的关系

表 3-9　不同海拔西南桦胸径多重比较表

不同海拔均值（cm）	不同海拔差值（cm）						
	630	750	500	950	400	1250	1450
1450（8.567）	5.033＊＊	5.000＊＊	3.967＊＊	3.800＊＊	0.600	0.100	0.000
1250（8.667）	4.933＊＊	4.900＊＊	3.867＊＊	3.700＊＊	0.500	0.000	
400（9.167）	4.433＊＊	4.400＊＊	3.367＊＊	3.200＊＊	0.000		
950（12.367）	1.233＊	1.200＊	0.167	0.000			
500（12.534）	1.066	1.033	0.000				
750（13.567）	0.033	0.000					
630（13.600）	0.000						

注：LSD（0.01）＝1.350 18，LSD（0.05）＝1.103 71。

（3）海拔与西南桦材积生长的关系

如图 3-6 所示，6 年生西南桦人工林平均单株材积在海拔 400～630m 随海拔升高而升高，在海拔 630～1450m 随海拔升高而降低。不同海拔平均单株材积从高到低排序为 630m＞750m＞500m＞950m＞400m＞1250m＞1450m，平均单株材积海拔 630～950m 比 400m 和 1250～1450m 大 113% 以上。

方差分析和多重比较（表 3-10）表明，不同海拔间平均单株材积有极显著差异。其中，海拔 630m 与 1450m、1250m、950m、500m 和 400m 之间平均单株材积有极显著差异，与 750m 之间无显著差异；海拔 750m 与 1450m、1250m、950m、500m 和 400m 之间平均单株材积有极显著差异；海拔 500m 与

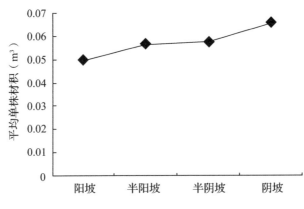

图 3-6　平均单株材积与坡向的关系

1450m、1250m 和 400m 之间平均单株材积有极显著差异，与 950m 之间无显著差异；海拔 950m 与 1450m、1250m 和 400m 之间平均单株材积有极显著差异；海拔 400m 与 1250m 和 1450m 之间平均单株材积无显著差异；海拔 1250m 与 1450m 之间平均单株材积无显著差异。

表 3-10　不同海拔单株材积多重比较表

不同海拔均值	不同海拔差值(cm)						
(cm)	630	750	500	950	400	1250	1450
1450(0.0222)	0.075**	0.071**	0.053**	0.048**	0.011	0.006	0.000
1250(0.0285)	0.069**	0.064**	0.047**	0.042**	0.004	0.000	
400(0.0330)	0.064**	0.060**	0.043**	0.037**	0.000		
950(0.0703)	0.027**	0.022**	0.005	0.000			
500(0.0756)	0.022**	0.017**	0.000				
750(0.0927)	0.004	0.000					
630(0.0971)	0.000						

注：LSD(0.01) = 0.016 093，LSD(0.05) = 0.013 155。

(4)海拔与速生丰产性的关系

根据南方阔叶树丰产林标准，年均树高生长达到 100cm、胸径生长达到 1.0cm，蓄积生长量达到 15.0m³/hm²，即达到速生丰林标准；年均树高生长达到 100cm、胸径生长达到 1.0cm，蓄积生长量达到 10.5m³/hm²，即达到丰产林标准。

由表 3-11 可见，在 400～1450m 海拔 6 年生西南桦造林地内，21 个样地中有 13 个样地基本达到、达到或超过丰产林标准，其中 9 个样地达到或超过速生丰产林标准，3 个样地达到或超过丰产林标准，1 个样地基本达到丰产林标准；13 个样地中 12 个样地分布在海拔 500~950m 内，1 个样地分布在海拔 400m。可见，在海拔 500~1000m Ⅰ 类和 Ⅱ 类地可营造速生丰产林或丰产林；海拔 200~500m 和 1000~1300m 可营造一般林，局部地点也可营造丰产林。

王达明等通过研究西南桦过程人工林生长过程，得出材积生长从第 3 年后便迅速增长，连年生长量在第 4~9 年呈起伏上升，从当前看 8 年生材积生长为峰值，根据曲线走势，今后的连年生长量有可能超过此值；在百色市老山林场海拔 1250m 调查的 8.5 年生试验地，平均树高 14.8m，平均胸径 12.6m，平均单株材积 0.092 2m³，年均单位面积蓄积生长量 13.56m³/（hm²·a），达到丰产林标准。因此，海拔 200~500m 和 1000~1300m 的局部地点营造丰产林是可能的。

表 3-11 6 年生西南桦丰产性分析表

海拔	样地号	树高生长		胸径生长量		蓄积生长量			速生丰产性评价
		平均（m）	年均（m/a）	平均（cm）	年均（cm/a）	单株（m³/株）	公顷（m³/hm²）	公顷年[m³/（hm²·a）]	
400m	1	10.1	1.68	10.4	1.73	0.043 1	53.875 0	8.979 2	3
	2	9.8	1.63	9.0	1.50	0.031 2	39.000 0	6.500 0	
	3	9.6	1.60	8.1	1.35	0.024 7	30.875 0	5.145 8	
500m	1	12.8	2.13	12.8	2.13	0.083 1	103.875 0	17.312 5	1
	2	11.7	1.95	12.2	2.03	0.068 4	85.500 0	14.250 0	2
	3	12.1	2.02	12.6	2.10	0.075 4	94.250 0	15.708 3	1
630m	1	14.0	2.33	14.0	2.33	0.107 3	134.125 0	22.354 2	1
	2	12.9	2.15	13.3	2.22	0.089 6	112.000 0	18.666 7	1
	3	13.2	2.20	13.5	2.25	0.094 5	118.125 0	19.687 5	1
750m	1	12.8	2.13	14.2	2.37	0.101 5	126.875 0	21.145 8	1
	2	12.6	2.10	13.1	2.18	0.084 9	106.125 0	17.687 5	1
	3	13.0	2.17	13.4	2.23	0.091 7	114.625 0	19.104 2	1
950m	1	11.7	1.95	13.0	2.17	0.077 9	97.375 0	16.229 2	1
	2	11.9	1.98	12.4	2.07	0.071 9	89.875 0	14.979 2	2
	3	11.4	1.90	11.7	1.95	0.061 3	76.625 0	12.770 8	2
1250m	1	10.4	1.73	8.9	1.48	0.032 3	40.375 0	6.729 2	
	2	9.7	1.62	8.0	1.33	0.024 7	30.875 0	5.145 8	
	3	8.8	1.47	9.1	1.52	0.028 6	35.750 0	5.958 3	
1450m	1	7.0	1.17	8.2	1.37	0.018 2	22.750 0	3.791 7	
	2	7.4	1.23	8.6	1.43	0.021 8	27.250 0	4.541 7	
	3	8.6	1.43	8.9	1.48	0.026 6	33.250 0	5.541 7	

注：1—达到速生丰林标准，2—达到丰产林标准，3—基本达到丰产林标准。

（5）海拔与低温雨雪灾害的关系

2008年1~2月，广西遭受了历史罕见的低温雨雪灾害，高海拔地区受冰灾影响较大。据2008年5月调查结果，低温雨雪天气在高海拔地区对西南桦造成断梢、断枝、倒伏、脱叶、树皮开裂等机械损伤。2002年造林林分大多数在主干6~8m处断梢，2004年造林林分大多数在5~6m处断梢，侧枝和叶子特别茂密的植株则倒伏，大多数植株能够在主干折断处长出新主梢。西南桦受害株率和受灾程度随海拔上升而上升，海拔1450m，2008年受害株率86.7%，比海拔1350m高10%，比海拔1250m高76.7%（表3-12）。因此，海拔1300m以上种植西南桦应谨慎。

表3-12 低温雨雪灾害对西南桦的影响

地点	海拔 （m）	调查数 （株）	断主梢数 （株）	倒伏数 （株）	受害数 （%）	2008年受 害株率
田林八渡乡	400	30	0	0	0	0
田林福达村	500	30	0	0	0	0
田林老山3C	630	30	0	0	0	0
田林老山3A	750	30	0	0	0	0
田林老山3B	950	30	0	0	0	0
田林老山52	1250	30	2	1	3	10.0
隆林县猪场乡	1350	30	21	2	23	76.7
田林老山42	1450	30	23	3	26	86.7

3.3.3 研究结论

①海拔对西南桦高生长有显著影响 6年生西南桦人工林平均树高在海拔400~630m随海拔升高而升高，在海拔630~1450m随海拔升高而降低。不同海拔平均树高从高到低排序为630m > 750m > 500m > 950m > 400m > 1250m > 1450m，平均树高海拔630~950m比400m和1250~1450m高18%以上。

②海拔对西南桦径生长有显著影响 6年生西南桦人工林平均胸径在海拔400~630m随海拔升高而升高，在海拔630~1450m随海拔升高而降低。不同海拔平均胸径从高到低排序为630m > 750m > 500m > 950m > 400m > 1250m > 1450m，平均胸径海拔630~950m比400m和1250~1450m大34%以上。

③海拔对西南桦材积生长有显著影响 6年生西南桦人工林平均单株材积在海拔400~630m随海拔升高而升高，在海拔630~1450m随海拔升高而降低。不同海拔平均单株材积从高到低排序为630m > 750m > 500m > 950m >

400m > 1250m > 1450m，平均单株材积海拔 630～950m 比 400m 和 1250～1450m 大 113% 以上。

④海拔与西南桦速生丰产性关系密切　在海拔 500～1000m Ⅰ类和Ⅱ类地可营造速生丰产林或丰产林；海拔 200～500m 和 1000～1300m 可营造一般林，局部地点也可营造丰产林。

⑤海拔与西南桦低温雨雪灾害关系密切　在海拔 1450m，2008 年受害株率 86.7%，比海拔 1350m 高 10%，比海拔 1250m 高 76.7%。海拔 1300m 以上种植西南桦应谨慎。

（注：本章节主要观点发表于《广东农业科学》2011 年第 8 期）

3.4　西南桦人工林在不同气候条件下的生长表现

西南桦是我国热带、南亚热带地区的一个优良乡土阔叶树种，具有重要的生态和经济价值。2011 年以前，西南桦已在华南和西南地区诸省（自治区）大面积推广，推广面积已逾 5 万 hm^2。已成为我国热带、南亚热带地区的主要造林树种之一。近 10 年来，随着人们需求量的增加，西南桦加工业迅速发展，西南桦木材价格不断攀升。据调查，西南桦中径材原木价格，2000 年为 2500～3000 元/m^3，2010 年已上涨到 4600～5200 元/m^3。以往对西南桦的研究主要集中在西南桦的驯化栽培技术方面，同时在"九五"期间也完成了其分布区调查。而西南桦在不同海拔及气候条件下的生长表现尚未研究。因此，探索西南桦适生的垂直气候条件，对发展西南桦速丰林生产有十分重要的意义。

3.4.1　材料与方法

（1）试验地概况

试验地点老山林场利周分场 3 林班（海拔 600～900m）、42 林班（海拔 1400～1450m）、52 林班（海拔 1150～1250m）和田林县八渡乡（海拔 400～1050m），地处 24°17′～24°27′7″N，105°46′～106°22′41″E。属南亚热带，干湿季交替明显。试验地在百色市范围内具有较强的代表性。造林时间 2002—2005 年 5 月，造林规格 2m×4m，1250 株/hm^2。各个试验点的基本情况和造林时间见表 3-13。

表 3-13 试验地点的基本情况与气候条件

地点	气温(℃)			年均降水量(mm)	年均光照时数(h)	年均积温(≥10℃)(℃)	年均温湿度指数	海拔(m)	造林时间(年)	树龄(年)
	年均	最高	最低							
田林八渡 D	20.1	40.3	-0.5	1000	3300	7300	20 100	400	2006	5
田林老山(3 林班)C	19.1	38.5	-0.5	1350	3280	6935	25 785	630	2004	6
田林老山(3 林班)A	18.5	38.0	-1.0	1350	3280	6570	24 875	750	2004	6
田林老山(3 林班)B	17.3	38.0	-1.5	1350	3280	6200	23 355	950	2004	6
田林老山(52 林班)F	15.5	35.0	-2.5	1300	2650	5470	20 150	1250	2002	8
田林老山(42 林班)E	14.6	33.0	-3.8	1300	2590	5110	18 980	1450	2003	7

注：气象数据由广西百色市气象部门提供。

（2）调查与研究方法

①调查方法 采取样地调查法。2010 年 7 月，根据各试验点气候条件情况，在西南桦试验林内设置 6 个测定点，每个点设三个样地，共设 18 个样地。样地 20m×20m，每个样地调查 50 株林木。测量样株的胸径、树高、冠幅的生长量，记录样地坡向、坡位、海拔、造林保存情况、林分郁闭度、植被种类及盖率。

②研究方法 将调查数据整理，在测定胸径、树高、林木保存情况的基础上，计算蓄积量、公顷蓄积量、造林保存率，再按年数计算平均生长量。

3.4.2 结果与分析

（1）西南桦造林保存率

在海拔 400m 时，西南桦保存率为 88.3%；海拔 630m，保存率为 93.3%；海拔 750m，保存率为 94%；海拔 950m，保存率 89.0%；海拔 1250m，保存率 76.3%；海拔 1450m，保存率 65.0%。可见，在海拔 750m 以上，造林保存率随着海拔升高而降低。在海拔 400～950m，造林保存率为 88.0%～94.0%，相对稳定。

（2）西南桦人工林在不同气候条件下的生长表现

①树高年平均生长量 对生长在不同气候条件下的西南桦树高进行单因素方差分析，结果表明，不同的气候条件下的 $F > F_{0.05}$，$F > F_{0.01}$。可见，西

南桦树高在不同气候条件下的生长表现存在极显著差异。

对生长在不同气候条件下的西南桦进行多重比较分析。由表 3-14 可见，D 处、A 处、B 处、C 处、F 处与 E 处之间；C 处、A 处与 D 处之间；C 处与 F 处之间差异极显著。C 处与 B 处之间差异显著。说明不同气候条件对西南桦树高生长有很大影响。

表 3-14　西南桦在不同气候条件下树高生长的多重比较结果

海拔 （m）	海拔（m）				
	1450	400	1250	950	750
630	1.1**	0.63**	0.5**	0.4*	0.2
750	0.9**	0.43**	0.3	0.2	
950	0.7**	0.23	0.1		
1250	0.6**	0.13			
400	0.47**				
1450					

注：＊＊、＊分别表示在 0.01、0.05 水平下差异显著。本节下同。

②胸径年平均生长量　对生长在不同气候条件下的西南桦胸径进行单因素方差分析，结果表明，不同气候条件下的 $F > F_{0.05}$，$F > F_{0.01}$。可见，西南桦胸径在不同气候条件下的生长表现存在极显著差异。

对生长在不同气候下的西南桦胸径生长进行多重比较分析。由表 3-15 可见，A 处、B 处、C 处与 E 处之间；A 处、B 处、C 处与 F 处之间；A 处、B 处、C 处与 D 处之间差异极显著。D 处与 E 处之间差异显著。说明不同气候条件对西南桦胸径生长有很大影响。

表 3-15　西南桦在不同气候条件下的胸径生长多重比较结果

海拔 （m）	海拔（m）				
	1450	1250	400	950	630
750	0.9**	0.8**	0.67**	0.2	0.04
630	0.86**	0.76**	0.63**	0.16	
950	0.7**	0.6**	0.47**		
400	0.23*	0.13			
1250	0.1				
1450					

③蓄积量年平均生长量　对生长在不同气候条件下的西南桦蓄积量进行单因素方差分析，结果表明，不同气候条件下的 $F > F_{0.05}$，$F > F_{0.01}$，可见，

西南桦蓄积量在不同气候条件下的生长表现存在极显著差异。

对生长在不同气候条件下的西南桦蓄积量生长进行多重比较分析。由表3-16可见，A处、B处、C处、F处与D处之间；A处、B处、C处、F处与E处之间；A处、C处与F处之间；C处与B处之间差异极显著。A处与B处之间差异显著。说明不同气候条件对西南桦蓄积量生长有很大的影响。

表3-16　西南桦在不同气候条件蓄积量生长多重比较

海拔	海拔（m）				
（m）	400	1450	1250	950	750
630	16.53**	16.21**	8.17**	6.5**	1.48
750	15.05**	14.73**	6.69**	5.02*	
950	10.03**	9.71**	1.67		
1250	8.36**	8.04**			
1450	0.32				
400					

（3）不同气候条件对西南桦人工林生长的影响

①对西南桦人工林树高、胸径生长的影响　如图3-7所示，在海拔400~630m，年均树高、胸径生长随着海拔升高而升高；在海拔630~1450m，年均树高、胸径生长随着海拔升高而降低。

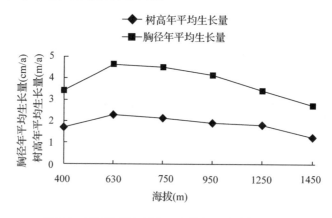

图3-7　不同海拔与树高、胸径年平均生长量关系

②对西南桦蓄积量生长的影响　如图3-8所示，在海拔400~630m的气候条件下，年均蓄积量生长随着海拔升高而升高；在海拔630~1450m的气候条件下，年均蓄积量生长随着海拔升高而降低。

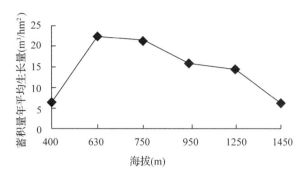

图 3-8　不同海拔与蓄积量年平均生长量关系

③年均温湿度指数对西南桦人工林蓄积量生长的影响　根据调查地点海拔和年均温湿度指数的数据，绘制两者关系图。由图 3-9 可见，在海拔 400～630m 下，年均温湿度指数随着海拔升高而升高；在海拔 630～1450m 下，年均温湿度指数随着海拔升高而降低。

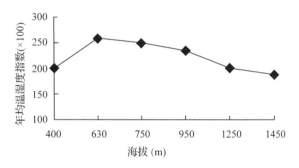

图 3-9　不同海拔与年均温湿度指数关系

综合图 3-8、图 3-9 表明，西南桦年均蓄积量与气候条件密切相关，在一定海拔范围内，温湿度指数越大，年均蓄积量生长越大。

3.4.3　研究结论

①西南桦人工林生长量与气候条件密切相关，在一定海拔范围内，温湿度指数越大，生长量越大。

②在海拔 500～930m 的条件下，林分生长优良，年均蓄积生长 16.1～22.55m³/hm²，超过速丰林标准；在海拔 930～1300m 或 400～500m，林分生长良好，年均蓄积生长 12.56～12.67m³/hm²，超过丰产林标准；在海拔 400m 以下或 1450m 以上的气候条件，林分难达到丰产林标准。在海拔 600～1450m 的条件下，西南桦树高、胸径和蓄积生长量随着海拔的上升而下降。综合考

虑，近年来极端气候条件出现频率增多，西南桦比较适合在调查地海拔400~950m的气候条件种植，海拔过低或过高的气候条件对西南桦生长不利。

（注：本章节主要观点发表于《安徽农业科学》2011年第16期）

3.5 修枝对西南桦生长的影响

西南桦，是中国热带、南亚热带地区的优良乡土阔叶树种，具有重要的生态价值和经济价值。西南桦为强阳性树种，喜光、不耐阴，其生长需要强光照条件。目前，西南桦木材已被列为珍贵木材而广泛应用，木材价格不断上涨。在广西、云南的木材价格过去为700~800元/m³，最近已升至2000~3000元/m³。西南桦已在华南和西南地区大面积推广，推广面积已逾5万hm²，已成为中国热带、南亚热带地区的主要造林树种之一。国内对林木修枝的研究开展较晚，已有研究表明，修枝是人工林经营培育中比较重要的培育措施，它不仅改进了林木的生长条件，而且提高了林木材质。但是，对西南桦人工林修枝方面的研究还未见有报道。因此，2004年，本研究在广西百色市老山林场，对现有西南桦人工林设计了修枝与不修枝的对比试验，分析其对西南桦人工林生长的影响，首次初步研究和探讨修枝对西南桦生长的影响，以期为西南桦的经营管理提供理论指导。

3.5.1 材料与方法

（1）试验地概况

试验地为广西百色市老山林场利周分场3林班。地处24°17′~24°27′7″N，105°46′~106°22′41″E，属南亚热带，干湿季交替明显，年平均气温18.5℃，极端最低气温为-1.0℃，极端最高气温为38.5℃，年平均降水量1350mm，年均积温6500℃，无霜期320d。海拔600~750m，造林前属杉木和马尾松林分，土壤为红壤，土层厚度≥100cm，表土层厚≥10cm。

（2）材料

试验材料为2004年5月营造的西南桦人工林，苗木规格，半年生；无间作，株行距为2m×4m（1250株/hm²），2008年5~7月进行修枝对比试验。

（3）方法

①试验设计　在试验地内开展西南桦修枝与不修枝的对比试验。2004 年 5 月造林，修枝表示为 A，不修枝（CK）表示为 B。造林后的当年 8 月，铲草扩坎抚育 1 次，第 2、3 年 5~6 月、9~10 月各铲草抚育 1 次。2008 年 5~7 月进行修枝，将主干 4~5m 以下枝条全部砍去。修枝后于 2 年，即 2010 年 7 月，采用样地法进行生长量调查测定，即在西南桦试验林内设置固定样地和样株，每个样地调查 50 株林木。

②仪器　样株树高的测定采用测高器（精确到 0.1m）；胸径的测定采用钢卷尺（精度为 0.1cm）；冠幅用皮尺测定（精度为 0.1m）。测定时，样株的树高、胸径、冠幅的数据记录与树号相对应，同时记录样地坡向、坡位、海拔、林分郁闭度、植被种类及盖率。

③统计分析　将调查数据经过整理，在所测定胸径、树高、林木冠幅的基础上，计算单株材积，具体计算见公式（3-3）。

$$V = \frac{f \times \pi \times h \times D^2}{40\,000} \tag{3-3}$$

式中，f 为树干形数，取 0.5；π 为圆周率；h 为树高（m）；D 为胸径（cm）。应用公式（3-4）进行检验分析修枝对西南桦生长的影响。

$$u = \frac{\bar{x}_1 - \bar{x}_2}{\sqrt{\dfrac{s_1^2}{n_1 - 1} + \dfrac{s_2^2}{n_2 - 1}}} \tag{3-4}$$

式中，$\bar{x}_1$ 为样本 1 平均数；$\bar{x}_2$ 为样本 2 平均数；$s_1{}^2$ 为样本 1 均方；$s_2{}^2$ 为样本 2 均方；n_1 为样本 1 含量（株数）；n_2 为样本 2 含量（株数）。

3.5.2　结果与分析

（1）修枝对树高生长的影响

测量西南桦试验林修枝后 2 年的树高生长量，得不修枝与修枝树高生长量情况（表 3-17），通过 u 检验分析，$\mid u \mid > u_a$，修枝与不修枝对西南桦树高生长有显著性差异。说明修枝与否对西南桦树高生长的影响差异较大，即修枝处理的西南桦树高生长量少于不修枝，修枝对西南桦树高生长不利。

表 3-17　修枝对树高生长的影响

试验地点	样株数	平均树高（m）	标准差（m）	u 检验
修枝 A	$n_1 = 50$	$\bar{x}_A = 12.8$	1.3153	$\mid u \mid = 4.1864 > u_a(f = 98) = 1.96$
不修枝 B	$n_2 = 50$	$\bar{x}_B = 14.0$	1.5152	

（2）修枝对胸径生长的影响

测量西南桦试验林修枝后 2 年的胸径生长量，得不修枝与修枝西南桦胸径生长量情况（表 3-18），通过 u 检验分析，$|u|<u_a$，修枝与不修枝对西南桦胸径生长无显著性差异。说明修枝对西南桦胸径平均生长量略有增加，但修枝对西南桦人工林胸径生长的影响不大。

表 3-18　修枝对胸径生长的影响

试验地点	样株数	平均胸径（cm）	标准差（cm）	u 检验
修枝 A	$n_1=50$	$\bar{x}_A=14.2$	2.0112	$|u|=0.4456<u_a(f=98)=1.96$
不修枝 B	$n_2=50$	$\bar{x}_B=14.0$	2.4139	

（3）修枝对冠幅生长的影响

测量西南桦试验林修枝后 2 年的冠幅生长量，得不修枝与修枝西南桦冠幅生长量（表 3-19），通过 u 检验分析，$|u|>u_a$，修枝与不修枝对西南桦冠幅生长有显著性差异，修枝对西南桦平均冠幅生长有所下降，说明修枝对西南桦冠幅生长有抑制作用。

表 3-19　修枝对冠幅生长的影响

试验地点	样株数	平均冠幅（m）	标准差（m）	u 检验
修枝 A	$n_1=50$	$\bar{x}_A=3.8$	0.5548	$|u|=5.609>u_a(f=98)=1.96$
不修枝 B	$n_2=50$	$\bar{x}_B=4.6$	0.8301	

（4）修枝对材积生长的影响

材积量是林业生产的主要衡量指标，与最后林木生产的经济效益密切相关。通过对试验林修枝后 2 年的材积生长量进行测量，得到不修枝与修枝西南桦材积生长量（表 3-20），通过 u 检验分析，$|u|<u_a$，修枝与不修枝对西南桦单株材积生长无显著性差异。说明修枝对西南桦材积平均生长量略有下降，但修枝对西南桦单株材积生长的影响差异不大。

表 3-20　修枝对材积生长的影响

试验地点	样株数	单株平均材积（m³）	标准差（m³）	u 检验
修枝 A	$n_1=50$	$\bar{x}_A=0.1014$	0.0361	$|u|=0.7924<u_a(f=98)=1.96$
不修枝 B	$n_2=50$	$\bar{x}_B=0.1076$	0.0412	

从 4 年生开始修枝，修枝后 2 年西南桦的生长情况分析可知：修枝与不修枝对西南桦的树高生长、树冠生长存在显著差异，对西南桦的胸径生长、材积生长差异不显著；修枝与不修枝相比，修枝的林分平均树高生长降低了

9.3%，平均胸径增加了1.4%，平均单株蓄积量减少6.1%（表3-21）。由此可见，4年生西南桦开始修枝对树高和蓄积生长不利。

表 3-21　修枝措施对西南桦的生长影响

标准地号	处理	修枝树龄（a）	平均树高（m）	年均树高（m/a）	平均胸径（cm）	年均胸径（cm/a）	单株蓄积（m³）	蓄积量（m³/hm²）	年均蓄积量[m³/(hm²·a)]
老山 B	不修枝	4	14.0	2.33	14.0	2.33	0.1076	133.96	22.33
老山 A	修枝	4	12.8	2.13	14.2	2.37	0.1014	126.24	21.04
对比%			-9.3		1.4		-6.1		-6.1

3.5.3　研究结论

①修枝的林分，其直径生长和单株材积生长均略低于未修枝的林分，但均未达到差异显著水平。这与研究结果基本一致，即试验表明，修枝2年后西南桦林分的胸径生长略有增加，材积生长略有下降，但也未达到差异显著水平，因此修枝对西南桦林分生长的短期影响很小。

②修枝处理可以使树冠变窄；对树高生长有抑制作用。其他研究结果也表明，修枝处理对树高生长有负作用：随着修枝强度的增大，杉木的树高、胸径、冠幅都显著下降。适度修枝促进树高生长，但强度太大会影响树高的生长。

③根据修枝对西南桦生长量的影响研究，初步认为4年生开始西南桦修枝对树高和蓄积生长不利。早期过度修枝对西南桦生长不利的主要原因是西南桦属强阳性树种，前期生长快速，减少了枝叶，减少了光合作用，从而降低了生长。

3.5.4　讨论

①修枝对林木生长的影响因树种、修枝强度、方法、立地条件和林龄而异。修枝对材积的影响一直以来都有不同结论，这与树种、修枝强度等都有关。一般认为，合理修枝不会降低材积的增长；但过度修枝必然降低材积的增长；适当的修枝对材积生长有利。本研究证明，人工修枝对西南桦材积生长无显著的影响，这是在幼龄林分和特定的修枝强度条件下得出的结论。目前，大片的西南桦人工林已经形成，而西南桦人工林修枝工作并未开展，西南桦人工林开始修枝年龄、修枝强度、间隔期、修枝季节等方面的研究，需要更全面系统地为西南桦修枝抚育的研究提供理论基础和实践依据，从而真

正培育出速生、优质的林木资原。

②从修枝对西南桦人工林部分生长指标影响的初步研究，认为树高、胸径、材积增长和冠幅等是研究修枝对林木生长影响的重要指标。但是，林木生长的评价和衡量指标很多，如何更精确全面地评价修枝对林木生长的影响，以及修枝后对林木成熟期后的材性、力学性质的影响等，这些仍需要进一步深入系统地研究。

（注：本章节主要观点发表于《中国农学通报》2011 年第 28 期）

3.6 西南桦人工林丰产栽培配套技术

西南桦，桦木科桦木属落叶阔叶乔木，天然分布于印度半岛北部、缅甸、中南亚半岛各国以及中国，在我国主要分布在云南、海南、广西、四川、重庆、贵州等省(自治区、直辖市)，其北界延伸到中亚热带的中部；南界达到热带北缘。西南桦是广西优良乡土树种之一，它具有生长快，抗性强，材质优，价值高等特点，适合制作高档家具、地板、建筑和造纸等，原木价格是同规格桉树、松树、杉木价格的 3~5 倍。广西中部、西部和北部地区的气候、土壤条件适合西南桦生长。在百色、凭祥等地年均树高生长达到 1.5m、胸径生长达到 1.6cm，轮伐期 15a 左右。但是，广西西南桦的采种技术、育苗技术、栽培技术、病虫害防治技术等十分落后。为科学合理地开发利用广西优良乡土树种，促进林业产业化发展，广西生态工程职业技术学院和百色市林业局在"十五"期间，开展西南桦人工林丰产技术研究和示范的研究，营造西南桦试验林和示范林 7036.8hm²，西南桦 6 年生试验林平均树高 14.0m、平均胸径 14.0cm，平均蓄积量达到 133.96m³/hm²；年均树高、胸径、蓄积生长量分别达到 2.33m、2.33cm、22.33m³/hm²，取得了显著的经济效益。本研究是对西南桦速生丰产栽培总结的一套适宜技术措施，以期能为同类地区推广栽培提供理论指导。

3.6.1 采种技术

（1）选择优质采种林分和采种母树选

由于未建立种子园，要选择好种源，选择优良的天然林分，优良采种母树进行采种。经过深入调查和比较，最终选定百色市凌云县伶站乡西南桦天然林和右江区大楞乡西南桦天然林为优质采种林分，选择采种母株100株。

（2）采种时间

因气候原因，西南桦种子在各地的成熟期不同，又因西南桦种子极细小、成熟期短(7d左右)，很易脱落，因此，因地制宜适时采种至关重要，采种要及时，不宜过早或过晚，否则影响种子质量或成熟后种子脱落飞散，采种太早，种子未成熟，种子质量无法保证；采种太晚，种子从母树上脱落，难以采到种子。在种子成熟后立即组织采种。广西西南桦种子成熟期为每年的1~3月，当果穗由青变黄褐色时即表明种子成熟。在种子进入成熟期后立即组织采种。

（3）采种方法

采用专人爬树砍伐结果枝，地面收集结果枝的方法收集种子。即将结果枝或果穗剪下，带回室内阴干。

（4）种子调制

将采回的果穗放置在室内阴凉通风处，摊开阴干，果穗堆放厚度≤5cm。晾干后，用手搓揉或用木棒敲打，使种子从果穗中脱落，然后用孔径0.2cm的筛子筛选，除去杂质，使种子净度≥80%。

（5）种子贮藏

种子采收后在室温下30d后将完全失去发芽能力。种子在0~10℃的冷库中贮藏12个月后的实验室发芽率仍然达到30%以上。采收回来的西南桦种子，如不马上播种，应将种子贮藏起来。方法是种子除杂自然干燥后，装入塑料薄膜袋内，封口，置于冷库中贮藏，温度为0~10℃。

3.6.2 实生育苗技术

要实现西南桦的优质高产，必须解决良种繁育问题。目前，西南桦造林育苗以实生苗为主，使用容器育苗。不仅提高了成苗率，减少了病虫危害，而且提高了Ⅰ级苗和Ⅱ级苗的比例。

（1）苗圃地选择

苗圃地选择要求圃地地势平坦、地形开阔，光照和排水条件良好的地方。

（2）播种床准备

在苗圃地内做床，每畦宽1.2m，长10m，高10~20cm。平整畦面，然后在畦面上均匀地撒上3~5cm厚过筛黄心土和河沙混合物。播种前用0.3%高锰酸钾溶液消毒。

（3）种子处理

播种前种子处理：用温水催芽6h，用0.3%高锰酸钾溶液消毒24h。

（4）播种

秋季（8~9月）播种育苗的苗木高生长、地径生长和主根长分别比即采即播（3~5月）播种育苗的苗木大18%~57%。秋季播种育苗避开了炎热夏季，减少病虫危害，有利于提高苗木质量。播种时间：每年8~9月播种。播种量：5~8g/m²。播种方法：将种子直接均匀地撒播在苗床上，然后盖上细土，以不见种子为宜，厚度1~2mm。

（5）播种后苗床管理

①保温　采用塑料薄膜棚防雨水冲刷，采用遮荫棚（棚高2m，黑色尼龙网，透光率20%左右）控制光照和保温。

②保湿　上午9：00~11：00，下午17：00~18：00各用喷雾器喷水1次，使苗床湿润为止。

（6）幼苗移植

①营养土配制　黄心土粉碎后，每100kg黄心土加1kg复合肥拌匀后为营养土。用0.3%高锰酸钾溶液消毒。

②幼苗移植时间　苗高5cm，4~6片真叶，木质化程度较高时开始移植。选择阴天或晴天的下午移植。

③幼苗移植方法　起苗前将苗床淋湿，用小木棒将小苗挖起，放于苗盆内；用小木棒在容器内开1小穴，将小苗放入穴内，然后用营养土把小苗根系轻轻压实即可。

（7）苗木管理

西南桦种子发芽率低、成苗率低，适度控制温湿度和光照条件，是提高西南桦种子发芽率和成苗率的关键。

①水肥管理　移苗2周内，每天上午9：00~10：00、下午16：00~17：00用喷雾器喷淋1次，至营养土湿润为止。移苗2周后，喷淋含复合肥0.5%的水溶液。

②光照控制　移苗后3周内，注意遮阴，透光度10%~20%为宜；移苗3周后，视具体情况，逐步增加透光度，5周后可拆除遮阴棚。

③苗圃病虫害　在西南桦播种后、出苗前容易被蚂蚁侵食；幼苗期容易发生根腐病、猝倒病，被蟋蟀、蝗虫侵食幼苗。喷施水肥时，适当喷施多菌灵、百菌清等药液预防病虫发生危害。

（8）苗木出圃

苗木分级：Ⅰ级苗，苗高≥20cm，地径≥0.2cm；Ⅱ级苗，苗高≥15cm，地径≥0.15cm。西南桦苗木达到Ⅱ级苗以上，即可出圃造林。

3.6.3　造林技术

（1）造林地选择

西南桦为高海拔树种，又是强阳性树种。根据"十五"期间研究成果，选择适宜的土壤条件和适当海拔范围内的林地造林，是营造西南桦速丰林的重要技术措施。因此，西南桦造林地的选择应符合以下条件：造林地海拔400~1450m（最好是在海拔400~950m的中亚热带、南亚热带、北热带气候类型），年均积温5470~7300℃、年均气温15.5~21℃，年均降水量1000~1600mm，全年无霜期280d以上的地区。红壤、黄红壤和黄壤等土壤类型，土层100cm以上、表土层10cm以上、腐质含量20%以上、pH值4.5~6.5的酸性土壤条件。在广西丘陵、低山等地貌类型造林，阴坡优于阳坡。

（2）造林地清理

①整地方式　一般采用带垦或穴垦方式。挖种植穴，规格40cm×40cm×30cm，春季造林成活率高。一般营造西南桦纯林，营造混交林较少。

②整地　经炼山，按设计的株行距拉线定点后整地，整地方式为挖明坎，规格为40cm×40cm×30cm，验收后回填碎表土，在回填表土时每坎施放Ⅰ级钙镁磷肥0.25kg作基肥，回填土拌匀，以备造林。

（3）造林密度

西南桦为速生树种，生长快，树冠舒展，造林密度不可太大，密度过小也不利于幼林生长。根据试验研究和生产实践，株行距为2.0m×4.0m（1245株/hm²）；2.0m×3.0m（1666株/hm²）；2.5m×4.0m（1000株/hm²）。根据造林地区立地不同，确定造林密度。

（4）造林季节

西南桦为喜温、喜湿的喜光树种，需全光照，不耐荫蔽。人工造林时幼林对生长条件和造林技术措施要求较高。因此选择造林时期非常重要，西南桦的造林季节宜选择在1月至5月。

3.6.4　抚育管理

造林后的当年8月铲草扩坎抚育一次，在造林当年，不宜采用全面抚育，而采用带状或扩穴抚育。造林第 2 年，宜采用全面抚育，造林后的第 2、第 3 年 5~6 月、9~10 月各铲草抚育 1 次，3 年后幼林基本郁闭，改铲草抚育为除杂灌抚育。幼林期要做好管护工作，防止牲畜践踏，幼树树皮一旦被碰撞擦破，常导致植株死亡。西南桦树皮薄、不抗火，发生火烧后极易引起死亡，要加强和做好防火工作。

施肥能明显促进幼林生长，有条件的地区，可适当施肥。

林分抚育管理主要是指造林郁闭后进行的间伐、疏伐、卫生伐。株行距较大的造林地及混交林地，视林分生长情况和卫生状况进行适度的间伐，间伐原则"伐小留大、伐密留稀、伐劣留优"。大中径级材的培育、每 667m² 保留 30~70 株。

3.6.5　病虫害监测防治

（1）西南桦人工林病虫害种类

在广西田林县、乐业县和右江区等西南桦试验林中发现的害虫共有 23 种：根部害虫有白蚁、蟋蟀；食叶害虫有尺蛾、毒蛾（茸毒蛾、红头毒蛾）、袋蛾（大茶袋蛾、黛袋蛾）、灯蛾、谷蛾、舟蛾、螟蛾、毛褐叶甲、瘿蜂；钻蛀害虫有桦小蠹、材小蠹、刺红卷象、拟木蠹蛾、隆头瘿蚊；刺吸害虫有小绿叶蝉、尖头褐沫蝉、尖盾蚧、红蓟马。其中，种群个体数最多的是毒蛾、黛袋蛾、白蚁和桦小蠹。

西南桦害虫大部分是从原生态林木和植被上转移过来，由于原寄主消失使其食性发生演化，迫不得已只有取食西南桦，演化适应较成功的有多食性舟蛾、黛袋蛾、大茶袋蛾、茸毒蛾，已成为西南桦的主要食叶害虫。拟木蠹蛾、桦小蠹目前是西南桦幼林最重要的钻蛀害虫。

西南桦主要病害有溃疡病、叶枯病等。溃疡病较普遍，造成危害较大。

（2）西南桦人工林重大虫害

①拟木蠹蛾　拟木蠹蛾发生危害与修枝密切相关，人工修枝对西南桦幼林生长没有明显的促进作用，反而会加重拟木蠹蛾的发生危害，修枝程度越大越容易造成危害，被害株率高的原因是人工修枝造成伤口，有利于拟木蠹蛾成虫在伤口处产卵入侵。因此，可通过营林抚育措施（控制修枝）控制拟木蠹蛾的发生危害。采取不修枝方式管理西南桦幼龄林和中龄林，有效地抑制住了拟木蠹蛾危害逐年上升的势头，其危害率明显下降；也可以通过生物防治或化学防治方法预防或控制病虫害的发生。如果必须修枝，建议修枝后采

用油漆或乐果等化学农药涂抹伤口，以减少木蠹蛾等蛀干害虫侵入危害。

②舟蛾 舟蛾幼虫暴食性很强，一般在 8～9 月发生危害。因此，在幼虫进行暴食期之前，抓住有利时机，喷撒苏云金杆菌等生物农药或高效毒的菊酯类农药等进行有效防治。

（注：本章节主要观点发表于《林业实用技术》2012 年第 1 期）

3.7 林朵林场西南桦生长表现

西南桦是广西重要的优良乡土树种之一，具有生长迅速、适应性强、材质优良、用途广泛、经济效益好等特性。1980 年以来，由于受经济利益驱动，西南桦被大量砍伐，至 20 世纪 90 年代中后期，西南桦天然林在广西已所剩无几。广西天峨县林朵林场位于天峨县城附近，经营面积约 1.2 万 hm²，主栽树种为杉木（*Cunninghamia lancelata*）、马尾松（*Pinus massoniana*），此外，还有部分西南桦天然林，至 1998 年西南桦天然林仅存几小片采种母树，面积不足 30hm²。通过人工造林，培育西南桦资源，满足市场对西南桦的需求已势在必行。但是，1998 年以前，西南桦人工造林技术十分落后，没有现成技术可供利用。为了科学地发展西南桦人工林，本研究在广西天峨县林朵林场开展西南桦人工造林试验。

3.7.1 材料与方法

（1）试验地概况

试验地位于广西天峨县林朵林场顶皇分场和立兴分场，海拔 600～900m，属亚热带季风气候。年均最高气温 37.9℃，最低气温 2.9℃，年均气温 20.9℃，年均积温 7475.2℃，平均日照时数为 1232.2h，年均降水量 1253.6mm，年均无霜期 336d。土壤为砂页岩发育而成的黄壤、黄红壤和红壤，大部分林地土层深厚，顶皇分场土层厚度 100cm 左右，表土层 10～30cm；立兴分场土层厚度 80cm 左右，表土层 10～20cm。土壤质地多为壤土或轻壤土，结构疏松。植被类型为北亚热带季雨林植被带，乔木有马尾松、杉木、桉树（*Eucalytus* spp.）、八角（*Illicium verum*）等，灌木有鸭脚木（*Alstonia constricta*）、野牡丹（*Melastoma intermedium*）、山黄麻（*Trema tomentosa*）等，草本有铁芒萁（*Dicranopteris dichotoma*）、五节芒（*Miscanthus floridulus*）、黄毛草（*Pogontherum paniceum*）、龙须草（*Eulaliosis binata*）等。

（2）试验方法

①育苗　1998 年春季采种、播种育苗。造林苗木来自林朵林场人工促进天然更新林分中的西南桦母树林种子培育的裸根实生苗，采用分段式育苗，即第一阶段为苗床播种育苗，待种子发芽出土后进行移苗；第二阶段为容器育苗，苗高约 5cm 时，将幼苗移到事先准备好的营养杯进行育苗。

②苗木标准　苗龄 1 年，苗高 50~60cm，地径 0.3~0.4cm，生长健壮，无病虫害。

③整地　1998 年秋冬季人工整地，定点挖坑，规格为 40cm × 40cm × 30cm。试验林林地面积 108hm²，其中，立兴分场 38hm²，顶皇分场 70hm²。

④株行距（初植密度）　2m×4m（1250 株/hm²）、2m×3m（1666 株/hm²）。

⑤定植及抚育　1999 年 4 月造林，5~6 月进行补植。1999 年结合林粮间作进行 2 次铲草抚育，2000 年和 2001 年分别在 5~6 月、9~10 月进行铲草抚育，2002 年进行 1 次卫生清理。

⑥间伐设计　2005 年进行 1 次透光间伐，设置 4 个处理：间伐强度为初始密度的 50%、40%、20%、0。间伐原则：伐弱留强，伐小留大，伐弯留直。间伐前进行标记，按标记进行伐除，同时伐除影响林木生长的灌木、藤本和草本植物。

⑦样株测定　采用 20m×20m 标准样地法，每木检尺测定标准地内各样株的树高、胸径、冠幅、树干通直度、病虫危害等因子。最后测定时间为 2010 年 7~8 月。

⑧单株材积计算公式　$V = f\pi D^2 h/40000$；单位面积蓄积计算公式：$V = $ 材积 × 保留株数/hm²。（V：m³；F：取 0.5；D：胸径 cm；H：树高 m，π：3.14）

⑨树干通直度评价指标　采用通直、基本通直、不通直等三级指标。采用目测法现场评定。

a. 通直　树干基部 0.5m 到中部 4.5m，树干基本处于同一直线上；

b. 基本通直　树干基部 0.5m 到中部 4.5m，树干虽不处于同一直线但偏差不大；

c. 不通直　树干基部 0.5m 到中部 4.5m，树干不处于同一直线且偏差较大。

⑩病虫害以及抗低温雨雪灾害调查　采用线路踏查法进行调查，每块样地调查 50 株。

3.7.2 结果与分析

（1）林木生长适应性及丰产性

①造林成活率及保存率 1999 年 4 月造林，5～6 月进行补植，年终进行成活率检查，当年造林成活率 95% 以上。2002 年冬季进行保存率调查，平均保存率 92%。其中，顶皇分场 91%，立兴分场 93%。

②林木生长适应性及丰产性 2010 年 7 月调查，11 年生林分的平均树高 17.4m，平均胸径 15.9cm，平均材积 0.1705m³/株，平均蓄积蓄 162.7m³/hm²，年均蓄积生长量 14.8m³/hm²，基本达到速生丰产林生长指标（15.0m³/hm²）。其中，顶皇分场试验林的平均树高 19.7m，平均胸径 17.2cm，平均材积 0.2289m³/株，平均蓄积 171.7m³/hm²，年均生长量 15.61m³/hm²，超过南方阔叶树速生丰产林指标（15m³/hm²）；立兴分场试验林的平均树高 15.1m，平均胸径 14.7cm，平均材积 0.1281m³/株，平均蓄积 153.72m³/hm²，年均生长量 13.98m³/hm²，超过南方阔叶树丰产林指标（10.5m³/hm²）。这表明西南桦适应林朵林场的土壤、气候条件，长势良好，具有良好的速生丰产性（表 3-22）。

表 3-22 西南桦试验林在林朵林场的生长表现

地点	平均树高（m）	平均胸径（cm）	平均材积（m³/tree）	平均蓄积（m³/hm²）	年均树高（m/a）	年均胸径（cm/a）	年均材积[m³/(a·tree)]	年均蓄积[m³/(hm²·a)]
顶皇	19.7	17.2	0.2289	171.7	1.79	1.56	0.0208	15.61
立兴	15.1	14.7	0.1281	153.72	1.37	1.34	0.0116	13.98
平均	17.4	15.9	0.1705	162.7	1.58	1.45	0.0162	14.80

（2）林分分化情况

①总体分析 西南桦试验林在树高、胸径等方面出现了比较明显的分化现象。共调查 100 株，平均树高 17.4m，最大 24.8m，最小 11.6m，两者相差 2.13 倍；平均胸径 15.9cm，最大 27.0cm，最小 10.0cm，两者相差 2.7 倍。其中，顶皇分场平均树高 19.7m，最大 24.8m，最小 12.5m，两者相差 1.98 倍；胸径最大 27.0cm，最小 10.2cm，两者相差 2.64 倍；立兴分场平均树高 15.1m，最大 19.1m，最小 11.6m，两者相差 1.65 倍；平均胸径 14.7cm，最大 22.3cm，最小 10.0cm，两者相差 2.23 倍。由此可见，林木的树高和胸径分化较大，最大与最小相差 2 倍以上，但是，与马尾松、杉木和红椎（*Castanopsis hystri*）等实生苗造林表现相比，分化值仍然处于正常范围。两块试验林相比，立兴分场试验林分化较小，顶皇分场试验林分化较大。

②胸径变化　按 2cm 为 1 个径级进行统计。共调查 100 株，径级 10.0～11.9cm 占 9%，12.0～13.9cm 占 15%，14.0～15.9cm 占 29%，16.0～17.9cm 占 17%，18.0～19.9cm 占 14%，20.0～21.9cm 占 10%，22.0～23.9cm、26.0～27.9cm 分别占 3%。从而可见，胸径变化集中在 12.0～21.9cm，占 85%。其中，顶皇分场 12.0～21.9cm 的占 86%；立兴分场 12.0～21.9cm 占 84%。由此可见，顶皇分场的大径级林木比例较大。虽然两个试验点林木径级的集中度都比较分散，但是，仍然处于常见树种实生苗造林正常范围（表 3-23）。

表 3-23　西南桦试验林胸径径级分布表

| 地点 | 类别 | 胸径范围（cm） | | | | | | | | | 合计 |
		10.0~11.9	12.0~13.9	14.0~15.9	16.0~17.9	18.0~19.9	20.0~21.9	22.0~23.9	24.0~25.9	26.0~27.9	
顶皇	株数	3	5	13	8	9	8	1	0	3	50
	比例（%）	6	10	26	16	18	16	2	0	6	100
立兴	株数	6	10	16	9	5	2	2	0	0	50
	比例（%）	12	20	32	18	10	4	4	0	0	100
合计	株数	9	15	29	17	14	10	3	0	3	100
	比例（%）	9	15	29	17	14	10	3	0	3	100

③树高变化　共调查 2 块试验林共 100 株，最高 24.8m，最低 10.2m。为比较这 2 个试验林的树高变化情况，以 10m 处作为共同始点，按 2m 为 1 个高度级别进行统计，共分为 8 个级别。其中，顶皇分场树高变化较大，跨 7 个级别，从 12.0～25.9m；立兴分场树高变化较小，只有 5 个级别，从 10.0～19.9m。2 块试验林树高 10.0～11.9m 占 1%，12.0～13.9m 占 4%，14.0～15.9m 占 27%，16.0～17.9m 占 21%，18.0～19.9m 占 27%，20.0～21.9m 占 9%，22.0～23.9m 占 8%、24.0～25.9m 占 3%。从而可见，树高在 14.0～19.9m 的占 75%，虽然集中度比较分散，但是，仍然属于常见树种实生苗造林正常范围（表 3-24）。

④树干通直度　共调查 100 株，其中，树干通直、基本通直和不通直分别占 22%、46%、32%。树干通直和基本通直占 68%。虽然西南桦树干通直度不够理想，但与马尾松、红椎等实生苗造林情况相比，仍属于正常范围。

（3）有害生物危害和抗低温雨雪

在林朵林场西南桦人工造林试验期间，共发现有害生物 26 种，其中病害 5 种，虫害 15 种，寄生性有害植物 2 种，藤害 4 种。桑寄生（Loranthu sparasitica）和樟叶蜂（Mesonura rufonota）在局部危害比较严重，对林木正常生长有一

表 3-24　西南桦树高分布表

地点	类别	树高范围(m)							
		10.0~11.9	12.0~13.9	14.0~15.9	16.0~17.9	18.0~19.9	20.0~21.9	22.0~23.9	24.0~25.9
顶皇	株数	0	1	4	6	19	9	8	3
	比例(%)	0	2	8	12	38	18	16	6
立兴	株数	1	3	23	15	8	0	0	0
	比例(%)	2	6	46	30	16	0	0	0
合计	株数	1	4	27	21	27	9	8	3
	比例(%)	1	4	27	21	27	9	8	3

定影响。大多数有害生物未造成危害。

立兴分场的西南桦试验林地中，2003 年发现桑寄生危害，危害程度有逐年上升趋势。2010 年 9 月在 6 林班中部调查 50 株，寄生率 46%，寄生密度 0.74 丛/株，最多 5 丛/株，桑寄生平均高 80cm，冠幅 0.8~1.5m。2011 年 7 月在 6 林班调查了 3 块样地，共 150 株，寄生率 38.7%；其中，上坡寄生率 10%；中坡寄生率 58%，下坡寄生率 48%。桑寄生对西南桦正常生长有一定影响，对西南桦成林成材却影响不大，表明西南桦对桑寄生有一定的忍耐性。顶皇分场的西南桦试验地，2003—2010 年，每年都有樟叶蜂发生危害。2008 年 5~6 月叶片被害率 50% 以上；2011 年 7 月调查有虫株率 100%，虫口密度 100 条，叶片受害率 30%~50%。樟叶蜂幼虫 5~7 月取食西南桦叶片后即入土化蛹，对西南桦正常生长有一定影响，但是影响却不大。这表明西南桦对樟叶蜂有一定的耐害性。桑寄生和樟叶蜂属于常见有害生物种，可以采用人工或化学防治方法进行控制。

2008 年春，南方遭遇了历史罕见的低温雨雪灾害。在广西天峨县林朵林场的立兴、顶皇分场的极度低温为 −2℃，持续时间 7d，没有造成试验林木枯死、断梢或倒伏，表明西南桦有一定的耐寒性。

(4)间伐对林木生长及通直度的影响

①间伐对林木生长的影响　从表 3-25 可见，在顶皇分场设计了 4 个间伐处理，在第 6 年生时进行间伐，间伐强度分别为初植密度的 50%、40%、20% 和 0%(对照)。间伐原则：伐弱留强，伐弯留直，伐小留大。在第 11 年生时的测定结果为：间伐强度 40%、50%、20% 的单位面积蓄积量分别比对照大 11.7%、4.1%、1.9%，这表明间伐强度适度(40%)有利于促进林木树高和胸径生长，增加单位面积蓄积量；间伐强度过大或过小，则不然。

表 3-25　间伐对西南桦生长的影响

处理	初植密度 （株/hm²）	间伐强度 （%）	保留株数 （株/hm²）	调查 株数	平均树高 （m）	平均胸径 （cm）	材积 （m³/株）	蓄积 （m³/hm²）	比对照大 （%）
1	1250	50	625	50	19.9	17.8	0.2475	154.7	0.7
2	1250	40	750	50	19.7	17.2	0.2289	171.7	11.7
3	1250	20	1000	50	17.5	15.1	0.1566	156.6	1.9
4（对照）	1250	0	1250	50	15.1	14.7	0.1281	153.7	—

②间伐对林木通直度的影响　在一般情况下，西南桦正常林分的树干通直度较低，树干通直的占9%、不通直的占40%。采取人工间伐方法，伐弯留直，可提高林分通直度。间伐强度分别为50%、40%、20%，其树干通直的林木分别提高到了36%、30%、26%，树干不通直的林木分别下降到了12%、16%、24%。这表明，科学合理的间伐能够在一定程度上提高林分质量，提高树干通直度比率。

表 3-26　间伐对西南桦树干通直度的影响

处理	初始密度 （株/hm²）	间伐强度（%）	保留株数 （株/hm²）	调查 株数	通直		基本通直		不通直		备注
					株	%	株	%	株	%	
1	1250	50	625	50	18	36	26	52	6	12	
2	1250	40	750	50	15	30	27	54	8	16	
3	1250	20	1000	50	13	26	25	50	12	24	
4（对照）	1250	0	1250	50	9	18	21	42	20	40	

3.7.3　研究结论

西南桦不仅适应广西天峨县林朵林场的气候和土壤条件，而且达到或超过了阔叶树速生丰产林的技术指标，同时对病虫害和低温雨雪灾害有一定的抵抗能力，西南桦在广西天峨县林朵林场有较大的发展潜力。

要进一步提升西南桦人工林经营水平，应当注重以下几项技术。

①选择优良种源种子育苗造林　根据郭文福、郑海水以及赵子庄等关于西南桦种源家系选择试验结果，选择当地的优良种源造林，其生长表现较好。因此，建议进一步选择当地优良种源种子育苗造林。

②继续开展优树选择　从西南桦天然林优质林分或人工林优质林分中选择优树进行采种、育苗、造林，可以提高林分生长量和林分质量。本研究的最优林分年均树高生长和胸径生长分别为1.79m和1.56cm。进一步选优后，年均树高生长和胸径生长可以分别达到2m和2cm。同时，树干通直度也可以

大幅度提升。

③采用无性系苗造林　中国林科院热带林业试验中心已经成功地培育出西南桦组培苗。2008 年林朵林场在顶皇分场营造了西南桦组培苗试验林 20hm²，2011 年 11 月测定，林分平均树高 8.2m，最高 10.5m，最低 7.3m，前者比后者高 43%；平均胸径 9.4cm，最大 13.1cm，最小 7.7cm，前者比后者高 70%。从研究情况看，用组培苗造林的林相比实生苗整齐，林分分化较小，生长速度较快，值得发展。

④施肥试验　目前西南桦对施肥方面的研究还比较少，还处不清楚阶段。从理论上看，适当施肥应当能够促进西南桦生长，还有可能提高林分的抗逆性。建议今后开展西南桦施肥试验示范工作。

⑤病虫害防治　从本次试验情况看，林朵林场西南桦人工林没有发生重大病虫害，只是桑寄生和樟叶蜂在个别分场对西南桦人工林的正常生长造成了一定影响，采用人工或化学防治方法可以进行控制。根据陈尚文 2007 年的调查研究认为西南桦扩种后可能会出现一些重大的病虫危害的结论，今后的西南桦人工造林应当加强病虫害监测和防治工作，尽可能减少有害生物造成的经济损失。

（注：本章节主要观点发表于《广西科学》2012 年第 5 期）

3.8　桂西北西南桦人工林生长规律

西南桦为桦木科桦木属落叶乔木，主要分布于云南、广西、贵州和四川等地，树体高大、干形通直，材质细致优良，并具有适应性强、生长迅速、用途广泛、经济效益和生态效益好等特性，是我国热带、南亚热带地区优良速生珍贵乡土用材树种和高效的生态公益林树种。目前其栽培面积已超过 15.0 万 hm²，且继续呈现良好的发展势头，成为我国热带、南亚热带地区重点发展的营造速生丰产林树种和珍贵乡土树种之一，并取得了良好的经济效益和生态效益。国内外关于西南桦人工林的研究始于 20 世纪 70 年代末，随着西南桦人工林的逐步发展，有关西南桦的相关研究逐渐增多，从早期的资源调查、引种驯化、播种育苗和造林技术等方面研究逐步发展到近年来良种选育和高效栽培以及木材利用技术等。广西西北部即桂西北是西南桦重要分

布区之一，本研究以位于该区域的天峨县林朵林场立兴分场12年生西南桦人
工林为研究对象，通过树干解析和林分生物量测定，揭示其生长规律和生物
生产力特征，为该地区西南桦人工林的经营管理提供科学依据。

3.8.1　试验地概况

试验地位于广西天峨县林朵林场立兴分场，属亚热带季风气候。年平均
气温20.9℃，年平均≥10℃积温7475.2℃，平均日照时数为1232.2h，年平
均降水量1253.6mm，年平均无霜期336d。地貌类型以低山为主，海拔620～
650m，土壤为砂页岩发育而成的黄红壤；土层深厚，林地大部分土壤厚度70～
100cm，其中腐殖质层15～20cm；土壤质地为壤土或轻壤土，结构较疏松；
土壤（0～40cm）pH值4.52，有机质、全氮、速效磷和速效钾含量分别为
24.71mg/kg、0.92mg/kg、0.83mg/kg、48.9mg/kg。试验地前茬为杉木人工
林，于1999年秋季砍伐后进行人工整地，定点挖坑，规格为40cm×40cm×
30cm，2000年4月用西南桦实生苗造林，造林密度1250株/hm²（株行距2m×
4m）。栽植后前3年即2000—2002年分别在5～6月和9～10月进行铲草抚育，
第4年即2002年6月再进行1次铲草抚育。2012年12月调查时12年生林分
保留密度为1060株/hm²，林分平均树高17.1m，平均胸径16.8cm（带皮）。
林下灌木主要有盐肤木、鸭脚木等，草本植物主要有五节芒、粗叶悬钩子和
龙须草等，凋落物层厚度约2cm。

3.8.2　研究方法

（1）标准地设置和林分生长规律与生物量的测定

在12年生生长良好的西南桦人工林内设置3个面积均为20m×20m的代
表性标准样地，对标准地内林木进行每木检尺，测定树高、胸径、冠幅等因
子。然后，在每块标准地内选取1株代表林分生长状况的平均木，伐倒后，
以2m为一区分段截取厚度5cm的圆盘，在圆盘非工作面上标明南北方向，并
以分数形式标注平均木号、圆盘号和断面高度，与梢头木的圆盘一起带回实
验室，采用树干解析方法，分析西南桦的生长过程和生长量。乔木层、灌木
层、林下植被及凋落物层生物量测定参照参考文献。

（2）数据统计和处理

林木单株材积 $V = f \times \pi \times h \times D^2$。式中，$f$ 为树干形数，取0.5；π 为圆周
率；h 为树高（m）；D 为胸径（cm）。单位面积蓄积量 $V =$ 单株材积×保留株

数/面积。

3.8.3 结果与分析

（1）胸径生长特性

由西南桦胸径生长过程可见，其人工林胸径生长速度表现出先随林龄增长快速增加，然后维持稳定，最后缓慢下降的趋势。其中以3~5年生长最快，年平均生长量达到1.7cm以上，此后随林龄增长呈现缓慢下降趋势，至12年生年平均生长量下降到1.3cm（图3-10）。胸径连年生长量表现出与年平均生长量相似的变化趋势，以1~2年生和2~3年生增长幅度最大，分别达到3.2cm和2.1cm，高于其相应的年平均生长量，至第5年连年生长量下降为1.5cm，逐渐低于年平均生长量；此后随着林龄的增加，胸径连年生长量呈现较明显的下降趋势，由6~7年生的1.4cm逐渐下降到11~12年生的0.6cm，均明显低于其相应的年均生长量。

（2）树高生长特性

由西南桦树高生长过程可见，其人工林树高生长表现出与胸径相似的变化趋势，年平均生长量总体变化幅度不大，维持在1.4~1.8m。其中前1~5年生随林龄增长而增大，至5年生时达到最大值1.8m；然后随林龄增长而逐渐下降，至12年生时年平均生长量下降到1.4m（图3-11）。而树高连年生长量则以3~5年生时最快，均达到1.9cm以上，其中峰值出现在第3年和第4年（均为2.0m）；第6年下降为1.7m，已低于其相应的年平均生长量（1.8m）；此后随林龄增长呈现较明显的下降趋势，且下降幅度明显高于相应的年平均生长量；至12年生时下降为0.6m，仅为最高年份4年生的约1/3，明显低于其相应的年平均生长量。

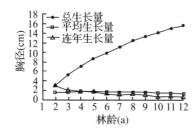

图3-10 西南桦胸径生长过程曲线

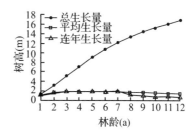

图3-11 西南桦树高生长过程曲线

（3）材积生长特性

由西南桦蓄积量生长过程可以看出（图3-12），12年生西南桦人工林林分蓄积量为 170. 10m³/hm²，其年平均蓄积量以 1～5 年生的增长幅度最大，此后增长幅度逐渐减缓，至 12 年生时年平均蓄积量达到 14.2m³/hm²。林分连年蓄积量则表现出随林龄增长而先迅速增加（2～5 年生）、再逐年减缓（6～9 年生）的变

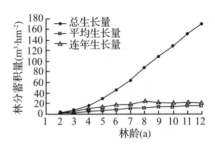

图 3-12　西南桦人工林蓄积量生长过程曲线

化，至 8 年生时达到峰值（23.44m³/hm²）；随后随林龄增长呈现缓慢的下降趋势，至 12 年生时下降为 19.39m³/hm²，明显高于其相应的年平均蓄积量（14.17m³/hm²）。说明该西南桦人工林尚未达到"数量"成熟，仍然维持着较高的生长量，还应加强抚育管理，才能充分利用和发挥林地生产力。

（4）林分生物量及其分配

从西南桦人工林分生物量及其分配情况可见（表 3-27），12 年生西南桦人工林林分生物量为 130.86t/hm²，不同结构层次生物量分配为乔木层 122.38（t/hm²）>灌木层（2.35t/hm²）>草本层（1.87t/hm²）>枯枝落叶层（4.26t/hm²）。乔木层不同器官生物量分配以经济生物量即干材最大（69.20t/hm²），占乔木层生物量的 56.54%，这显然有利于以培育用材林为经营目标的速丰林树种，而在西南桦人工林的经营管理过程中，进行适当的密植和修枝无疑对树干的生长会有促进作用。西南桦人工林根系发达，其生物量（19.18t/hm²）占乔木层生物量的比例达到 15.67%，这对促进西南桦生长，同时也为改善土壤的理化特性提供了良好条件。

表 3-27　西南桦人工林林分生物量及其分配

层次	组分	生物量（t/hm²）	比例（%）
	树叶	4.23 ± 0.60	3.23
	枝叶	15.85 ± 0.85	12.11
	树皮	13.67 ± 1.05	10.45
	树干	69.20 ± 3.64	52.88
	树根	19.18 ± 1.06	14.66
	合计	122.38 ± 6.26	93.52
灌木层		2.35 ± 0.54	1.80
草本层		1.87 ± 0.32	1.43
凋落物层		4.26 ± 0.57	3.26
合计		130.86 ± 6.85	100

注：样本数 $n=3$。

(5)净生产力的估算

由西南桦人工林乔木层净生产力及其分配情况可见(表3-28),桂西北12年生西南桦人工林年均净生产力均为10.20t/(hm²·a),其中生物量积累速度最快的是树干,为5.77t/(hm²·a);其次是树根、树枝和树皮,分别为1.60t/(hm²·a)、1.32t/(hm²·a)和1.14t/(hm²·a),最慢的是树叶,仅为0.37t/(hm²·a)。

表3-28　西南桦人工林乔木层净生产力及其分配

组分	净生产力[t/(hm²·a)]	比例(%)
树叶	0.37	3.63
枝叶	1.32	12.94
树皮	1.14	11.18
树干	5.77	56.57
树根	1.60	15.69
合计	10.20	100.00

3.8.4　研究结论

①桂西北12年生西南桦人工林林分平均胸径、平均树高、平均蓄积量分别达到15.6cm、16.8m和170.1m³/hm²,年均蓄积生长量达到14.2m³/hm²·a,明显高于广西凭祥11年生西南桦人工林年平均蓄积量11.7m³/(hm²·a),也高于广西杉木速生丰产林标准的中心产区的13.5m³/(hm²·a),略低于云南德宏10年生西南桦人工林的14.8m³/(hm²·a)。表明西南桦在该区域气候和环境条件下具有良好的速生特性。

②随林龄的增长,西南桦人工林林分胸径、树高和蓄积量均明显增加,其中树高和胸径均以前5年生长最快,随后均随林龄的增长呈现缓慢下降趋势;林分蓄积量增长速度则以前5年最大,6~9年生后增速减缓,其中8年生时达到峰值(23.44m³/hm²),随后至12年生维持在19.39~22.84m³/hm²。这与广西凭祥和云南省德宏西南桦人工林生长规律基本一致。

③桂西北12年生西南桦人工林生物量为130.86t/hm²,其中乔木层生物量(122.38t/hm²)及其净生产力[10.20t/(hm²·a)]均明显高于云南景洪和广西凭祥13年生西南桦人工林的生物量和净生产力,也高于相近区域14年生杉木和秃杉人工林。由此可见,西南桦在该区域气候和环境条件下具有较高的生物量和生产力水平。由于西南桦生长受气候、环境条件、林分密度以及其他管理措施等影响,加上其成熟期一般需要20年以上,目前西南桦人工林

培育目标以高价值大中径材为主。本研究的 12 年生西南桦人工林还处于速生阶段，因此，要全面评价本研究区域西南桦人工林生长规律和生物生产力水平，还有待进一步的调查和研究。

（注：本章节主要观点发表于《林业科技开发》2015 年第 1 期）

3.9　西南桦人工林碳贮量

森林是地球陆地生物圈的主体，森林生态系统在调节全球气候、维持全球 C 平衡，减缓大气中 CO_2 等温室气体浓度上升等方面具有重要的作用。人工林作为森林的重要组成部分，科学地发展、利用和保护人工林，提高生产力，对促进区域经济的可持续发展，以及生态环境的保护都具有重要的作用和意义。目前，我国人工林保存面积达到 6200 万 hm^2，居世界人工林面积首位，约占我国森林总面积的三分之一，成为我国森林碳汇的主要来源。此外，由于多数林分处于幼、中龄阶段，还具有较大的碳汇潜力。近年来，国内已有不少学者对我国一些人工林树种如杉木（*Cunninghamia lanceolata*）、马尾松（*Pinus massoniana*）、杨树（*Popukus sp.*）、落叶松（*Larix gmelinii*）、桉树（*Eucalyptus sp.*）、马占相思（*Acacia mangium*）和厚荚相思（*Acacia crassicarpa*）等人工林生态系统碳贮量及其分配格局进行了研究，为正确评价森林尤其是人工林碳汇功能和生态效益提供了科学依据。

西南桦为桦木科桦木属落叶乔木，主要分布于云南、广西、贵州和四川等地，树体高大、干形通直，材质细致优良，并具有适应性强、生长迅速、干形通直、材质优良、用途广泛、经济效益和生态效益好等特性，有着广阔的发展前景。目前我国西南桦栽培面积已超过 16.0 万 hm^2，且继续呈现良好的发展势头，成为我国热带、南亚热带地区重点发展的营造速生丰产林树种和珍贵及乡土树种之一。并取得了良好的经济效益和生态效益。国内外关于西南桦人工林的研究始于 20 世纪 70 年代末，随着西南桦人工林的逐步发展，有关西南桦的相关研究逐渐增多，从早期的资源调查、引种驯化、播种育苗和造林技术等方面研究逐步发展到近年来良种选育和高效栽培以及木材利用技术等。广西西北部即桂西北是西南桦重要分布区之一，本研究通过对广西西北部天峨县林朵林场 12 年生（中林龄）西南桦人工林碳素含量贮存量和碳素年净固定量进行分析，试图揭示该区域西南桦人工林生固碳特性，为正确评价该区域人工林生态系统碳贮量和固碳潜力提供基础数据和科学依据。

3.9.1 试验地概况

试验地位于广西天峨县林朵林场立兴分场，属亚热带季风气候。年平均气温 20.9℃，年平均积温 7475.2℃，平均日照时数为 1232.2 h，年平均降水量 1253.6mm，年平均无霜期 336 d。地貌类型以低山为主，海拔 620~650m，土壤为砂页岩发育而成的黄红壤，土层深厚，林地大部分土壤厚度 70~100cm，其中腐殖质层约 15~20cm，土壤质地为壤土或轻壤土，结构较疏松，土壤（0~40cm）pH 值 4.52，有机质、全氮和全磷质量分数分别为 24.71g/kg、0.92g/kg 和 0.24g/kg，水解氮、速效磷和速效钾含量分别为 85.2mg/kg、0.83mg/kg 和 48.9mg/kg。试验地前作为杉木纯林，于 1999 年秋季砍伐后进行人工整地，定点挖坎，规格为 40cm×40cm×30cm，2000 年 4 月用西南桦裸根实生苗造林，造林密度 1250 株/hm²（株行距 2m×4m）。栽植后前 3 年即 2000—2002 年分别在 5~6 月、9~10 月进行 2 次铲草抚育，第四年即 2002 年 6 月进行 1 次卫生清理（铲草抚育）。2012 年调查时 12 年生林分保留密度为 1060 株/hm²，林分平均树高为 16.2m，平均胸径（带皮）为 16.8cm。林下灌木主要有盐肤木（*Rhus chinenesis*）、鸭脚木（*Alstonia constricta*）等，草本植物主要有五节芒（*Miscanthus floridulus*）、粗叶悬钩子（*Rubus alceaefolius*）和龙须草（*Eulaliosis binata*）等。凋落物层厚度约 2cm。

3.9.2 研究方法

（1）植物样品采集和碳素含量测定

在 12 年生西南桦人工林内设置 3 个代表性标准样地，面积为 20m×20m，对标准样地内林木进行每木检尺，测定标准地内各样株的树高、胸径、冠幅等因子。在每块标准地内选取 1 株代表林分生长状况的平均木，树木伐倒后，地上部分采用 Monsic 分层切割法，分别收集树干、树皮、树枝、树叶。地下部分（根系）采用全根挖掘法，分根桩、粗根（直径≥2.0cm）、中根（直径 0.5~2cm）和细根（直径<0.5cm）。先在野外测定各组分鲜重，然后采集不同组分样品 200~300g，同时在各标准样地内设置 5 个 1m×1m 样方，采用样方收获法测定灌木层、草本层的地上和地下部分生物量，以及凋落物层（包括未分解和半分解凋落物）的现存量，采集样品和乔木样品一起带回实验室在 80℃

恒温下烘至恒重，计算各不同结构层次植物样品的生物量，并采用重铬酸钾氧化—外加热法测定碳素含量。

（2）土壤样品采集与有机碳含量的测定

在各标准地中分别设置 3 个代表性土壤剖面，按 0～20cm、20～40cm、40～60cm 和 60～80cm 采集各层土壤样品，把相同标准地同一层次土壤按质量比例混合，用四分法取样约 1kg 并带回实验室，于室内自然风干和粉碎过筛后用重铬酸钾氧化—外加热法测定土壤有机碳含量。同时用 100cm³ 环刀采集原状土壤，于实验室内用环刀法测定土壤密度。

（3）碳贮量和乔木层碳素年净固定量的计算

根据植被层不同结构层次和组分生物量乘以其碳素含量即可得到各组分的碳贮量。土壤碳贮量则是各土层碳素（有机碳）含量、密度及厚度三者乘积之和。人工林碳素总贮存量为各结构层次即乔木层、灌木层、草本层、凋落物层和土壤层碳贮量之和。乔木层碳素年净固定量为乔木层各器官年平均生物量和其相应的碳素含量乘积推算而得。

3.9.3 结果与分析

（1）西南桦人工林不同结构层次碳素含量

由表 3-29 可见，西南桦各器官碳素含量在 443.5～475.3g/kg，平均含量为 466.7g/kg。各器官碳素含量表现为干材＞树枝＞树叶＞树根＞干皮，但不同器官碳素含量的差异不显著（$P>0.05$）。考虑到西南桦不同组分生物量分配中干材占主体，树皮和树根所占比例均较低，因此从整体来看，表现为地上部分碳素含量高于地下部分。由于乔木层生物量分配中树叶、树枝、干材和干皮地上部分。

表 3-29 西南桦各器官碳素含量

组分	碳素含量（g/kg）	变异系数（%）
树叶	458.6	3.52
树枝	467.2	4.34
干皮	443.5	3.40
干材	475.3	2.45
树兜	452.6	3.36
粗根	461.4	3.46
中根	450.9	2.76
细根	448.7	4.10
平均	466.7	—

注：表中数据经相应各组分生物量加权平均。

由表3-30可见，西南桦人工林草本层、灌木层和凋落物层的碳素含量分别为442.6g/kg、427.8g/kg和450.3g/kg，其中草本层和灌木层均表现为地上部分碳素含量高于地下部分，与乔木层碳素含量的分配规律相一致。从林分整体来看，不同结构层次碳素含量表现为乔木层＞灌木层＞草本层，这可能与不同结构层次植物个体高度或组织木质化程度的不同而导致其碳素含量存在差异有关。西南桦人工林土壤有机碳含量明显低于人工林其他结构层次，且表现出随土壤深度增加而明显下降的趋势。由于西南桦人工林凋落物较丰富，且主要以容易分解的树叶为主，凋落物和植物根系分解所形成的有机碳主要聚集在表层土壤，从而造成0~20cm土层有机碳含量(31.67g/kg)明显高于土壤其他土层(6.72~15.83g/kg)和整个土壤层平均碳素含量(15.04g/kg)，而随着土壤深度的增加，相邻土层间的差异逐渐减少。

表3-30　林下植被及土壤中碳素含量

层次	组分	碳素含量(g/kg)
灌木层	地上部分	446.2
	地下部分	427.8
	平均	442.6
草本层	地上部分	435.7
	地下部分	392.6
	平均	442.6
地表现存凋落物	—	450.3
土壤层	0~20cm	31.67
	20~40cm	15.83
	40~60cm	10.35
	60~80cm	6.72
	平均	15.04

（2）西南桦人工林碳贮量及其分配

西南桦人工林碳素总贮量包括乔木层、灌木层、草本层、凋落物层和土壤层碳贮量。由表3-31可见，西南桦人工林总碳贮量为202.41t/hm²，不同结构层次碳贮量空间分配为：乔木层57.13t/hm²，占总量的28.22%；灌木层1.04t/hm²，占总量的0.51%；草本层0.80t/hm²，占总量的0.40%；凋落物层为1.92t/hm²，占总量的0.95%；林地土壤(0~80cm)层143.44t/hm²，占总量的70.87%。乔木层作为森林生态系统重要组成部分，其碳贮量在不同器官的分配，与各器官的生物量成正比例关系，其主体部分即树干的生物量最大，其相应的碳贮量(32.89t/hm²)也最大，占乔木层碳贮量的57.57%；其次是树根(8.71t/hm²)、树枝(7.41t/hm²)和干皮(6.06t/hm²)，它们的碳贮量依次占乔木层碳贮量的15.25%、12.97%和10.61%；树叶(2.05t/hm²)最少，仅占乔木层碳贮量的3.59%。林地土壤作为森林生态系统极其重要的碳贮存库，在平衡大气的CO_2有着重要作用。西南桦人工林土壤(0~80cm)有机碳贮存量为143.44t/hm²，随土层加深而急剧减少，其中0~20cm土层有机碳贮量(62.07t/hm²)占土壤层碳贮量的43.27%，分别是20~40、40~60和60~80cm土层的1.90、2.34和3.42倍。

表3-31　西南桦人工林生态系统碳素贮量及其分配

层次	组分	生物量(t/hm²)	碳素含量(g/kg)
乔木层	树叶	4.23	2.05(1.02)
	树枝	14.95	7.41(3.66)
	干皮	12.90	6.06(3.00)
	干材	65.28	32.89(16.25)
	树根	19.18	8.71(3.48)
	合计	122.38	57.13(28.22)
灌木层	地上部分	1.82	0.81(0.40)
	地下部分	0.53	0.23(0.11)
	合计	2.35	1.04(0.51)
草本层	地上部分	1.50	0.65(0.32)
	地下部分	0.37	0.15(0.07)
	合计	1.87	0.80(0.40)
凋落物层	—	4.26	1.92(0.95)
土壤层	0~20cm		62.07(30.67)
	20~40cm		36.73(18.14)
	40~60cm		26.50(13.09)
	60~80cm		18.14(8.96)
	合计		143.44(70.87)
总计			202.41(100)

（3）西南桦人工林乔木层碳素年净固定量的估算

由于本研究中乔木层生物量和碳贮量所占整个西南桦人工林生态系统的比例占绝大部分，因此仅以乔木层碳素年净固定量进行生态系统则同化CO_2的能力的估算。由表3-32可见，12年生西南桦人工林乔木层年净生产力为10.20t/(hm²·a)，年净碳固定量为4.77t/(hm²·a)，折合成CO_2固定量为

17.49t/（hm² · a）。在林木各器官的碳素年净固定量的分配中，以干材最大，其年净固碳量［2.74t/（hm² · a）］占总碳素年净固定量的57.44%，最小是树叶，其年净固碳量［0.37t/（hm² · a）］仅占3.56%。

表3-32　西南桦人工林乔木层碳素年净固定量

组分	净生产力[t/(hm² · a)]	碳素年净固定量[t/(hm² · a)]
树叶	0.37	0.17
树枝	1.32	0.62
干皮	1.14	0.51
干材	5.77	2.74
树根	1.60	0.73
合计	10.20	4.77

3.9.4　研究结论

①西南桦各器官中碳素含量范围在443.5～475.3g/kg，平均含量为466.7g/kg，略低于杉木、马尾松、桉树和秃杉等树种平均碳素含量，介于目前对森林生态系统碳进行估算时多数研究计算植被有机碳时干物质按450g/kg与500g/kg转换率之间。西南桦不同器官碳素含量的变化趋势为干材＞树枝＞树叶＞树根＞干皮，与杉木、马尾松、马占相思、厚荚相思、秃杉等树种各器官碳素含量的排列顺序存在一定差异，反映了不同树种碳素累积与分配特点，这可能与各树种所具有的不同生理和生态特性存在一定差异有关。

②12年生西南桦人工林生态系统碳素贮量为141.05t/hm²，其中植被层碳贮量为58.97t/hm²，明显高于王绍强等对热带亚热带针叶林植被部分平均碳贮量水平51.73t/hm²和周玉荣等对落叶阔叶林碳贮量平均水平53.60t/hm²（碳素含量均以45%计）的估算，略低于王绍强等对亚热带常绿阔叶林碳贮量平均水平61.05t/hm²，也均高于相近区域广西南丹县山口林场14年生的杉木和秃杉人工林碳贮量（39.78t/hm²和57.35t/hm²），以及广西凭祥市和云南景洪市13年生西南桦人工林碳贮量（30.02t/hm²和42.18t/hm²），由于西南桦成熟期在20年生以上，本研究中西南桦年龄仅为12年，因此还将具有较大的碳贮量增长潜力。

③本研究区西南桦人工林土壤较深厚，平均厚度约80cm，土壤（0～80cm）总有机碳贮量为143.44t/hm²，明显高于我国热带林（116.49t/hm²）土壤平均碳贮量，也高于略相近区域广西南丹县山口林场14年生的杉木和秃杉人工林土壤碳贮量（122.06t/hm²和135.14t/hm²），但低于我国森林土壤平均碳贮量

（193.55t/hm²）和世界土壤平均碳贮量（189.00t/hm²）。与其他热带树种人工林相似，西南桦人工林 0～20cm 土层有机碳贮量明显高于其他土层，占整个土壤层（0～80cm）有机碳贮量的 43.27%，可见其在整个生态系统碳贮量中贡献较大，由于西南桦主要适生于低山和高丘，一般坡度较大，土壤较脆弱，任何引起水土流失的活动如炼山、整地等都很容易导致林地尤其是山地土壤碳素损失。

④12 年生西南桦人工林乔木层净生产力为 10.20t/（hm²·a），其碳素年净固定量为 4.77t/（hm²·a），折合成 CO_2 为 17.49t/（hm²·a）。研究表明，相近区域广西南丹县山口林场 11 年和 14 年生杉木人工林乔木层碳素年净固定量分别为 2.39t/（hm²·a）和 3.29t/（hm²·a），相同林分年龄的秃杉人工林和秃杉人工林相应为 4.30t/（hm²·a）和 4.64t/（hm²·a）；湖南会同速生阶段（11 年生）杉木人工林为 3.124t/（hm²·a）；广西凭祥市和云南景洪市 13 年生西南桦人工林乔木层碳素年净固定量分别为 2.20t/（hm²·a）和 3.99t/（hm²·a）；我国落叶阔叶林平均 4.60t/（hm²·a）；中国森林平均值为 5.54t/（hm²·a）。由此可见，西南桦人工林的碳素固定速度较快，而由于本研究中西南桦人工林处于速生阶段，还具有较大的碳汇潜力，加上西南桦人工林生物多样性较丰富，并兼具涵养水源、维持地力等功能。因此，西南桦不仅是热带、南亚热带地区速生珍贵用材树种，同时也是碳汇功能高效的生态公益林树种。

（注：本章节主要观点发表于《中南林业科技大学学报》2016 年第 2 期）

3.10 西南桦人工林养分积累及其分配

林木养分的积累与分配格局是森林生态系统养分生物循环最重要的内容之一，对指导森林尤其是人工林的养分管理，提高森林养分元素利用效率和生物生产力都有重要的意义。西南桦为桦木科桦木属落叶乔木，主要分布于云南、广西、贵州和四川等地，树体高大、干形通直，材质细致优良，并具有适应性强、生长迅速、用途广泛、经济效益和生态效益好等特性，有着广阔的应用前景。目前，我国西南桦栽培面积已超过 16.0 万 hm²，且继续呈现良好的发展势头，成为我国热带、南亚热带地区重点发展的速生丰产林树种及乡土树种之一，并取得了良好的经济效益和生态效益。国内外关于西南桦人工林的研究始于 20 世纪 70 年代末，随着西南桦人工林的逐步发展，有关西南桦的相关研究逐渐增多，从早期的资源调查、引种驯化、播种育苗和造林技术等方面研究逐步发展到近年来的良种选育、高效栽培以及木材利用技术等方面，但有关西南桦人工林养分积累的研究尚未见报道。

广西西北部即桂西北是西南桦重要分布区之一，本研究对广西西北部天峨县速生阶段(12 年生)西南桦人工林养分元素质量分数、积累量及其分配特征进行分析，以揭示西南桦人工林养分元素的吸收与积累特点，为西南桦人工林的经营管理提供科学依据。

3.10.1　实验地概况

实验地位于广西天峨县林朵林场立兴分场，属亚热带季风气候，年平均气温 20.9℃，年平均积温 7475.2℃，年平均日照时间 1232.2h，年平均降水量 1253.6mm，年平均无霜期 336d。地貌类型以低山为主，海拔 620~650m，土壤为砂页岩发育而成的黄红壤，土层深厚，林地大部分土壤厚度 70~100cm，其中腐殖质层 15~20cm，土壤质地为壤土或轻壤土，结构较疏松，0~40cm 土层 pH 值 4.52，有机质、全氮和全磷质量分数分别为 24.71g/kg、0.92g/kg、0.24g/kg，水解氮、速效磷和速效钾质量分数分别为 85.2mg/kg、0.8mg/kg、48.9mg/kg。

试验地以前为杉木(*Cunninghamia lanceolata*)人工林，于 1999 年秋季砍伐后进行人工整地，定点挖坎，规格为 40cm×40cm×30cm，2000 年 4 月份用西南桦裸根实生苗造林，造林密度 1250 株/hm²(株行距 2m×4m)。栽植后前 3 年即 2000—2002 年分别在 5~6 月份和 9~10 月份进行 2 次铲草抚育，第 4 年即 2003 年 6 月进行 1 次卫生清理(铲草抚育)。2012 年 12 月调查时，12 年生西南桦人工林林相整齐，林分保留密度为 1060 株/hm²，平均树高 16.2m，平均胸径(带皮)15.6cm。林下灌木主要有盐肤木(*Rhus chinensis*)、华南毛柃(*Eurya ciliate*)和鸭脚木(*Alstonia constricta*)等，草本植物主要有五节芒(*Miscanthus floridulus*)、粗叶悬钩子(*Rubus alceaefolius*)和龙须草(*Eulaliosis binata*)等，凋落物层厚度约 2cm。

3.10.2　研究方法

(1)试验地设置和林分生物量测定

在 12 年生西南桦人工林内设置 3 个代表性标准样地，面积为 20m×20m，对标准地内林木进行每木检尺，分别测定树高、胸径和冠幅等测树因子。在每块标准地内选取 1 株代表林分生长状况的平均木，伐倒树木后地上部分采用 Monsic 分层切割法，分别测定树干、树皮、树枝和树叶鲜质量，同时分别取样。地下部分(根系)采用全根挖掘法，分根桩、粗根(根系直径≥2.0cm)、中根(0.5~2.0cm)、细根(<0.5cm)分别实测鲜质量，采集混合样品 200~300g 作室内分析。同时分别在每个标准样地内设置 5 个 1m×1m 样方，采用样方收获法测定灌木层、草本层的地上和地下生物量以及凋落物层(包括未分解和半分解凋落物)的现存量，计算各层次植物样品的生物量，并分别取样测定含水率和干质量，计算各组分的生物量。

(2)植物样品养分元素分析

在测定林分生物量的同时，将林木各器官及林下灌木层、草本层和凋落物层样品在 90℃ 短时间杀青后，再在 80℃ 下烘干、粉碎、装瓶备用。样品中的 N、P、K 质量分数先采用浓 H_2SO_4-$HClO_4$ 消化法消煮后，N 采用凯氏定氮法测定，P 采用钼锑抗比色法测定，K 采用火焰光度计法测定；Ca、Mg 质量分数先采用 $HClO_4$-HNO_3 消化法消煮，然后分别用原子吸收光谱法测定。

3.10.3　结果与分析

(1)养分元素质量分数

由表 3-33 可见，西南桦不同器官的养分元素质量分数因其生理机能不同而存在差异，同化器官树叶的养分元素质量分数最高，非同化器官干材的养分元素质量分数最低。各器官养分元素质量分数由高到低依次为树叶、树枝、干皮、树根、干材。不同养分元素在林木各器官中质量分数的排列次序存在一定的差异，树叶和干材各元素质量分数由高到低为 N、K、Ca、Mg、P，树枝、干皮和树根则为 K(Ca)、N、Mg(P)。

表 3-33　西南桦人工林养分元素质量分数　　　　　(g/kg)

组分	N	P	K	Ca	Mg
树叶	16.37±1.57	1.49±0.09	11.17±0.52	6.57±0.72	1.57±0.10
树枝	4.13±0.354	1.04±0.06	7.09±0.21	3.33±0.18	0.76±0.05
干皮	2.88±0.36	0.65±0.04	3.67±0.13	5.34±0.26	0.65±0.03
干材	1.59±0.10	0.11±0.01	1.14±0.04	0.58±0.03	0.24±0.01
树根	2.70±0.15	0.24±0.02	2.02±0.05	3.49±0.35	0.33±0.02

注：表中数据为平均值±标准误，$n=3$。

（2）养分储量及其分配

由表 3-34 可见，12 年生西南桦人工林养分总储量为 1172.87kg/hm²，乔木层作为林分的主体部分，其养分储量为 1027.67kg/hm²，占整个林分养分总储量的 87.62%，灌草层和凋落物层分别为 69.33、75.87kg/hm²，分别占 5.91% 和 6.47%。乔木层不同器官养分储量由高到低为树枝、干材、树皮、树根、树叶。如果将乔木层划分为树冠（树叶＋树枝）、树干（干材＋干皮）和树根，则树冠养分储量（425.67kg/hm²）占 41.42%，树干（433.60kg/hm²）占 42.19%，树根（168.40kg/hm²）占 16.39%。而在乔木层的 5 种养分元素储量中，以 N 素的最多，为 339.98kg/hm²，占乔木层养分储量的 33.08%；P 素最小，仅为 44.26kg/hm²，占 4.31%。

表 3-34　西南桦人工林养分储量及其分配　（kg/hm²）

组分	N	P	K	Ca	Mg	合计
树叶	73.34	6.68	50.04	29.43	7.03	166.52
树枝	65.43	16.48	112.38	52.78	12.05	259.15
干皮	39.37	8.89	50.17	73.00	8.89	180.32
干材	110.03	7.61	78.89	40.14	16.61	253.28
树根	51.79	4.60	38.74	66.94	6.33	168.40
小计	339.99	44.26	330.22	262.29	50.91	1027.67
灌草层	26.88	1.98	26.04	12.32	2.11	69.33
凋落物层	34.68	3.58	8.86	25.43	3.32	75.87
合计	401.55	49.82	365.12	300.04	56.34	1172.87

（3）乔木层养分年净积累量

养分年净积累量是植物体内各种养分积累的速率，它取决于林分净生产力的增长量及养分元素含量。以年平均净生产量作为乔木层净生产力的估算指标，计算西南桦人工林养分的年净积累量（表 3-35）。由此可知，12 年生西南桦人工林养分年净积累量为 85.62kg/（hm²·a），不同器官养分年净积累量以树枝最高，为 21.59kg/（hm²·a），其次是干材，为 21.11kg/（hm²·a），树叶最小，为 13.88kg/（hm²·a）。就不同养分元素在林木中年净积累量而言，以 N 最大，为 28.34kg/（hm²·a），K、Ca、Mg 和 P 依次为 27.51kg/（hm²·a）、21.85kg/（hm²·a）、4.24kg/（hm²·a）、3.68kg/（hm²·a）。

表 3-35　西南桦人工林养分净积累量　　　[kg/(hm² · a)]

组分	N	P	K	Ca	Mg	小计
树叶	6.11	0.56	4.17	2.45	0.59	13.88
树枝	5.46	1.37	9.36	4.40	1.00	21.59
干皮	3.28	0.74	4.18	6.08	0.74	15.02
干材	9.17	0.63	6.57	3.34	1.38	21.11
树根	4.32	0.38	3.23	5.58	0.53	14.03
合计	28.34	3.68	27.51	21.85	4.24	85.62

（4）林木养分元素利用效率

林木养分元素利用效率反映了林木对养分环境的适应及其利用状况，一般多采用 Chapin 指数作为反映森林养分元素利用效率的指标，其值用植物生物量与植物养分贮量之比来表征。由表 3-36 可见，12 年生西南桦人工林每积累 1t 干物质需要 N、P、K、Ca、Mg5 种养分元素 8.40kg，高于相近区域广西南丹县 11 年生的杉木和秃杉（*Taiwania flousiana*）人工林，以及湖南会同县 14 年生马尾松（*Pinus massoniana*）人工林，低于广西南宁市 10 年生灰木莲（*Manglietia glauca*）人工林和北京北部山区 13 年生刺槐（*Robinia pseudoacacia*）人工林。从西南桦人工林对 5 种养分元素的利用效率看，以 P、Mg 较高，其次为 Ca 和 K、N 最低。

表 3-36　不同人工林的养分元素利用效率

树种	树龄（a）	生物量（t/hm²）	养分元素积累量（kg/hm²）	养分元素质量分数（kg/t）					合计
				N	P	K	Ca	Mg	
西南桦	12	122.38	1027.65	2.78	0.6	2.70	2.14	0.42	8.40
秃杉	11	74.68	517.97	2.35	0.27	1.93	2.06	0.17	6.78
杉木	11	55.12	292.10	2.45	0.31	1.06	1.31	0.17	5.30
马尾松	14	108.00	743.38	3.39	0.22	1.33	1.07	0.87	6.88
灰木莲	10	92.76	892.68	4.366	0.39	1.95	1.76	0.48	8.94
刺槐	13	25.49	324.59	5.30	0.33	0.62	6.99	0.47	13.71

3.10.4　研究结论

①西南桦养分元素质量分数因器官不同而存在差异，其值由大到小依次为树叶 > 树枝 > 干皮或树根 > 干材。各器官中不同养分元素质量分数大小的排列次序也因器官不同而存在一定的差异，树叶和干材中各元素质量分数由大到小依次为 N > K > Ca > Mg > P，树枝、干皮和树根则为 K（或 Ca）> N > Mg

（或 P），与相同或相近气候带的杉木、马尾松、秃杉、灰木莲和马占相思（Acacia mangium）等树种的排列次序基本一致。

②12 年生西南桦人工林 5 种养分元素总储量为 1172.87kg/hm²，其中乔木层养分储量为 1027.67kg/hm²，占总储量的 87.62%，不同器官养分元素储量由大到小依次为树枝 > 干材 > 干皮 > 树根 > 树叶，与速生阶段的杉木、秃杉、马尾松、灰木莲和马占相思等树种的排列次序存在一定差异，反映了西南桦人工林养分元素积累的分配特点。

③林下植被是西南桦人工林生态系统的重要组成部分。12 年生西南桦林下植被（包括灌木、草本和凋落物层）养分储量为 145.20kg/hm²，占林分养分总储量的 12.38%，其中凋落物层养分储量为 75.87kg/hm²，占 6.47%。由于速生阶段西南桦人工林养分积累速率快，因此，在西南桦人工林的经营管理中，保护和恢复林下植被对促进西南桦人工林养分循环，促进西南桦人工林的持续快速生长以及林地持久生产力的维持都具有重要作用。

④西南桦人工林乔木层养分年净积累量为 85.62kg/（hm²·a），不同养分元素年净积累量由大到小为 Ca > N > K > Mg > P；每积累 1t 干物质需要 5 种养分元素 8.40kg，高于相近区域广西南丹县山口林场 11 年生的杉木和秃杉人工林，但低于广西南宁市 10 年生灰木莲人工林以及北京北部山区 13 年生刺槐人工林，表明西南桦人工林具有较高的养分元素利用效率。不同养分元素利用效率以 P、Mg 较高，其次是 K 和 Ca、N 最低，这也与相近区域、相近林龄的杉木、马尾松、秃杉和灰木莲的研究结果基本一致。由于该区域土壤有效磷质量分数降较低（小于临界值 3.0mg/kg），因此，在西南桦人工林的经营管理中，适当施加磷肥，可能对加快土壤磷素的快速循环，促进林木生长发育起到积极的作用。

（注：本章节主要观点发表于《东北林业大学学报》2015 年第 3 期）

3.11　西南桦凋落叶分解及其特性

森林凋落物通过分解参与森林生态系统物质循环和能量转换，逐步把养分输入给土壤，影响土壤的理化性质、养分及生物活性。凋落物分解速率的高低在一定程度上影响了土壤的养分状况，加快其分解，可促进养分循环，改善土壤肥力。在我国南亚热带地区，人工造林、再造林已成为森林培育和经营的重要方式；然而，随着大规模、持续单一人工针叶林如马尾松（*Pinus massoniana*）和杉木（*Cunninghamia lanceolata*）等或桉树（*Eucalyptus* sp.）等外来树种短周期工业用材林的发展，造成了诸如生物多样性减少、土壤退化、生态系统稳定性降低等问题。为促进人工林的多目标经营，提高人工林的生态功能和经济价值，许多乡土珍贵阔叶树种如西南桦、格木（*Erythrophleum fordii*）、红椎（*Castanopsis hystrix*）等，逐渐被用于亚热带人工林营建的生产实践中。近年来，有关不同林分对土壤养分影响方面的研究在国内外已有报道；然而，对乡土珍贵树种和外来树种用于人工林营建后凋落物养分状况与土壤养分关系的研究仍相对缺乏。西南桦是广西重要的优良乡土树种，具有速生、适应性强、材性上等和经济效益好等特点；桉树是世界著名的速生树种，也是世界重要的硬质阔叶树之一，具有适应性强，生长快、产量高、周期短、材油兼备、用途广泛等优良性状，是增加农民收入、壮大林产业的一条有效途径。为此，本研究以南亚热带具有相同经营历史与立地条件的乡土珍贵树种西南桦和外来树种尾巨桉（*Eucalyptus urophylla × E. grandis*）人工林为对象，比较不同人工林凋落物养分状况和土壤养分含量及凋落物养分含量对土壤性质的影响，旨在更深入认识该地区不同人工林生态系统的生态功能，以期更有效地对人工林进行经营管理。

3.11.1 实验地概况

实验地位于广西天鹅县林朵林场，海拔600~900m，属亚热带季风气候。年均最高气温37.9℃，最低气温2.9℃，年平均气温20.9℃，年均积温7475.2℃，平均日照时数1232.2h，年平均降水量1253.6mm，年平均无霜期336d。林场造林地土壤为砂页岩发育而成的黄壤、黄红壤和红壤，大部分林地土层厚度约100cm，表土层厚度10~30cm，土壤质地多为壤土或轻壤土，结构疏松。植被类型为南亚热带季雨林植被带，乔木主要有杉木、桉树、马尾松、八角（*Illicium verum*）等；灌木有鸭脚木（*Schefflera minutistellata*）、野牡丹（*Melastoma candidum*）、山黄麻（*Trema tomentosa*）等；草本有铁芒萁（*Dicranopteris linearis*）、五节芒（*Miscanthus floridulus*）、黄毛草（*Pogontherum paniceum*）、龙须草（*Eulaliosis binate*）等。选择2007年以该区域主要的造林、再造林树种营建的西南桦纯林和尾巨桉纯林人工林生态系统为研究对象。造林前2种林分造林地均为杉木采伐迹地，立地条件基本一致，造林后的森林经营管理方式相同。林分基本情况见表3-37。

表 3-37　研究样地林分基本情况

林分类型	林龄（a）	树高（m）	胸径（cm）	林分密度（株/hm²）	海拔（m）	坡向	坡度（°）	土层厚度（cm）	腐殖质厚（cm）
西南桦	5	12.69 ± 1.13	13.13 ± 1.46	1.335	700	半阳	25	100	1
巨尾桉	5	16.45 ± 3.75	14.70 ± 4.19	1.245	650	半阳	25	100	1

3.11.2　研究方法

（1）试验设计

2012年5月，分别在西南桦和尾巨桉2种人工林内，各设置大小为20m×20m的固定样地4个，每个固定样地间至少间隔12m以上。2012年6月，从西南桦和尾巨桉各自林下收集新近自然凋落、上层未分解的凋落叶样品（为避免破坏样地，凋落叶样品均收集自固定样地以外），带回实验室后放置于地板上风干至恒质量。分别称取10g风干的2种凋落叶样品装入尼龙网质分解袋（分解袋规格为孔径1mm，尺寸25cm×25cm），然后将装好袋的2种凋落叶样品于同一天放回到初始样地中。按样地坡度大小将凋落叶袋倾斜放置，并用铁针固定。每个固定样地分5个点放置凋落叶袋，每个点放置5袋，每个树种总计放置100袋。

（2）凋落叶样品采集与测定

2012年6月至2013年6月间，每隔3个月从西南桦和尾巨桉各自样地中随机取回20袋凋落叶分解袋（4个固定样地×5袋/每次每个样地），用镊子小心地清除侵入到分解袋内的土壤颗粒、植物根和菌体等，带回实验室置入70℃烘箱中烘干至恒质量，称干质量并计算干质量残留率和分解速率。随后将样品磨粉过0.25mm细筛，用于凋落物养分含量的测定。凋落叶有机C含量采用重铬酸钾氧化—外加热法；全N采用凯氏定氮法；P、K含量用等离子发射光谱法测定。

（3）土壤样品采集与理化性质分析

凋落叶分解试验结束后（2013年6月），在每个固定样地内（采样点位于凋落叶分解袋之外）用土钻（直径8cm）采集0~10、10~20、20~30cm深度的土壤，每层各取5钻，除去动植物残体和石块等杂质，并将同一固定样地内同层的5钻土壤充分混合为1个土样后装入塑料袋中带回实验室。采集的土样在实验室内自然风干后一分为二，其中一份过2mm土壤筛后用于土壤pH

值测定；另外一份过 0.25mm 细筛，用于其他土壤理化性质的分析。土样总有机 C、全 N、全 P 和全 K 含量测定方法同凋落叶测定方法，土壤 pH 值（水土比 2.5:1）采用玻璃电极测定。

（4）数据分析

采用常用的 Olson 单指数模型计算西南桦和尾巨桉凋落叶分解质量损失系数：

$$X_t/X_0 = e^{-kt}$$

式中，X_t 表示分解时间 t 时刻的凋落叶残体质量；X_0 表示凋落叶初始质量（kg）；e 是自然对数的底；k 表示凋落物的分解系数；t 是分解时间（月）。

采用单因素方差分析（one-way ANOVA）和多重比较（LSD）检验不同林分之间凋落叶养分含量、分解速率、分解系数 k 和土壤化学性质之间的差异。凋落叶养分含量与土壤化学性质之间的关系采用 Spearman 相关分析法进行分析。所有方差分析均在统计分析软件 SPSS 16.0 中进行，显著性水平设为 $\alpha = 0.05$。采用 Sigmaplot10.0 作图。

3.11.3　结果与分析

（1）凋落叶分解残存率的动态变化与分解系数

西南桦和尾巨桉凋落叶的分解分为 2 个阶段，在分解的前 9 个月，凋落叶残存率下降较快，即为凋落叶的快速失重期；在分解的后 3 个月，凋落叶残存率下降缓慢，即为凋落叶的慢速失重期。经过 12 个月的分解，西南桦和尾巨桉残存率分别为 38.2% 和 41.5%（图 3-13）。在整个分解期间，西南桦凋落叶的分解速率始终高于尾巨桉凋落叶的（$P < 0.05$），西南桦凋落叶分解系数为 0.96a^{-1}，明显高于尾巨桉凋落叶的 0.88a^{-1}。

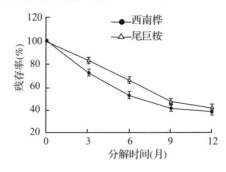

图 3-13　西南桦和尾巨桉凋落叶残存率的动态变化

（2）凋落叶基本化学性质及其养分动态变化

由表 3-38 可见，西南桦凋落叶的有机 C、全 P、全 K 含量显著高于尾巨桉；尾巨桉凋落叶的 N/P 比显著高于西南桦；2 种凋落叶的全 N 含量和 C/N 比则无显著差异。

表 3-38　西南桦和尾叶桉凋落叶基本化学性质

项目	西南桦	巨尾桉
有机 C(g/kg)	54.97 ± 1.02a	52.80 ± 0.88b
全 N(g/kg)	1.32 ± 0.06a	1.29 ± 0.04a
全 P(g/kg)	0.05 ± 0.00a	0.04 ± 0.00b
全 K(g/kg)	0.48 ± 2.05a	0.28 ± 0.02b
C/N	41.73 ± 2.05a	40.95 ± 1.37a
N/P	29.16 ± 1.45b	32.09 ± 1.32a

注：表中同一行不同字母表示差异显著（$P < 0.05$）。

在为期 12 个月的分解试验中，西南桦和尾巨桉 2 种凋落叶养分含量呈不同的变化趋势（图 3-14），其中，2 种凋落叶有机 C 含量在整个分解过程中呈逐渐下降的趋势，分解末期西南桦和尾巨桉凋落叶有机 C 含量较初始 C 含量分别下降 37.7% 和 39.5%；全 K 含量和 C/N 比在分解前期（前 6 个月）迅速下降，之后趋于平缓；全 N 含量和全 P 含量在分解前期呈逐渐上升趋势，之后略有下降，分解末期西南桦和尾巨桉凋落叶全 N 含量较初始 N 含量分别升高 20.4% 和 30.1%，全 P 含量较初始 P 含量分别升高 11.4% 和 34.1%；2 种凋落叶 N/P 比则呈先升高后下降的趋势。

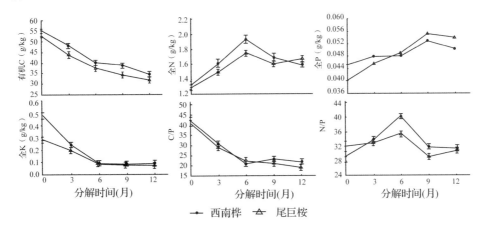

图 3-14　西南桦和尾巨桉凋落叶分解过程中养分的动态变化

整个分解期间，不同树种凋落叶养分含量的动态变化也存在差异，其中，西南桦凋落叶有机 C 含量始终高于尾巨桉；2 种凋落叶初始全 N 含量差异不大，但随着分解时间的延长，西南桦凋落叶全 N 含量高于尾巨桉，到分解末期西南桦全 N 含量反而低于尾巨桉；在分解前 3 个月，西南桦凋落叶全 P 含量、全 K 含量和 C/N 比高于尾巨桉，而在分解的后 6 个月，西南桦凋落叶全 P 含量、全 K 含量和 C/N 比低于尾巨桉。

（3）土壤化学性质

由表 3-39 可见，除土壤 C/N 外，土壤各化学性质指标均随土层深度增加而降低；林分对土壤化学性质也产生显著影响，从 0~10、10~20cm 土层看，西南桦土壤有机 C、全 N、全 P、全 K 均显著高于尾巨桉（$P < 0.05$）；2 种林分土壤 pH 值和 C/N 仅在 10~20cm 土层差异显著（$P < 0.05$）；从 20~30cm 土层看，西南桦林地土壤全 N 和全 P 含量显著高于尾巨桉（$P < 0.05$），而林分对该层土壤有机 C、全 K、pH 值、C/N、N/P 影响不显著（$P > 0.05$）。

表 3-39　西南桦和巨尾桉林地 0~30cm 土壤化学性质

土壤化学性质	西南桦			巨尾桉		
	0~10cm	10~20cm	20~30cm	0~10cm	10~20cm	20~30cm
有机 C (g/kg)	34.15±1.39aA	24.98±1.55bA	18.12±1.59cA	31.33±1.03aB	21.88±1.73bB	16.90±0.55cA
全 N (g/kg)	2.14±0.05aA	1.27±0.07bA	0.86±0.08cA	2.05±0.07aB	1.08±0.05bB	0.76±0.04cB
全 P (g/kg)	0.49±0.02aA	0.40±0.01bA	0.34±0.02cA	0.40±0.01aB	0.30±0.03bB	0.25±0.03cB
全 K (g/kg)	16.70±0.57aA	14.46±0.84bA	11.68±0.45cA	15.06±0.32aB	13.03±0.41bB	10.93±0.80cA
pH 值	4.56±0.10aA	4.51±0.10aA	4.45±0.11aA	4.39±0.18aA	4.37±0.14aB	4.36±0.04aA
C/N	15.05±0.94cA	23.29±0.32aA	21.00±0.76bA	15.28±0.76bB	20.20±0.77aB	22.36±1.92aA
N/P	4.38±0.17aB	2.71±0.17bB	2.58±0.43bA	5.18±0.03aA	3.64±0.48bA	3.07±0.45bA

注：同一林分同一指标的不同小写字母表示土层间差异显著（$P < 0.05$）；同一土层同一指标的不同大写字母表示林分间差异显著（$P < 0.05$）；表中数据均为 4 次重复的平均值 ± 标准误。

（4）凋落叶养分含量对凋落物分解的影响

西南桦、尾巨桉凋落物养分含量不同具有不同的分解速率，而凋落叶不同的养分特征与分解过程中质量损失的相关关系也不同。由表 3-40 可见，分解前期，凋落叶质量损失与 N 含量和 N/P 显著正相关（R 分别为 0.877 和 0.812），与 C/N 显著负相关（$R = -0.735$）；而分解后期，凋落叶质量损失与 N 含量显著正相关（$R = 0.855$），与 C/N 显著负相关（$R = -0.697$）。

表 3-40 凋落叶质量损失与养分含量的相关关系

凋落叶分解	C	N	P	K	C/N	N/P
分解前期 （前6个月）	-0.512 (0.112)	0.877 (0.022)	-0.190 (0718)	0.426 (0.184)	-0.735 (0.044)	0.812 (0.037)
分解后期 （后6个月）	0.353 (0.493)	0.855 (0.030)	-0.268 (0.607)	-0.482 (0.136)	-0.697 (0.049)	-0.320 (0.537)

注：表中数值为 Speaman's 相关系数，括号中数值为显著性水平。

（5）凋落叶养分含量对土壤化学性质的影响

2 种人工林的初始凋落叶养分含量与 0~10cm 土壤化学性质间的相关分析结果（表3-41）表明：凋落叶初始有机 C 含量与土壤有机 C、全 N、全 P、全 K、N/P 显著或极显著相关；凋落叶初始全 N 含量与土壤全 N、pH 值显著或极显著相关；凋落叶初始全 P 含量和 N/P 与土壤全 P、全 K、N/P 显著或极显著相关；凋落叶初始全 K 含量则与土壤全 N、全 P、全 K、pH 值、N/P 显著或极显著相关；而凋落叶初始 C/N 比与土壤各化学性质（除全 N 外）的相关性均不显著。

表 3-41 初始凋落叶养分含量与 0~10cm 土壤化学性质间的相关系数

凋落叶初始 养分含量	土壤化学性质						
	有机 C	全 N	全 P	全 K	pH 值	C/N	N/P
有机 C	0.578*	0.586*	0.898**	0.528*	0.469	-0.236	-0.910**
全 N	-0.028	0.880**	0.483	0.213	0.572*	-0.387	-0.290
全 P	0.455	0.465	0.714**	0.923**	0.341	0.112	-0.745**
全 K	0.220	0.509*	0.886**	0.926**	0.559*	-0.140	-0.946**
C/N	0.153	-0.633*	0.195	0.191	-0.183	0.410	-0.381
N/P	-0.485	-0.048	-0.490*	-0.825**	-0.028	-0.427	0.611*

注：* 表示 $P<0.05$；** 表示 $P<0.01$。

3.11.4 研究结论

分解系数 k 的生态学意义即为凋落物分解速率的快慢，k 值越大，分解越快。本研究中，西南桦和尾巨桉 2 种凋落叶分解系数分别为 $0.96a^{-1}$ 和 $0.88a^{-1}$，西南桦凋落叶分解比尾巨桉快。宋新章等研究我国鼎湖山小叶青冈栎（*Cyclobalanopsis gracilis*）和毛竹（*Phyllostachys heterocycla* cv. *Pubescens*）2 种凋落叶分解特征时发现，其 k 值分别为 $0.89a^{-1}$ 和 $1.05a^{-1}$，与本研究结果的 k 值差异不大。一般认为，在大尺度的气候带下，气候因素如年均气温（MAT）、年均降水（MAP）、实际蒸散（AET）等对凋落物的分解起主要的控制作用。唐仕姗等研究发现，我国森林生态系统凋落叶分解系数 k 值为 $0.13\sim1.80a^{-1}$，与郭忠玲等研究发现的 $0.10\sim2.17a^{-1}$ 差异不大，而全球陆地生态系统的分解系数 k 值变化较大，为 $0.006\sim4.993a^{-1}$。造成分解速率产生差异的主要原因在于全球陆地森林生态系统森林类型多样、地理地貌特征丰富、自然气候条件复杂、环境因子空间异质性大和复杂性高，因而，凋落物分解速率的空间异质性也大；然而，本研究的对象为南亚热带同一地区 2 种类型的林分，这 2 种森林生态系统仅仅是全球陆地生态系统的一部分，因而其 k 值也在此范围内。此外，我国森林凋落叶分解速率随气候带的不同呈规律性变化，即分解速率从大到小依次为热带 > 亚热带 > 温带。刘颖等在研究我国温带 4 种森林类型凋落物分解动态时得出，阔叶红松（*Pinus koraiensis*）林、岳桦（*Betula ermanii*）林、红松云杉（*Picea jezoensis* var. *microsperma*）冷杉（*Abies nephrolepis*）林、岳桦云杉冷杉林的凋落物分解系数为 $0.25\sim0.47a^{-1}$，明显低于本研究的 k 值。这也进一步证实了亚热带森林凋落叶分解速率明显高于温带的结论。

2 种森林凋落叶在整个分解过程中，有机 C 浓度始终呈逐渐下降的趋势，这可能是由于该地区年均温始终处于相对较高的水平，即使是冬天，地温也能达到 10℃ 左右。在较高的温度下，与枯落物分解有关的动物和微生物活性、酶活性等始终维持在较高的水平，因而，凋落叶的有机 C 始终处于分解释放状态。2 种凋落叶 N 和 P 的养分动态均呈先富集后释放的现象，但富集阶段持续时间的长短因养分元素的不同而不同。凋落叶 N 浓度在分解的前 6 个月内迅速积累，后 6 个月则迅速释放，但分解末期时凋落叶 N 浓度仍高于初始 N 浓度。凋落叶 P 浓度在分解的前 9 个月迅速积累，后 3 个月逐渐释放，分解末期时凋落叶 P 浓度也高于初始 P 浓度，这与游巍斌等的研究结果有差异。游巍斌等研究发现，凋落叶 N 浓度在分解后期出现富集现象，P 则处于波动的富集状态，并认为凋落物 P 分解与气候因子密切相关，尤其是温度和湿度。本研究中，凋落叶 K 浓度在分解的前 6 个月迅速释放，后 6 个月趋于平稳，可能是因为分解的前 6 个月（即 2012 年 6 月至 2012 年 11 月）主要为该区的雨季，较高的温湿度等环境条件使凋落叶分解速率加快，因而 K 的释放也较快；而分解的后 6 个月（即 2012 年 12 月至 2013 年 5 月）主要为该区的干季，因而，凋落叶 K 的释放也较慢。相关研究表明，凋落物 K 浓度随着分解时间的延长呈单调递减趋势，呈淋溶—释放模式。

影响凋落物分解的因素众多，除环境影响因子外，凋落物初始养分特征和其养分归还速度也具重要影响。本研究中，西南桦和尾巨桉 2 种凋落叶初始养分特征存在显著差异，其中，2 种凋落叶的 N 含量和 C/N 的差异是影响凋落叶分解最主要的控制因子。已有研究表明，在凋落叶分解过程中，N 素与微生物生长繁殖关系密切，环境中 N 量越高，微生物的繁殖越快，活性越强。研究表明，凋落物中 N、P、K 含量越多，其养分分解归还越快，反之越慢。Xu 等研究发现，在凋落物分解初期（前 3~4 个月），凋落物的干质量损失与 N 含量显著正相关，与木质素/N 和 C/N 显著负相关；在凋落物分解后期（12a），凋落物的干质量损失与 N 含量显著正相关，与木质素含量、木质素/N 和 C/N 显著负相关。本研究结果也表明，在凋落物分解前期（前 6 个月），凋落物分解与 N 含量和 N/P 显著正相关，与 C/N 显著负相关；而凋落物分解后期（6~12 个月），其分解速率与 N 含量也显著正相关，与 C/N 仍显著负相关。因本研究未探讨凋落叶中难分解物质如木质素和纤维素等含量对凋落叶分解的影响，故有必要开展更长久的凋落叶分解实验来观察凋落叶的养分释放动态。

西南桦和尾巨桉 2 种人工林凋落叶对土壤化学性质的影响显著，且二者之间存在一定相关关系。凋落物是森林生态系统土壤养分的重要来源，其养分含量和分解过程对森林土壤肥力有重要影响。凋落叶有机 C 含量与土壤有机 C 含量呈显著正相关，原因在于西南桦凋落叶中有机 C 含量较高，分解较快，释放到土壤中的有机 C 也越多。Ohrui 等发现，凋落物的 C/N 与土壤 N 矿化呈负相关。这与本研究结果一致，凋落叶 C/N 与土壤 N 含量显著负相关。N 矿化速率和土壤 N 的输入受凋落叶中 N 含量的影响，本研究结果也显示，土壤全 N 含量与凋落叶中 N 含量极显著正相关。此外，Moore 等研究表明，凋落物养分的释放模式显著影响土壤表层的 N、P 等养分含量，凋落物中 N、P 等含量越高，土壤养分越易于富集。本研究也表明，凋落叶中的 P 含量与土壤 P 含量极显著正相关。

综上所述，在我国南亚热带地区，西南桦凋落叶的分解速率显著大于尾巨桉。在为期 12 个月的分解试验中，2 种凋落叶中各元素含量呈不同的动态变化，有机 C 含量在整个分解过程中呈逐渐下降的趋势；全 K 含量和 C/N 在分解前期迅速下降，之后趋于平缓；全 N 含量和全 P 含量在分解前期呈逐渐上升趋势，之后略有下降；2 种凋落叶 N/P 则呈先升高后下降的趋势。无论是分解前期还是分解后期，凋落叶分解与凋落叶中的 N 含量呈显著正相关，与 C/N 呈显著负相关。通过凋落叶分解过程中养分的释放，显著影响了林地的土壤养分水平，西南桦林地土壤有机 C、全 N、全 K 含量等显著高于尾巨桉。本研究结果表明，凋落叶的养分含量与土壤养分状况之间的关系紧密。西南桦凋落叶养分含量相对较高，分解速率较快，释放到土壤中的养分越多；相反，尾巨桉凋落叶养分含量相对较低，分解速率较慢，土壤相对越贫瘠。该结果可为我国南亚热带地区未来人工林的经营管理提供科学参考。

（注：本章节主要观点发表于《林业科学研究》2016 年第 2 期）

3.12　西南桦无性系测定与评价

林木整齐速生是优良无性系造林的显著特点，国外的桉树与国内的杨树无性系造林充分证明了这一点。因优树选择能提供优良的无性系繁殖材料，而组培快繁技术是快速扩繁优良无性系苗的有效途径。因此，如要开展一个树种的高效无性系育林，就必须解决优树选择与组培快繁的技术问题，并进行无性系的筛选。西南桦（*Betula alnoides*）为桦木科（Betulaceae）珍贵乡土速生用材树种，适应性强、生态效益好，广泛分布于我国热带、南亚热带地区，主要用于高档建筑和高档家具制作。随着西南桦人工林的规模化发展，良种壮苗成为亟待解决的问题。因此，开展西南桦优良无性系的选育技术研究，对于开发利用西南桦树种资源有着重要实用价值。西南桦优良无性系选育技术持续多年，其优树选择方法与叶芽组培快繁技术已初步解决。

3.12.1　材料与方法

（1）材料

西南桦无性系选育材料取自广西凭祥大青山种源的人工林优树。在广西凭祥市布设的主要西南桦种源对比试验中，大青山种源具有明显的生长优势与良好的经济性状，其 4 年生树高、胸径、材积生长量分别大于其他种源平均值的 9.84%、19.8%、54.3%，且大青山种源家系间分化明显，树高、胸径变异系数分别为 6.35%、13.37%。因此，大青山种源具有良好的遗传改良潜力。对选出的优树利用叶芽离体培养再生植株技术繁殖成无性系，利用无性系苗木营造评价试验林。

（2）研究方法

①试验林的设置　为了筛选出适合广西栽培区域的优良无性系，在广西

凭祥市、百色市田林县、河池市天峨县 3 个试验点设置了无性系试验林。参试无性系 20 个，4 个重复，每个重复 5 株，以当地种源的实生苗为对照，测定其树高、胸径与材积，测定结果见表 3-42。

表 3-42　西南桦 4 年生无性系试验林观测统计　（m；cm；m³；%）

地点	指标	西南桦无性系号										
		1 号	2 号	3 号	4 号	5 号	6 号	7 号	8 号	9 号	10 号	11 号
崇左市凭祥市	树高	9.5	8.7	8.7	9.1	8.8	9	8.8	8.5	8.8	7.8	8.1
	胸径	10.8	10.8	10.6	9.8	10.3	9.7	9.6	9.7	9.4	9.5	9.1
	单株材积	0.046	0.043	0.041	0.037	0.04	0.036	0.035	0.034	0.033	0.03	0.029
	材积增益	82.6	68.8	62.9	46.6	56.1	42.3	36.8	35.2	31.6	20.2	15
百色市田林县	树高	8	8.4	8	8.4	8.1	8.4	7.8	7.8	7.3	8.3	7.8
	胸径	11	9.4	10	8.9	8.5	8.6	8.5	8.3	8.6	7.8	7.9
	单株材积	0.041	0.032	0.035	0.029	0.026	0.027	0.025	0.024	0.024	0.022	0.022
	材积增益	109.7	61.7	76	46.4	31.6	39.3	27.6	20.9	22.5	13.3	11.2
河池市天峨县	树高	11.7	12.2	11.9	11.8	11.4	11.6	10.8	10.5	10.7	9.2	9.6
	胸径	12.9	12.4	12	11.8	11.7	11.4	11.2	11	10.7	11.1	10.8
	单株材积	0.077	0.075	0.069	0.067	0.063	0.062	0.055	0.053	0.05	0.047	0.047
	材积增益	105.6	98.1	83	77.4	68.6	63.6	46.8	40.7	33	25	23.9
平均	树高	9.7	9.8	9.6	9.8	9.5	9.7	9.1	9	8.9	8.4	8.5
	胸径	11.6	10.8	10.8	10.2	10.2	9.9	9.8	9.7	9.6	9.5	9.3
	单株材积	0.055	0.051	0.048	0.044	0.043	0.042	0.038	0.037	0.036	0.033	0.033
	材积增益	99.3	76.2	74.1	56.8	52.1	48.4	37	32.3	29	19.5	16.7

地点	指标	西南桦无性系号									
		12 号	13 号	14 号	15 号	16 号	17 号	18 号	19 号	20 号	CK
崇左市凭祥市	树高	9.1	8.1	7.6	7.6	7.6	7.5	7.4	7	6	8.4
	胸径	8.6	8.9	8.5	8.3	7.6	7.4	7.4	6.7	6.7	8.3
	单株材积	0.029	0.028	0.024	0.023	0.02	0.018	0.018	0.014	0.013	0.025
	材积增益	14	10.3	−4.4	−8.7	−22.5	−27.3	−28	−43.1	−50.6	
百色市田林县	树高	8	7.8	8	7.1	8	7.6	7.7	7.8	7.4	7.4
	胸径	8	7.9	8	8.2	7.8	8	7.8	7.8	7.4	7.7
	单株材积	0.023	0.022	0.023	0.021	0.022	0.022	0.021	0.021	0.018	0.02
	材积增益	16.3	11.2	19.4	8.2	9.7	10.7	6.1	8.2	−6.1	
河池市天峨县	树高	9.9	9.5	9.1	9.5	10	9.8	9.6	9.4	9.4	9.1
	胸径	10.5	10.8	10.7	10.7	10.1	10.3	10.3	10	10.4	9.99
	单株材积	0.046	0.046	0.043	0.045	0.043	0.043	0.043	0.04	0.043	0.038
	材积增益	21.5	22.6	15.2	20	14.6	14.6	13	5.3	13	
平均	树高	9	8.5	8.2	8	8.5	8.3	8.2	8.1	7.6	8.3
	胸径	9.1	9.2	9.1	9	8.5	8.6	8.5	8.2	8.2	836
	单株材积	0.033	0.032	0.03	0.03	0.028	0.028	0.027	0.025	0.021	0.028
	材积增益	17.5	14.7	10.1	6.5	0.6	−0.7	−3	−9.9	−15	

注：CK 为实生苗对比材积增益。

②统计分析方法　根据 4 年生的生长数据,主要分析无性系间的生长差异及立地条件对无性系生长的影响。

3.12.2　结果与分析

(1)西南桦无性系的生长差异比较

根据 20 个优树无性系在广西 3 个试验点的观测数据,以不同无性系为材积生长量的影响因子,对 4 年生的单株材积生长量进行方差分析比较,均方比 F 值为 4.32,临界值 $F_{0.05}(19,38)=1.85$,$F>F_{0.05}$。说明不同无性系生长差异显著,无性系选择具有良好的选择增益潜力。对参试的 20 个无性系按平均单株材积增益排序,生长数量指标与形质指标较好的 1~6 号优良无性系比对照实生苗平均材积增益分别达 48.4%~99.3%,但 17~20 号无性系生长量不及当地实生苗,所以无性系在造林推广利用前的测定评价工作极为重要。

(2)立地条件对无性系生长量的影响

以 3 个不同试验点的立地条件作为试验因子,以 20 个无性系的单株材积生长量为因变量,方差分析统计量 F 值为 5.67,临界值 $F_{0.05}(2,38)=3.24$,$F>F_{0.05}$。说明立地条件对无性系的生长也具有显著影响。另从统计分析可知,无性系间材积生长变动系数为 0.21,不同造林地的材积变动系数为 0.25。说明在无性系造林时应尽量做到适地适无性系,充分发挥无性系与立地条件的互作效应。

3.12.3　研究结论

①经过在广西选定的 3 个试验点开展西南桦无性系造林评价可知,不同无性系生长表现差异显著,无性系选择具有良好的选择增益潜力,无性系与立地条件的互作效应显著。在参试的 20 个无性系中,1~6 号优良无性系比对照实生苗平均材积的增益分别达 48.4%~99.3%,但是 17~20 号无性系的生长表现比当地实生苗差,无性系应当在推广利用前开展测定评价。

②林木育种界普遍认为,"有性起源,无性利用"是林木良种改良的重要途径,美国的火炬松与新西兰的辐射松都做出了很好的无性系育林示范,巴西的桉树无性系林业也同样取得了成功。我国南方对引种的桉树、相思、柚木等树种开展了无性系育林,为满足我国木材需求做出了重大的贡献,但是我国的乡土用材树种的无性系育林技术还十分落后。西南桦无性系选育的初步成功,为充分开发利用该树种提供了技术支撑,同时也为其他珍贵树种资

源的开发利用提供技术借鉴。

（注：本章节主要观点发表于《林业实用技术》2013 年第 6 期）

3.13　西南桦实生苗与组培苗造林对比试验

西南桦是桦木科桦木属乔木树种，分布于印度半岛北部、缅甸、中南半岛各国及中国，在我国主要分布于四川、广西和云南。西南桦具有速生、树干通直、材质优良、纹理美观、不翘不裂、易于加工等优良特性，广泛用于高级建筑装饰和高档家具制作，具有重要的生态和经济价值，是我国热带、南亚热带地区颇具发展前景的珍贵速生用材树种。西南桦对土壤适应性也较广，生长地以砖红壤性红壤、山地红壤、红黄壤、黄壤为主，石灰土上不见分布。西南桦要求土壤湿润而排水良好，虽耐干燥瘠薄的土壤，但生长速度显著缓慢。目前，西南桦的造林主要使用实生容器苗，组培苗造林还在试验阶段，造林成效还没有显现出来，本研究结合西南桦人工林丰产技术推广示范项目开展了实生苗和组培苗对比造林分析，得出了初步结论，但因西南桦轮伐期较长，后期生长数据有待持续观测。

3.13.1　材料与方法

（1）材料

造林用实生苗来自百色市田林县，组培苗来自凭祥市中国林业科学研究院热带林业试验中心，均为广西种源。

①实生苗　种子先在沙床上培育，长出 2 片真叶时移栽到轻基质容器中继续培养，苗高 30cm，根茎 0.3cm 以上为合格苗，造林使用。

②组培育苗　具有良好根系的组培小苗移栽到轻基质容器中，经过炼苗及室外培养，选用苗高 30cm，根茎 0.3cm 以上的合格苗造林。

（2）方法

开展实生苗与组培苗对比栽培试验，设 5 个标准地，每个标准地分别种植实生苗和组培苗各 50 株，在百色市那坡县那马林场平流分场 7 林班 6 小班选择立地条件基本一致的地块，株行距 2m×4m，2014 年 3 月造林，造林后实生苗和组培苗采用相同的松土、除草、施肥等抚育措施。

3.13.2　结果与分析

2016 年 3 月对 2 年生幼林进行了调查，主要是胸径和树高的测量。

（1）不同苗木类型对胸径的影响

分别对 5 个标准地组培苗和实生苗幼林胸径进行了调查（表 3-43），结果显示 5 个处理中组培苗的胸径都大于实生苗的胸径，平均值分别是 2.0868cm 和 2.7486cm。对胸径测定结果进行方差分析，结果见表 3-44。

表 3-43　不同苗木类型胸径平均生长量　　　　　　　　　　（cm）

处理	重复 1	重复 2	重复 3	重复 4	重复 5
实生苗	2.183 9	2.095 1	1.84	2.090 6	2.224 4
组培苗	2.66	3.193 2	2.803 6	2.46	2.626 2

表 3-44　不同苗木类型对胸径影响方差分析表

差异源	SS	df	MS	F	P-value	F crit
组间	1.095	1	1.095	22.112	0.001 5	5.317 7
组内	0.396 2	8	0.049 5			
总计	1.491 1	9				

方差分析结果表明，组培苗和实生苗胸径生长存在显著差异，前者的胸径生长量明显大于后者。

（2）不同苗木类型对树高的影响

分别对 5 个标准地组培苗和实生苗的树高进行了调查（表 3-45），结果显示 5 个处理中组培苗的树高都大于实生苗的树高，平均值分别是 3.15m 和 2.79m。对树高测定结果进行方差分析，结果见表 3-46。

表 3-45　不同苗木类型树高平均生长量　　　　　　　　　　（m）

处理	重复 1	重复 2	重复 3	重复 4	重复 5
实生苗	2.85	2.83	2.63	2.78	2.88
组培苗	3.14	3.28	3.24	2.98	3.10

表 3-46　不同苗木类型对树高影响方差分析表

差异源	SS	df	MS	F	P-value	F crit
组间	0.317 2	1	0.317 2	26.697	0.000 9	5.317 7
组内	0.095 1	8	0.011 9			
总计	0.412 2	9				

结果表明，组培苗和实生苗的树高生长存在显著差异，前者的树高生长量明显大于后者。

3.13.3　研究结论

西南桦组培苗和实生苗造林相比较，在 2 年生时组培苗显示出了前期生长快的优势，胸径生长量和树高生长量都和实生苗存在显著差异，明显好于实生苗，造林前期生长表现良好。

组培苗造林还在试验阶段，后期生长表现还有待观察，不能根据 2 年生的生长表现判断后期成效。树干通直度，病虫害发生及树木抵抗各种灾害的能力还有待观察和测定，得出更准确的结论，这也是今后研究的重点。

（注：本章节主要观点发表于《农业与技术》2016 年第 16 期）

3.14　西南桦幼林配方施肥

西南桦是优良乡土树种之一，具有生长快，抗性强，材质优，价值高等特点，土壤适应性广，生态效益好，是能够改良土壤的"自肥树种"，是南方人工林树种结构调整的重要树种。在西南桦人工林栽培技术方面，苏付保等研究了海拔和坡向对西南桦生长的影响，郑海水、李荣珍、王达明等研究了密度对西南桦生长的影响，李根前等研究了立地条件对西南桦生长的影响，李荣珍、王春胜等研究了修枝对西南桦生长的影响，彭秀丽、陈伟等研究了不同基肥对西南桦生长的影响，郑海水等研究了 N、P、K 和 NP、NK、KP、NPK 组合作为基肥与追肥对西南桦生长的影响。为进一步研究大量元素 N、P、K 和微量元素 B、Cu 对西南桦生长的影响，本研究于 2014 年起开展了 5 种营养元素的配方施肥分析。

3.14.1　材料与方法

（1）试验地概况

试验地设在广西壮族自治区百色市那坡县那马林场平流分场 7 林班 2、3、5 小班，成土母岩为砂页岩，土壤为黄红壤，土层厚度 >100cm，表土层厚 ≥20cm。1 号样地设在 2 小班，海拔 1055m，西北坡；2 号样地设在 3 小班，海

拔 1071m，北坡；3 号样地设在 5 小班，海拔 1025m，南坡。试验地年均气温
17.6℃，极端最高气温 34.5℃，极端最低气温 - 6.9℃，年均降水量
1353.1mm，空气相对湿度 78%。

（2）材料

试验对象为西南桦新造林；肥料有尿素（N≥46.4%）、过磷酸钙（P_2O_5≥
12.0%）、氯化钾（K_2O≥60%）、硼砂（纯度 98%）和硫酸铜（含量 96%），配
制成 9 种施肥配方。

（3）方法

①试验设计　大量元素 N、P、K 按有效成分 3:1:1、3:2:1 和 3:2:2 设计 3
种基本配方，在此基础上添加微量元素 B 增设 3 种施肥配方，同时添加微量
元素 B 和 Cu 再增设 3 种施肥配方，具体为 N3P1K1（A）、N3P2K1（B）、
N3P2K2（C）、N3P1K1 + B（D）、N3P2K1 + B（E）、N3P2K2 + B（F）、N3P1K1 + B +
Cu（G）、N3P2K1 + B + Cu（H）、N3P2K2 + B + Cu（I）。试验重复 3 次，每个重
复 9 种配方加对照（CK）共 10 个处理，每个处理 50 株，每株幼树 NPK 的总用
量为 0.5kg，B 的添加量为 10g，Cu 的添加量为 5g。

②试验实施　2013 年 12 月炼山，按 2m×4m 的株行距挖坑，规格为
40cm×40cm×30cm，验收后回填碎表土。2014 年 3 月用组培苗造林，4 月补
植。然后在新造林地内选择较平整的地段设置 3 个试验样地，每个试验样地
范围内立地条件基本一致。在试验样地内连续 2 年在 5 月和 9 月各铲草抚育 1
次，并在第一次铲草抚育时按试验设计施肥 1 次，方法是幼树的上方和左右
挖 3 个 20cm 深的小穴，将肥料放入后覆土。

（4）数据分析

2016 年 1 月，对样地内幼树进行每木调查，树高精确到 1cm，胸径精确
到 0.1cm。计算各样地平均树高、平均胸径和平均单株材积。单株材积的计
算公式为 $V = \pi \times D_2 \times f \times h/40000$，式中 π 取 3.14159，$f$ 取 0.5，D（胸径）单
位为 cm，h（树高）单位为 m。采用 SPSS 19.0 进行数据分析。

3.14.2　结果与分析

（1）施肥对树高生长的影响

由表 3-47 可见，与对照相比，施肥对西南桦树高生长有促进作用。促进
作用从大到小总趋势为：添加微量元素 B 和 Cu 的配方（G、H、I）＞只添加微
量元素 B 的配方（D、E、F）＞不添加微量元素的配方（A、B、C）＞CK，最大

差距为 1.03m，最大增幅是 CK 的 33.4%。

表 3-47　施肥对西南桦树高生长的影响

处理	树高（m）			
	重复 1	重复 2	重复 3	平均
CK	2.89	3.08	3.27	3.080
A	3.56	3.52	3.80	3.627
B	3.50	3.53	3.75	3.593
C	3.51	3.56	3.73	3.600
D	3.82	3.69	3.90	3.803
E	3.86	3.81	3.95	3.873
F	3.91	3.79	3.99	3.897
G	4.05	3.90	4.09	4.013
H	4.10	3.98	4.18	4.083
I	4.00	4.13	4.20	4.110

经方差分析，P 值小于 0.01，表明施肥对西南桦树高生长有极显著差异。多重比较表明（图 3-15），9 种施肥配方与对照（CK）均有极显著差异；添加微量元素 B 和 Cu 的配方（D、H、I）与不添加微量元素的配方（A、B、C）之间有显著差异（其中 N、P 或 N、P、K 较多的 H 和 I 配方有极显著差异），只添加微量元素 B 的配方（D、E、F）与不添加微量元素的配方（A、B、C）之间无显著差异；添加微量元素的配方之间无显著差异。综上所述，9 种施肥配方均能显著促进西南桦树高生长，其中同时添加微量元素 B 和 Cu 的配方效果更突出，尤其是 N、P 或 N、P、K 也较多的 H 和 I 配方效果好。

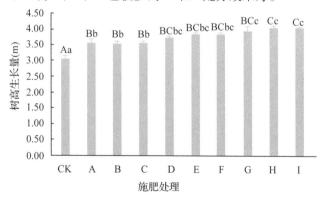

图 3-15　施肥对西南桦树高生长的影响

注：图中不同小写字母表示多重比较的 t 检验在 $P \leqslant 0.05$ 水平上差异显著，不同大写字母表示多重比较的 t 检验在 $P \leqslant 0.01$ 水平上差异显著（下同）。

（2）施肥对胸径生长的影响

由表 3-48 可见，与对照相比，施肥对西南桦胸径生长有促进作用。促进作用从大到小总趋势为：添加微量元素 B 和 Cu 的配方（G、H、I）＞只添加微量元素 B 的配方（D、E、F）＞不添加微量元素的配方（A、B、C）＞CK，最大差距为 1.173cm，最大增幅是 CK 的 42.5%。

表 3-48　施肥对西南桦胸径生长的影响

处理	胸径（cm）			
	重复1	重复2	重复3	平均
CK	2.45	2.52	3.30	2.757
A	3.25	3.26	3.89	3.467
B	3.21	3.31	3.87	3.463
C	3.23	3.21	3.88	3.440
D	3.59	3.50	3.91	3.667
E	3.60	3.65	3.93	3.727
F	3.63	3.65	3.90	3.727
G	3.86	3.71	3.99	3.853
H	3.85	3.73	4.10	3.893
I	3.80	3.90	4.09	3.930

经方差分析，P 值小于 0.01，表明施肥对西南桦胸径生长有极显著差异。多重比较表明（图 3-16），添加微量元素 B 和 Cu 的配方（G、H、I）与 CK 有极显著差异，只添加微量元素 B 的配方（D、E、F）与 CK 有显著差异，不添加微量元素的配方与 CK 无显著差异；施肥处理之间无显著差异。综上所述，9 种施肥配方中，添加微量元素的配方均能显著促进西南桦胸径生长，其中同时添加微量元素 B 和 Cu 的配方效果更突出。

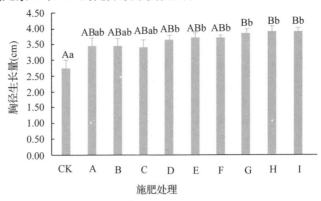

图 3-16　施肥对西南桦胸径生长的影响

（3）施肥对单株材积生长的影响

由表 3-49 可见，与对照相比，施肥对西南桦单株材积生长有促进作用。促进作用从大到小总趋势为：添加微量元素 B 和 Cu 的配方（G、H、I）＞只添加微量元素 B 的配方（D、E、F）＞不添加微量元素的配方（A、B、C）＞CK，最大差距为 0.0016m³，最大增幅是 CK 的 160.0%。

表 3-49　施肥对单株材积生长的影响

处理	单株材积（m³）			
	重复1	重复2	重复3	平均
CK	0.000 8	0.000 9	0.001 4	0.001 0
A	0.001 6	0.001 6	0.002 2	0.001 8
B	0.001 5	0.001 6	0.002 1	0.001 7
C	0.001 6	0.001 6	0.002 1	0.001 8
D	0.002 1	0.001 9	0.002 3	0.002 1
E	0.002 1	0.002 1	0.002 4	0.002 2
F	0.002 2	0.002 1	0.002 4	0.002 2
G	0.002 5	0.002 2	0.002 6	0.002 4
H	0.002 5	0.002 3	0.002 8	0.002 5
I	0.002 4	0.002 6	0.002 8	0.002 6

经方差分析，P 值小于 0.01，表明施肥对西南桦单株材积生长有极显著差异。多重比较表明（图 3-17），添加微量元素的配方（D、E、F、G、H、I）与 CK 有均极显著差异，不添加微量元素的配方与 CK 无显著差异；添加微量元素 B 和 Cu 且 N、P 或 N、P、K 较多的配方（H、I）与不添加微量元素的配方（A、B、C）之间有显著差异，其他添加微量元素的配方（D、E、F、G、H）与不添加微量元素的配方（A、B、C）之间无显著差异；添加微量元素的施肥配方之间无显著差异。综上所述，9 种施肥配方中添加微量元素的配方均能显著促进西南桦树高生长，其中同时添加微量元素 B 和 Cu 的配方效果更突出，尤其是 N、P、K 也较多的 I 配方效果最好。

3.14.3　研究结论

①施肥对西南桦的生长均有促进作用　由大量元素 N、P、K 及微量元素 B、Cu 组合成的 9 种施肥配方，对西南桦树高生长均有极显著的促进作用；添加微量元素的配方对西南桦胸径生长均有显著的促进作用，其中同时添加微量元素 B 和 Cu 的配方有极显著的促进作用；添加微量元素的配方对西南桦

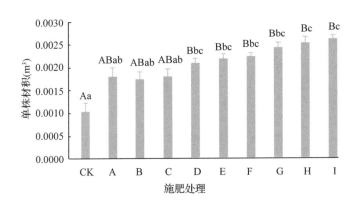

图 3-17　施肥对单株材积生长的影响

单株材积生长均有极显著的促进作用。不添加微量元素的施肥配方对西南桦胸径和单株材积生长的促进作用不显著，可能与幼龄林(2 年生)有关。

②添加微量元素的施肥配方优于只含 N、P、K 的施肥配方　施肥对西南生长促进作用从大到小总趋势为添加微量元素 B 和 Cu 的配方(G、H、I) > 只添加微量元素 B 的配方(D、E、F) > 不添加微量元素的配方(A、B、C)，而且不添加微量元素的施肥配方对西南桦胸径和单株材积生长的促进作用不显著，添加微量元素的配方对西南桦树高、胸径和单株材积生长均有显著的促进作用，故添加微量元素的优于只含 N、P、K 的施肥配方。

③西南桦施肥以添加微量元素 B 和 Cu 的配方好　由大量元素 N、P、K 不同比例及微量元素添加种类组合成的 9 种配方可分为不添加微量元素、只添加微量元素 B 和同时添加微量元素 B 和 Cu 的 3 类施肥配方。西南桦施用 3 类配方的复合肥后材积生长量的比例为 1:1.2:1.4，故西南桦施肥以添加微量元素 B 和 Cu 的配方好，其中 N、P、K 比例 3:2:2 并添加微量元素 B 和 Cu 的配方效果最好。

第四章

良种选育

4.1　西南桦天然林优树选择

西南桦是优良速生珍贵乡土用材树种，具有生长快，抗性强，材质优，价值高等特点，适合制作高档家具、地板和建筑等。长期以来，西南桦被大量采伐，现在完整保留下来的天然林已经很少，特别是生长好的西南桦就更少，遗传资源保护已迫在眉睫。2000 年以来，西南桦已成为营造速生丰产林的主要树种之一。但是，生产上随意采种、良莠不齐的问题十分突出。要实现西南桦优质丰产，必须解决良种问题。从现有的西南桦天然林中选择优树，既是保护西南桦优良种质资源的重要基础，也是解决良种问题的技术关键。

4.1.1　研究方法

①总体思路　在西南桦天然林分调查基础上，选择出优质林分；在优质林分中，选择出候选优良单株；在候选优良单株的基础上，选择出优良单株作为采种母树。

②优质林分选择标准　在树龄 15a 以上，相对集中连片（≥10hm²），树干通直圆满、分枝小、林分健康、开花结实正常的林分。

③候选优树选择标准　在优质林分选择基础上，根据树龄、树高、胸径、冠幅、通直度、冠型、健康状况、开花结实状况等指标，选择材积比林分平均值（对比木）大 250% 以上和树干通直的植株作为候选优树。

④采种优树选择标准　在候选优树选择标准基础上，选择树干通直圆满、侧枝细、分枝小、无病虫危害、长势良好、开花结实正常，材积比候选优树平均值（对比木）大 80% 以上的植株作为采种优树。

⑤野外调查　西南桦为亚热带常绿阔叶林区次生林的先锋树种，具有较强的天然更新能力，在广西主要分布于天峨、南丹、金城江、大化、田林、隆林、西林、凌云、乐业、右江区、靖西、田东、田阳、平果、龙州、大新、凭祥等地。西南桦木材价值高，长期以来被过度采伐。现保留下来的相对集中成片的天然林十分稀少。在有关县（市、区）林业部门和林场的协助下，于2000—2002 年对相对集中连片的西南桦天然进行了调查。调查内容包括：调查地点（经纬度）、海拔、面积、密度、树龄、树高、胸径、通直度、分枝、开花结实情况、病虫危害、植被、土壤、日照、降水、冰灾、风灾、火灾以

及人畜破坏情况等。

4.1.2 结果与分析

（1）优质林分选择

经过深入调查和比较，最终选定百色市凌云县伶站乡西南桦天然林、右江区大楞乡西南桦天然林、靖西五岭林场西南桦天然林为优质林分。现将3片优质林分的基本情况介绍如下。

①凌云县伶站乡西南桦天然林　位于百色至凌云二级公路843～812km处，面积33hm²，地处24°06′～24°37′N、106°29′～106°43′E，海拔300～1000m，年均气温19.5℃，极端最高气温38.4℃，极端最低气温－2.4℃，年均日照1443h，年均降水量1300～1600mm。土壤为黄红壤、黄壤、红壤，主要成土母岩为砂页岩和泥岩，土壤湿润，土层约120cm，表土层肥力较好，pH值4.5～6.2，植被属南亚热带季雨林类群，上层植被为西南桦成熟林，树龄20～25a，平均树高12.5m，平均胸径15cm，中层植被为西南桦中幼林、枫香、大叶榕、小叶榕和竹类等，下层植被为五节芒、弓果黍、蕨类、铁芒萁和其他植物。

②右江区大楞乡西南桦天然林　面积67hm²，地处23°38′～23°55′N、106°07′～106°37′E，境内山峦起伏，海拔500～1000m，年平均气温21.5℃，极端最高气温41℃，极端最低气温3.5℃，年均降水量1350mm，相对湿度80%。土壤多为红壤、黄红壤，黄壤主要分布在海拔800m以上山地，土层120cm，肥力较高，成土母岩以页岩、砂岩为主，pH值4.5～6.5；多为阔叶纯林或针阔混交林，上层植被为西南桦近成熟林或成熟林，树龄15～20a，平均树高11.5m，平均胸径12cm，中层植被为西南桦中幼林、栓皮栎、火炭木、单果栎等，下层植被为五节芒、弓果黍、蕨类、铁芒萁等。

③靖西县五岭林场西南桦天然林　面积20hm²，地处23°03′～23°05′N，106°11′～106°13′E。海拔700～900m。坡度20～25°。属亚热带季风气候区，年平均气温19.1℃，元月平均气温11℃，七月平均气温25℃，极端最低气温－1.9℃，极端最高气温36.6℃，年积温为6311.1℃，年无霜期333d，平均日照1152h，平均降水量1610mm。成土母岩有砂岩、砂页岩和花岗岩3种。土层厚度约120cm，表土层10～40cm，pH值5.8～6.5。植物类型为北亚热带季雨林植被带，天然乔木树种有荷木、西南桦、酸枣、泡桐、黄杞、香椿等。西南桦中上层林树龄20～25a，平均树高13.2m，平均胸径16.8cm。优势灌木

植物有鸭脚木、桃金娘、野牡丹、毛枧、米花树、五指牛奶树、山杨梅、火炭木、山黄麻等。灌木层高2~4m，盖度30%~45%。草本植物有铁芒萁、五节芒、黄毛草、龙须草、蔓生莠竹等。蕨类植物有桫椤、东方乌毛蕨、铺地蜈蚣、毛蕨等。草本层盖度45%~75%，高度40~60cm；层间植物有玉金花、悬钩子、酸藤子等。野生动物有穿山甲、小灵猫、丛林猫、彩臂金龟、白鹇、原鸡、绿鸠、鸦鹃、白腹黑啄木鸟等（表4-1）。

表4-1　西南桦优质林分基本情况表

地点	海拔（m）	面积（hm²）	密度（株/hm²）	树龄（a）	树高（m）	胸径（cm）	通直度	健康状况	开花结实	土层厚度（cm）	表土层厚（cm）	年均降水量（mm）	年平均气温（℃）
伶站	750	33	150	20~25	12.5	15.0	通直	健康	正常	120	20	1500	19.5
大楞	600	67	225	16~20	11.5	12.0	通直	健康	正常	120	15	1350	21.5
五岭	800	20	220	20~25	13.2	15.3	通直	健康	正常	120	25	1610	19.1

（2）优树选择结果

①候选优树　根据上述采种母树选择标准，共选出候选优树153株，其中凌云县伶站53株、右江区大楞乡47株、靖西县五岭林场53株，它们的平均材积分别比林分平均值大554%、447%、553%。树干基本通直，无重大病虫危害，开花结实比较正常（表4-2）。

表4-2　西南桦候选优树汇总表

地点	类别	树龄（a）	树高（m）	胸径（cm）	材积（m³）	比林分平均值高	通直度	健康状况	开花结实	候选优树（株）
伶站	候选优树平均值	20~25	20.3	30.1	0.7219	554	通直	健康	正常	53
	林分平均值	20~25	12.5	15.0	0.1104					
大楞	候选优树平均值	17	17.2	22.9	0.3540	447	通直	健康	正常	47
	林分平均值	17	11.5	12.0	0.0650					
五岭	候选优树平均值	20~25	23.2	32.4	0.9559	553	通直	健康	正常	53
	林分平均值	20~25	13.2	16.8	0.1462					

注：材积 $V = f\pi d^2 h/40000$ ，树形 $f = 0.5$ ，π：3.14，d：胸径 cm，H：树高 m。

②决选优树　经检验，来源于3个样地的候选优树在组间和组内差异显著。在候选优树基础上进行优选，最终选出优树（采种母株）9株，其中伶站、大楞和五岭各3株。编号分别为凌伶1、凌伶2、凌伶3；右楞1、右楞2、右楞3；靖西1、靖西2、靖西3。凌伶3、凌伶2、凌伶1的材积分别比候选优树平均值（对比木，下同）大168.6%、145.6%、84.2%，右楞1、右楞2、右

楼 3 的材积分别比对比木大 162.8%、127.2%、86.2%，靖西 1、靖西 2、靖西 3 的材积分别比对比木大 116.9%、90.9%、81.7%，达到了预定的优树树干通直、材积比对比木大 80% 以上的选优标准（表 4-3）。

表 4-3　西南桦决选优树表

地点	样株号	树龄（a）	树高（m）	胸径（cm）	冠幅（m）	材积（m³）	材积比对比木大（%）	树干	选择结果
凌云伶站	凌伶 3	25	28.5	41.5	7.5	1.9265	168.6	通直圆满	入选
	凌伶 2	25	23.5	43.7	4.8	1.7615	145.6	通直圆满	入选
	凌伶 1	25	23.3	38.0	5.5	1.3206	84.2	通直圆满	入选
	候选树均值	25	20.3	30.0		0.7171			
右江大楼	右楼 1	17	19.8	34.9	5.8	0.9466	162.8	通直圆满	入选
	右楼 2	17	19.5	32.7	5.2	0.8184	127.2	通直圆满	入选
	右楼 3	17	21.8	28.0	6.6	0.6711	86.2	通直圆满	入选
	候选树均值	17	17.2	22.9	5.0	0.3602			
靖西五岭	靖西 1	25	25.4	45.6	6.3	2.0730	116.9	通直圆满	入选
	靖西 2	25	29.5	39.7	6.1	1.8249	90.9	通直圆满	入选
	靖西 3	25	25.2	41.9	5.8	1.7365	81.7	通直圆满	入选
	候选树均值	25	23.2	32.4	5.2	0.9559			

注：材积比对比木大% =（优树 - 对比木）/对比木 ×100%。

（3）采种优树

根据优树的材积、树干通直圆满度、健康状况以及优树所在地的交通条件选定采种母树。由于凌云县伶站西南桦优树材积量比候选优树平均值大 84%~168%，而且树干通度圆满较好、无任何人畜破坏和自然灾害，此外，林区有二级公路通过，交通比较便利，加之试验林用种量不大，因此，采种母树实际上只选择了凌云县伶站乡的凌伶 3 号、凌伶 2 号、凌伶 1 号。

（4）优质采种林分的应用

经过论证，确定凌云县伶站乡、右江区大楼乡和靖西县五岭林场的西南桦天然林为百色市西南桦采种基地，制定了《百色市西南桦天然林采种基地建设方案》，在百色市林业局建立了种子冷藏库，2000 年初开始采种育苗，每年采种量约 25kg；2001—2004 年开展示范造林。

（5）子代林生长表现

从凌云县伶站乡西南桦天然林优树凌伶 3 号、凌伶 2 号和凌伶 1 号采集到的混合种子，2001 年始在百色市林科所育苗，在田林县老山林场和田林县福达乡等地营造子代试验林。田林老山林场 A、B、C 样地与采种母树林在海拔、土层厚度、坡度等方面基本接近。造林密度 2m×4m，挖坎规格为 40cm×40cm×30cm，造林前施复合肥做基肥 500g/株（总含量 25%，其中 N9、P、K 各 8），造林后连续铲草扩坎抚育 3 年。监测病虫害发生情况。采取固定样地调查法，样地面积 20m×20m，采用每木检尺法测定树高、胸径、冠幅、枝下高、分枝大小、病虫危害情况、树干通直圆满度等，每个样地 50 株全测。2010 年 7 月测定结果见表 4-4。

表 4-4　西南桦优树子代林测定结果

地点	海拔（m）	保存率（%）	树龄（a）	平均树高（m）	平均胸径（cm）	年均树高（m）	年均胸径（cm）	年均蓄积量[m³/(hm²/a)]	通直圆满度	健康状况	分枝
田林福达	500	91.2	8.5	18.2	18.2	2.14	2.14	21.15	通直	健康	小
田林老山 C	630	93.3	6	14.0	14.0	2.33	2.33	22.33	通直	健康	小
田林老山 A	750	94.0	6	12.8	14.2	2.13	2.37	21.04	通直	健康	小
田林老山 B	950	89.0	6	11.7	13.0	1.95	2.16	16.10	通直	健康	小
田林老山 FG	1250	76.3	8	14.3	12.0	1.79	1.51	12.67	通直	健康	小

由表 4-4 可见，在海拔 500~1250m，西南桦 6~8.5 年生试验示范林，造林保存率 76.3%~94%，年均树高生长量 1.79~2.33m，年均胸径生长量 1.51~2.37cm，年均蓄积生长量 12.67~22.33m³/hm²，超过了我国南方阔叶树速丰林标准；子代林树干通直、无病虫危害、分枝细小，继承了母本的优良性状，说明优树选择是成功的。

4.1.3　研究结论

天然林优质林分和优良单株的选择一般采用对比法。陈强等采用对比法对云南省西南桦天然林优树开展选择试验；通过对西南桦分布区的调查，实测了云南省 25 个县 261 株西南桦候选优树的数量性状、质量性状及环境因子，选择出材积和通直度作为西南桦选优的主要性状指标。本研究采用了林分对比法和单株对比法选择西南桦优质林分和优良单株，与陈强的相同之处，都是采用对比法选择优良单株，采用的指标也是材积生长量以及树干通直圆满度，不同之处是增加了优质林分选择环节；此外，本研究还进行了子代测定，测定结果表明，子代林继承了采种母树生长速度快、树干通直圆满的优良性状，说明优树选择是成功的。因此，选择体现林木生长量综合指标的材积生长量以及木材质量指标之一的通直圆满度作为西南桦选优的主要性状，普遍被人们所接受，具有现实指导意义。毕波、陈国彪、郭文福等开展了西南桦种源选择和优良家系苗期选择试验，也采用了对比法进行苗期或幼林早期的优树选择。优树选择应当经过子代测定才能充分证明选择结果的科学性和合理性，采集优良单株的种子进行育苗造林和子代测定，则更加科学合理。

（注：本章节主要观点发表于《广西科学》2011 年第 4 期）

4.2　西南桦人工林优树选择

西南桦在我国主要分布于云南省东南部、南部、西部及西北部，广西中部、西部和北部；贵州、四川西南部，西藏墨脱地区喜马拉雅东部、海南省尖峰岭、浙江也有少量分布。与我国西南部、西部接壤的越南、老挝、缅甸、印度、尼泊尔、泰国亦有西南桦分布。西南桦是优良的速生乡土树种之一，15 年可以主伐，具有生长快，抗性强，材质优，价值高等特点，对土壤适应性广，生态效益好，是能够改良土壤的"自肥树种"，是南方人工林树种结构调整的重要树种。优树是指生长量、树形、抗性等性状显著优于周围林木，经过评选确认具有良好表现的优良单株树木，必须满足一定的质量标准和数量标准。优树选择是提高林业生产力水平的重要基础。陈强等采用"生长量指标与环境因子进行回归"的方法在云南的西南桦天然林中进行选优，筛选出遗传基因较好的西南桦优树。西南桦人工林优树选择尚未见报道。本研究从 2001 年起在广西百色市开展广西"十五"林业科技项目"西南桦人工林丰产技术研究与示范"过程中，对西南桦人工林优树选择进行了研究。

4.2.1　选优林分概况

"西南桦人工林丰产技术研究与示范"项目实施 10 年期间，在广西 5 个市共营造人工林 7036.8hm^2，其中在百色市的田林县、右江区、田东县、平果县、凌云县、乐业县、西林县和隆林县等 7 个县（区）40 多个点营造人工林 4824.8hm^2。西南桦人工林优树选择的研究在连片面积大、生长良好、交通较方便的百色市老山林场 3 林班、42 林班和 52 林班及百色市右江区大楞 3 林班和阳圩镇者袍进行。

百色市老山林场西南桦人工林面积共 442.8hm^2。3 林班海拔 600~950m，前作为杉木和马尾松；42 林班海拔 1400～1500m，原为群众占用的农用地，主要种植玉米，退耕后营造试验林。52 林班海拔 1000～1250m，原为天然林，受冰灾危害后营造西南桦试验林。土层厚度≥100cm，表土层厚≥10cm。

百色市右江区大楞乡 3 林班和阳圩镇者袍西南桦人工林面积共 642.9hm²，海拔 400～650m，原有植被为杂灌木和荒草，土层厚度 > 100cm，表土层厚 20cm。

4.2.2　选优标准

（1）质量标准

优树的质量标准是指树木的品质指标，主要包括：①树干通直、圆满，不开叉；②树冠较窄，分枝少，侧枝较细，自然整枝良好；③树皮较薄，裂纹通直无扭曲；④木材纹理通直；⑤树木健壮，无严重病虫害（尤其是树干上无或少虫斑），抗低温雨雪灾害（不断梢）；⑥结实较少。

（2）数量标准

数量指标指高、径、材积生长量指标，与林分平均值相比，优树高、径、材积应分别超过林分平均值的 15%、50% 和 150%。

4.2.3　选优方法

优树评价方法有对比木法、基准线法和标准差法等，本研究选择对比木法中的平均木法。首先，在人工纯林中全面踏查，寻找高大且达到质量标准的候选树；其次，以候选树为中心设半径 20m 的样地（确保样地内有 30 株以上），在样地内进行每木调查；再次，与平均木比较，达到或超过数量标准者入选为优树。

树木单株材积采用 $V = fh\pi D^2/40000$ 计算，式中，f（形数）取 0.5；π（圆周率）取 3.14159；h（树高）单位为 m；D（胸径）单位为 cm。

4.2.4　选优结果

从 5 个林分中选出候选树 65 株，其中百色市老山林场 3 林班 15 株、42 林班 10 株、52 林班 10 株，百色市右江区大楞 3 林班 20 株，阳圩镇者袍 10 株。与平均木比较，选出高、径、材积分别超过林分平均值的 15%、50% 和 150% 的优树 5 株（表4-5），选出接近入选标准的候补优树 4 株及达到入选标准但年龄小于 1/2 个轮伐期的候补优树 3 株（表4-6）。

表4-5　西南桦优树选择结果

优树	树龄	树高（m）			胸径（cm）			单株材积（m³）			病虫害
		优树	平均木	比较值	优树	平均木	比较值	优树	平均木	比较值	
老山42U1	7	15.0	8.2	182.9	17.6	9.7	181.4	0.1825	0.0303	602.3	无
老山42U2	7	9.4	8.1	116.0	16.2	9.6	168.8	0.0969	0.0293	330.7	无
老山42U3	7	11.5	8.2	140.2	16.4	9.6	170.8	0.1215	0.0297	409.1	无
老山52U1	8.5	16.0	13.8	115.9	17.9	11.5	155.7	0.2013	0.0717	280.8	无
老山52U2	8.5	16.7	13.9	120.1	17.7	11.5	153.9	0.2055	0.0722	284.6	无

注：老山42U1表示老山林场42林班1号优树，其余类同。

表4-6　西南桦候补优树一览表

候选优树	树龄（a）	树高（m）			胸径（cm）			单株材积（m³）			病虫害
		候优	平均木	比较值	候优	平均木	比较值	候优	平均木	比较值	
老山3HU1	6	14.5	11.8	122.9	19.0	13.1	145.0	0.2056	0.0795	258.5	无
老山52HU1	8.5	15.5	13.8	112.3	17.1	11.4	150.0	0.1780	0.0704	252.8	无
老山52HU2	8.5	17.0	13.9	122.3	16.7	11.5	145.2	0.1862	0.0722	257.9	无
右楞3HU1	5.5	12.5	9.3	134.4	15.5	10.3	150.5	0.1179	0.0387		无
右楞3HU2	5.5	13.2	9.4	140.4	16.3	10.4	156.7	0.1377	0.0399	345.1	无
右楞3HU3	5.5	12.0	9.2	130.4	16.0	10.4	153.8	0.1206	0.0391	308.4	无
右楞3HU4	6.5	12.2	10.9	111.9	17.4	11.5	151.3	0.1451	0.0566	256.4	无

注：右楞3HU1表示右江区大楞3林班1号候补优树，其余类同。

4.2.5　研究结论

采用对比木（平均木）法，以高、径、材积分别超过林分平均值的15%、50%和150%的数量标准，从65株候选树中选出老山42U1、老山42U2、老山42U3、老山52U1和老山52U2共5株优树。其中，老山42U1的高、径、材积分别超过林分平均值的82.9%、81.4%和502.3%，老山42U3的高、径、材积分别超过林分平均值的40.2%、70.8%和309.1%，这两株优树表现特别突出。

老山3HU1、老山52HU1和老山52HU2的高、径和材积仅1个指标（高或径）略逊于数量标准，说明这3株树木与平均木相比有很大的增产潜力，将其作为候补优树是可行的。

右楞3HU1、右楞3HU2和右楞3HU3的高、径和材积均达到或超过数量标准，右楞3HU4的高生长略逊于数量标准，这4株树木因其年龄尚未达到

1/2 个轮伐期，作为候补优树有待进一步观察。

（注：本章节主要观点发表于《广东农业科学》2011 年第 15 期）

4.3　靖西市五岭林场西南桦天然林优树选择及造林试验

西南桦是广西优良乡土树种之一，它生长快，抗性强，材质优，价值高，适合制作高档家具、地板、建筑和造纸等。广西人工林主要造林树种为桉树、马尾松、杉木。大面积发展桉树人工纯林，在社会上引起了广泛关注和激烈争议。杉木、马尾松连作会严重减产，经济效益严重下降。西南桦适合在海拔 300～1450m 种植，与桉树不争地，可作为替代杉木、马尾松二代林的候选树种。但是，在生产上可供选择使用的西南桦良种几乎没有。为了选择西南桦良种及探索西南桦丰产栽培技术，广西生态工程职业技术学院和百色市林业局于 2001—2010 年承担了广西壮族自治区林业局"十五"科技项目"西南桦人工林丰产技术研究与示范"研究工作。该项目选出的凌云县伶站西南桦采种母树林种子于 2011 年被广西林木良种审定委员会审定为良种。经调查发现，靖西市五岭林场西南桦天然林与伶站西南桦天然林相比，林相更加整齐，树体更加高大，树干更加通直，是百色市优质西南桦天然林，如果能从中选出优树并从中采种育苗，经造林试验确认为良种，就可增加西南桦良种数量，在生产上推广应用，发挥其应有的作用。2001—2017 年课题组在五岭林场开展西南桦优树选择和造林试验工作。

4.3.1　材料与方法

（1）实验概况

靖西市五岭林场位于 23°03′～23°05′N，106°11′～106°13′E。属中山、低山地貌，一般海拔在 700～900m，最高海拔 1309.8m。坡度多为 20°～25°，地势斜缓。气候属亚热带季风气候区，年平均气温 19.1℃，一月平均气温 11℃，七月平均气温 25℃，极端最低气温 -1.9℃，极端最高气温 36.6℃，10℃的年总积温为 6311.1℃，无霜期 333d，平均日照 1152h，平均降水量 1610.4mm。冬季稍有霜冻寒害，但未造成损失。成土母岩有砂岩、砂页岩和花岗岩 3 种。土壤主要由 3 种母岩发育而成的红壤和黄红壤。一般土层厚度 100～150cm，表土 10~40cm，pH 值 5.8~6.5。代表植物类型为北亚热带季雨林植被带，人工乔木有马尾松（*Pinus massoniana*）、杉木（*Cunnighamia lanceolata*）、桉树（*Eucalptus sp.*）、八角（*Illicium verum*）、西南桦。天然林上层树种有西南桦、酸枣（*Choerospondias axillaris*）、泡桐（*Paulowania fortunei*）、黄杞（*Engelhardtia roxburghiana*）、香椿（*Cedrela sinensis*）、荷木（*Schima spp.*）等；中层植被优势种类有鸭脚木（*Schefflera octophylla*）、毛枔（*Eurya patentipila*）、米花树（*Saurauia tristyla*）、五指牛奶树（*Ficus simplicissima*）、山杨梅（*Myrica rubra*）、火炭木（*Polygonum chinense*）、山黄麻（*Trema tomentosa*）等；下层植被种类有桃金娘（*Phodomyrtus tomentosa*）、野牡丹（*Melastoma candidum*）等，一般高 2~3m，盖度 80% 左右，草本植物有铁芒萁（*Dicranopteris dichotoma*）、五节芒（*Miscanthus floridulus*）、黄毛草（*Pogonatherum crinitum*）、龙须草（*Juncus effusus*）、蔓生莠竹（*Microstegium vagans*）等，蕨类植物有桫椤（*Alsophila spinulasa*）、东方乌毛蕨（*Blechnum orientale*）、铺地蜈蚣（*Palhinhaca cernua*）、毛蕨（*Cyclosorus interruptus*）等。草本层盖度 50%~85%，高度 40~80cm。

西南桦天然林在五岭林场主要分布在五岭分场 7 林班 3 小班和 4 小班，面积 15hm²，呈带状分布，上层林分树龄 20~40a，平均胸径 20~40cm，平均树高 20~30m（表 4-7），是百色市现存数量大，分布集中，保护完好的西南桦天然林。

表 4-7　西南桦天然林分基本情况表

面积（hm²）	密度（株/hm²）	树龄（a）	树高（m）	胸径（cm）	健康状况
15	150	20~40	20~30	20~40	健康

（2）选优标准

优树是指生长量、树形、抗性等性状显著优于周围林木，经过评选确认具有良好表现的优良单株树木。优树必须满足一定的质量标准和数量标准。

①优树质量标准　树干通直、圆满，不开叉；树冠较窄，分枝少，侧枝细，自然整枝良好；树皮较薄，裂纹通直无扭曲；树木健壮，无严重病虫害危害，抗低温雨雪灾害能力较强；结实较少。

②优树数量指标　树高、胸径、材积应分别超过林分平均值的 15%、30% 和 150%。

（3）选优方法

本研究采用对比木法中的平均木法。首先，在天然林中全面踏查，按上述选优标准找出优质林分和候选树；其次，以候选树为中心设半径 20m 的样地，在样地内每木调查，计算出林分平均木的理论值；然后，与平均木比较，达到或超过选优标准者入选为优树。

材积计算公式：$V = fh\pi D^2/40000$，式中，f 为形数，取 0.5；π 为圆周率，取 3.14159；h 为树高，单位 m；D 为胸径，单位 cm。

（4）造林试验方法

①试验地概述

a. 试验地 1   2001 年 11 月在五岭林场五岭分场 3 林班 10 小班营造试验林 6.0hm²。试验地海拔 900～980m，坡度 15～20°，地势比较平缓，土层 100～200cm，土质疏松肥沃，表土厚度 20～40cm，pH 值 5.8～6.5，植被主要为五节芒。属于 I 类地。

b. 试验地 2   2005 年 3 月在五岭林场五岭分场 4 林班 1 小班营造试验林 6.0hm²。试验地海拔 800～900m，坡度 15°～20°，地势比较平缓，土层 150～200cm，土质疏松肥沃，表土厚度 20～40cm，pH 值 5.8～6.5，植被主要为五节芒。属于 I 类地。

c. 试验地 3   2013 年 3 月在五岭林场甘荷分场营造试验林 0.5hm²。试验地海拔 700m，坡度 15°，地势比较平缓，土层 100cm，红壤，含砂石量较大，肥力较低，表土厚度 10cm，pH 值 5.8～6.5。试验地 1 号和 2 号属于 II 类地；试验地 3 号土层 70～100cm，表土层 5cm，肥力低，含砂石量大，属于 III 类地。

②试验地布局   每个试验地内参试苗木分别排列，每列 5 株 1 组，交替进行。

③种子来源及育苗

a. 试验 1   种子来源于靖西市五岭林场西南桦优树种子。

b. 试验 2   种子来源于田林县老山林场和隆林县猪场乡西南桦优树种子。

c. 试验 3   种子来源于靖西市五岭林场和凌云县伶站林场西南桦优树种子。

d. 育苗   参试种子在五岭林场苗圃地内采用分段式方法培育实生容器苗。选择一级苗造林。

④造林抚育技术

a. 造林试验地选择   选择坡度较缓的林地做试验地，试验地在同一坡面，坡向坡位相同，立地排水良好。

b. 整地   经炼山，按设计的株行距拉线定点后整地，整地方式为挖明坎，

规格为 $40cm \times 40cm \times 30cm$，验收后回填碎表土以备造林。

c. 造林密度　$2.0m \times 4.0m$，1250 株/hm^2。

d. 定植时间　2001 年 11 月(试验 1)；2005 年 3 月(试验 2)。2013 年 3 月(试验 3)。

e. 抚育管理　造林后的当年 8 月铲草扩坎抚育一次，第二、三年 5~6 月、9~10 月各铲草抚育 1 次。连续 3 年。不施肥。

⑤试验观测与统计　定期观测试验林生长情况。幼林期每 1~2 年测定 1 次。每次测定 3 个点，每个点随机测定 30 株，最后一次测定时间是 2017 年元月 4 日；观测因子：树木成活、树高、胸径、冠幅、枝下高、通直度、圆满度、分枝、病虫害危害情况。计算各样地平均树高、平均胸径和平均单株材积，用 $V = fh\pi D^2/40000$ 计算材积。

4.3.2　结果与分析

(1)选优结果

2000 年 7~8 月完成林分调查和优树选择。从天然林中选出候选树 53 株，与平均木比较，选出树高、胸径、材积分别超过林分平均值的 15%、30% 和 150% 的决选优树 6 株(表 4-8)。

表 4-8　靖西市五岭林场西南桦优树选择表

树号	树龄（a）	优树			平均木			比平均木大（%）		
		树高（m）	胸径（cm）	材积（m³）	树高（m）	胸径（cm）	材积（m³）	树高（m）	胸径（cm）	材积（m³）
五岭 U1	30	25.0	41.0	1.6495	21.0	26.8	0.6005	17.3	52.9	174.6
五岭 U2	35	23.0	46.4	1.9435	20.0	25.6	0.5145	15.0	81.2	277.7
五岭 U3	30	25.0	37.6	1.3872	20.0	26.0	0.5307	25.0	44.6	161.3
五岭 U4	30	22.0	42.6	1.5670	18.0	25.2	0.4486	22.2	69.0	249.3
五岭 U5	30	23.0	39.4	1.4013	19.0	26.5	0.5237	21.1	48.7	167.6
五岭 U6	35	27.0	52.0	2.8655	19.5	25.6	0.5016	38.5	103.1	471.3

为防止决选优树因意外(被火烧、砍伐)无法采到种子，在 53 株候选树中，除决选优树 6 株外，还选出接近决选优树标准的候补优树 9 株(表 4-9)。

表 4-9 靖西市五岭林场西南桦候补优树表

编号	树龄(a)	树高(m)	胸径(cm)	冠幅	枝下高	分枝	通直度	圆满度	病虫危害	顺序号
五岭 HU1	25	26.0	29.3	4.0	15.0	细	通直	圆满	无	7 号
五岭 HU2	25	24.0	34.7	4.0	10.0	细	通直	圆满	无	8 号
五岭 HU3	30	20.5	41.2	6.0	8.0	细	通直	圆满	无	9 号
五岭 HU4	20	26.0	31.3	5.0	12.0	细	通直	圆满	无	10 号
五岭 HU5	20	28.0	37.9	8.0	15.0	细	通直	圆满	无	11 号
五岭 HU5	20	26.	35.0	8.0	8.0	细	通直	圆满	无	12 号
五岭 HU5	20	28.0	37.5	8.0	12.0	细	通直	圆满	无	13 号
五岭 HU5	20	25.0	34.3	6.0	12.0	细	通直	圆满	无	14 号
五岭 HU5	20	23.0	35.7	5.0	13.0	细	通直	圆满	无	15 号

（2）种子采集

2001 年 2~3 月从靖西市五岭林场优树上采种 5kg。2011 年 2~3 月从靖西市五岭林场优树上采种 10kg。

（3）试验林生长表现及丰产性分析

①试验林生长表现

a. 试验 1　2002 年 1 月在五岭分场造林 6hm²，2017 年元月测定（树龄 15a），保存率 85%，林分郁闭成林，林相整齐，树干通直，树冠小，分枝小，枝下高大，生长正常，无病虫危害，平均树高 19.7m，年均 1.31m；平均胸径 18.5cm，年均 1.23cm。生长表现良好。

b. 试验 2　2005 年 3 月在五岭分场造林 6hm²，2017 年元月测定（树龄 12a），保存率 85%，林分郁闭成林，林相比较整齐，树干比较通直，生长正常，无病虫危害。隆林种源的平均树高 14.3m，年均 1.19m；平均胸径 15.1cm，年均 1.25cm。田林种源平均树高 12.5m，年均 1.04m；平均胸径 12.9cm，年均 1.08cm。表明隆林种源生长表现优于田林种源。

c. 试验 3　2013 年 3 月在甘荷分场造林 0.5hm²，2017 年元月测定（树龄 4a），五岭种源的平均树高 7.47m，年均 1.87m；平均胸径 8.34cm，年均 2.1cm；凌云伶站种源的平均树高 7.23m，年均 1.81m，平均胸径 6.1cm，年均 1.53cm。前者比后者分别大 3.3%、36.7%。这表明五岭种源生长量大于凌云伶站种源，径生长表现突出。

表 4-10　西南桦种源对比试验分析表

种源	试验地点	试验地号	树龄（a）	保存率（%）	平均树高（m）	平均胸径（cm）
靖西五岭	甘荷	1	4	90.0	7.7	8.1
		2	4	93.3	7.9	9.5
		3	4	90.0	6.9	7.4
		平均	4	91.0	7.47	8.34
凌云伶站	甘荷	1	4	90.0	7.5	7.1
		2	4	96.6	7.8	6.3
		3	4	86.6	6.3	4.8
		平均	4	91.0	7.23	6.1
		对比%			3.3	36.7

　　②丰产性分析　一般认为我国南方阔叶树人工林的年均树高和年均胸径生长量分别达到 1.0m、1.0cm 即为丰产林。

　　a. 试验 1　2002 年 1 月营造的试验林，种子来源于靖西市五岭林场优树。2007 年 12 月测定（6 年生），平均树高 13.2m，平均胸径 14.0cm；2017 年元月测定（15 年生），平均树高 19.7m，年均 1.31m，平均胸径 18.5cm，年均 1.23cm，分别比上述指标高 31%、23%。这表明五岭林场种源丰产性良好。

　　b. 试验 2　2005 年 3 月营造的试验林，种子来源于隆林和田林。2017 年元月测定（12 年生），隆林种源的平均树高 14.3m，年均 1.19m；平均胸径 15.1cm，年均 1.25cm。田林种源平均树高 12.5m，年均 1.04m；平均胸径 12.9cm，年均 1.08cm。表明隆林种源生长表现优于田林种源。

　　c. 试验 3　2013 年 3 月营造的试验林，种子来源于靖西五岭林场优树。2017 年元月测定（4 年生），平均树高 7.47m，年均 1.86m，平均胸径 8.34cm，年均 2.1cm，分别比上述指标高 86%、110%，比《西南桦培育技术规程》（LY/T 2457—2015）标准高 16.3%、31.3%。这表明五岭林场西南桦优树种子的速生性良好（表 4-11、表 4-12）。

表 4-11　五岭林场西南桦试验林丰产性分析表（1）

| 试验 | 树龄（a） | 平均树高（m） | 年均（m） | 平均胸径（cm） | 年均（cm） | 指标 | | 比指标高 | |
						树高	胸径	树高（%）	胸径（%）
3	4	7.47	1.86	8.34	2.1	1.0	1.0	86.0	110
1	6	13.2	2.2	14.0	2.33	1.0	1.0	120.0	133.0
1	15	19.7	1.31	18.5	1.23	1.0	1.0	31.0	23.0

注：表内指标为南方阔叶林生长指标。

表4-12　西南桦试验林丰产性分析表(2)

试验	树龄	试验林				行业标准		超过标准	
		树高 (m)	年均 (m)	胸径 (cm)	年均 (cm)	树高 (m)	胸径 (cm)	树高 (%)	胸径 (%)
3	4	7.47	1.86	8.34	2.1	1.6	1.6	16.3	31.3
1	6	13.2	2.2	14.0	2.33	1.8	1.8	22.2	29.4
1	15	19.7	1.31	18.5	1.23	1.2	1.2	9.2	2.5

注：表内行业标准为《西南桦培育技术规程》(LY/T 2457—2015)规定的标准。

③抗低温雨雪灾害能力分析　2008年1~2月广西遭受了历史罕见的低温雨雪灾害，靖西市五岭林场试验林地海拔700~1000m，极端低温在摄氏零度以下并持续了3d。低温雨雪天气过后调查了2001年和2005年试验林的受灾情况，结果表明，试验林基本没有受害，只有少数植株新梢受到一些影响。这表明靖西市五岭林场西南桦种源具有较强的抗低温雨雪灾害的能力。

④抗病虫害能力分析　靖西市五岭林场常见西南桦病虫害主要有阔刺扁趾铁甲(*Dactylispa latispina*)和溃疡病(*Phoma* sp.)。阔刺扁趾铁甲体长3~4mm，潜入叶内取食叶肉，不容易被发现；受害叶片皱缩、焦枯、脱落，严重危害时对西南桦生长有一定影响。溃疡病病菌多从伤口处入侵，在受害处形成水泡，可传染，严重受害时枝条枯死或整株死亡。在2008年百年一遇的冰灾之后进行调查和2011—2012年的补充调查，阔刺扁趾铁甲有虫株率10%，溃疡病受害株率3%，危害轻；而原有天然林幼林的阔刺扁趾铁甲有虫株率100%，溃疡病受害株率20%。这表明五岭种源的试验林具有较强的抗病虫能力。

4.3.3　研究结论

(1)结论

①靖西市五岭西南桦种源生长量大于凌云、隆林和田林3种源。种源对比试验结果表明，靖西市五岭种源的试验林的年均树高和年均胸径生长量分别大于田林种源、隆林种源和凌云种源，同时，树干更加通直圆满，分枝更小，这说明靖西市五岭林场西南桦种源比上述三种源更加优秀，是目前百色市最优秀的西南桦种源。

②靖西市五岭西南桦优树种子具有良好的丰产性。采用靖西市五岭林场西南桦优树种子营造试验林，4年生、6年生和15年生试验林树高和胸径年均生长量不仅超过南方阔叶树丰产林指标，也超过了《西南桦培育技术规程》

的标准，表明靖西市五岭林场西南桦优树种子丰产性良好。

③靖西市五岭林场西南桦优树种子具有较强的抗逆能力。采用靖西市五岭西南桦优树种子营造试验林具有较强的抗低温雨雪灾害的能力和抗病虫危害能力。

（2）讨论

①对比木法选择优树是一种简单易行的实用方法。陈强2005年在云南从西南桦天然林中选择优树；庞正轰2011年在广西凌云县伶站林场从西南桦天然林中选择优树；苏付保2011年在广西田林县老山林场西南桦人工林中选择优树都是采用对比木法。这种方法简单，容易操作，效率较高，使用普遍。但是，它只考虑树高、胸径和材积3个数量指标，而没有考虑树干通直度、圆满度、分枝程度、抗逆性、木材密度和纹理等因素。因此，今后优树选择除考虑树高、胸径和材积数量指标外，还应当考虑材性和抗逆性等因素。

②至2016年，经审（认）定的广西西南桦良种有凌云伶站西南桦采种母树林种子、天峨县林朵林场西南桦采种基地种子和中国林业科学研究院热带林业实验中心选育的优良无性系等。从试验结果看，五岭林场优树种子优于凌云伶站西南桦采种母树林种子，是否优于林朵林场西南桦采种基地种子和中国林科院热带林业实验中心的优良无性系有待深入研究。

4.4 凌云县伶站西南桦母树林种子选育

西南桦是广西优良乡土树种之一，它具有生长快，抗性强，材质优，价值高等特点，适合制作高档家具、地板、建筑和造纸等。据调查，广州木材市场小头直径26cm西南桦原木价格2010年为4600~5200元/m³，是同期桉树、松树、杉木价格的3~5倍。广西中部、西部和北部地区的气象、土壤条件适合西南桦生长。进入21世纪，广西桉树人工林发展快速，年均以15万hm²的速度在递增，大面积发展桉树人工林，曾在社会上引起了广泛的关注和争议。杉木、马尾松连作会出现严重减产，经济效益严重下降的现象。西南桦适合在海拔400~1450m发展，与桉树不争地，可作为替代杉木、马尾松二代林的候选树种。根据2010年各市林业局公布数据统计分析，广西林业用地面积1338.78万hm²，海拔400~1450m适合种植西南桦丰产林的土地资源约50.7万hm²，发展西南桦的前景十分广阔。随着人们对西南桦珍贵用材需要和造林面积的逐步扩大，良种的重要性日益突显。

为探索西南桦科学的采种技术、育苗技术、栽培技术、病虫害防治技术，广西生态工程职业技术学院和百色市林业科技教育工作站共同承担了广西壮族自治区林业局"十五"科技项目"西南桦人工林丰产技术研究与示范"（"十五"桂林科字〔2001〕第80号）的研究工作，由广西生态工程职业技术学院、百色市林业局、百色市老山林场、田林县林业局、右江区林业局、隆林县林业局、西林县林业局、田东县林业局、平果县海明林场、乐业县同乐林场、广西雅长林场等16个单位的人员共同完成。项目期为2001—2010年，主要研究了西南桦天然林优质母树林林分选择和优良采种母树选择技术、西南桦育苗技术、西南桦在不同海拔高度的生长适应性、速生丰产性、西南桦人工林选优技术、西南桦病虫害监测防治技术。初步选育出凌云县伶站西南桦优良母树林种子，为西南桦推广造林和今后育种工作打下了良好的基础。

4.4.1　西南桦优良采种林分和单株选择

良种是优质丰产关键。百色是西南桦的重要分布区，在全面调查百色市西南桦天然林分的基础上，从西南桦天然林分中选择优质林分和优良单株，从优良单株上采集种子开展造林试验，并从人工林中开展优良单株选择。

（1）采种林分选择方法

百色西南桦天然林被采伐了很多，现存的大面积西南桦天然林已为数不多，大多处于散生状态或小片零星分布状态。采取林分选择方法选择采种林分。即根据林分的树龄、树高、胸径、冠幅、通直度、冠型、健康状况、开花结实状况，海拔、坡向、土壤、表土层厚度等指标进行综合比较，选择优质采种林分。

（2）采种优良单株选择方法

采取对比木法选择优良单株。对上层林分进行全面调查，选出树高和胸径大、树干通直、无病虫危害的单株作为候选优树，以树高、胸径等于候选优树平均值的树木作为对比木，选择材积量比对比木大25%以上、树干通直圆满、侧枝细、分枝少、无病虫危害、长势良好、开花结实正常的植株作为采种优良单株。

（3）选择结果

①优质采种林分选择结果　经过深入调查和比较，最终选定百色市凌云县伶站乡西南桦天然林和右江区大楞乡西南桦天然林为优质采种林分。

凌云县伶站乡西南桦天然林位于百色至凌云二级公路843~812km处，面积33hm^2，地处24°06′~24°37′N、106°29′~106°43′E，海拔300~1000m，年平均气温19.5℃，极端最高气温38.4℃，极端最低气温－2.4℃，年均日照为1443h，年均降水量1603mm。土壤为黄红壤、红壤，主要成土母岩为砂页岩和泥岩，土壤湿润，土层约100cm，表土层肥力较好，pH值4.5~6.2，植被属南亚热带季雨林类群，上层植被为西南桦成熟林或近成熟林，树龄30~60a，平均树高20~30m，平均胸径30~45cm，中层植被为西南桦中幼林、枫香、大叶榕、小叶榕和竹类等，下层植被为五节芒、弓果黍、蕨类、铁芒萁和其他植物。

右江区大楞乡西南桦天然林，面积67hm^2，地处23°38′~23°55′N、106°07′~106°37′E，境内山峦起伏，海拔600~1000m，年平均气温21.5℃，极端最高气温41℃，极端最低气温3.5℃，年均降水量1350mm，相对湿度80%。土壤多为红壤、黄红壤，土层较厚，肥力较高，成土母岩以页岩、砂岩为主，pH值4.5~6.5；森林多为阔叶纯林或针阔混交林，上层植被为西南桦成熟林或近成熟林，树龄25~40a，平均树高15~25m，平均胸径18~35cm，中层植被为西南桦中幼林、栓皮栎、火炭木、单果栎等，下层植被为五节芒、弓果粟、蕨类、铁芒萁等(表4-13)。

表4-13 西南桦采种母树林分基本情况表

地点	面积 （hm^2）	密度 （株/ hm^2）	上层植被			中层植被			下层植被		
			树龄 （a）	树高 （m）	胸径 （cm）	树龄 （a）	树高 （m）	胸径 （cm）	年龄 （a）	高度 （m）	盖度 （%）
凌云县伶站	33	150	30~60	20~30	30~45	10~15	8~13	10~15	3~8	2~6	90
右江区大楞	67	225	25~40	15~25	18~35	8~12	7~10	8~12	3~8	2~6	85

②优良采种母树选择结果 在凌云县伶站和右江区大楞乡西南桦天然林分中选出候选采种母株100株，然后采取对比木法从凌云县伶站和右江区大楞乡选出优良采种母株9株，编号分别为凌伶2、凌伶3、凌伶5、凌伶6，右楞1、右楞2、右楞3、右楞4、右楞5。凌伶2、凌伶3、凌伶6、凌伶5的蓄积量分别比对比木大59.6%、45.9%、30.3%、25.8%，右楞1、右楞2、右楞3、右楞4、右楞5的蓄积量分别比对比木大162.8%、127.2%、86.2%、47.8%、30.9%。

③种子采集 由于凌云县伶站天然林区有二级公路通过，交通比较便利，加之用种量不大，因此，实际采种选择了凌云县伶站的凌伶2号、凌伶3号、

凌伶 5 号、凌伶 6 号。2002—2010 年 2 ~ 3 月采种，共采种 445kg，培育实生容器苗 1280 万株用于造林试验。

4.4.2 人工林优树选择

从天然林分选优是选优工作的开始。2010 年，本研究在"西南桦人工林丰产技术研究与示范"项目所营造的人工林中开展了优良单株选择工作。

（1）选择标准

长势旺盛，树干通直圆满，分枝少，枝条小，无病虫，树高、胸径、材积分别比平均木高 10%、15%、30% 以上。其中，材积比平均木高 100% 以上的为 1 级优树、高 50%~99% 的为 2 级优树、高 30%~49% 的为 3 级优树。

（2）选择方法

在普查的基础上，通过目测树型、树高、胸径、通直圆满度、健康状况等确定候选树，然后测定其高、径、冠幅，并观察其形质和虫害情况，最后与平均木比较确认。

（3）选择结果

①田林县西南桦人工林优树选择结果　在田林老山林场 3 林班试验地，按照上述选择标准和方法初步选出优树 16 株。其中，材积量比平均木高 100% 以上的 1 级优树 8 株，比对比木高 50%~99% 的 2 级优树 7 株。试验地 A 最优单株树高 14.8m，胸径 20.4cm，材积 0.2417m³，比平均木分别大 15.6%、43.7%、138.4%。试验地 B 最优单株树高 14.5m、胸径 19.0cm、材积 0.2056m³，比平均木分别大 23.9%、46.2%、164.9%。试验地 C 最优单株树高 16.4m、胸径 18.1cm、材积 0.2110m³，比平均木分别大 17.1%、29.3%、96.1%（表 4-14）。

表 4-14　田林县老山林场西南桦优树选择表

编号	树龄（a）	树高（m）	胸径（cm）	材积（m³）	冠幅（m）	干形通直度	圆满度	病虫危害	材积比平均木高（%）
A1	6	14.0	20.2	0.2243	5.0	0.8	0.85	中	121.2
A2	6	15.5	18.0	0.1972	4.4	0.9	0.90	中	94.5
A3	6	15.0	18.6	0.2039	4.7	0.9	0.90	轻	99.5
A4	6	15.6	19.6	0.2353	4.3	0.9	0.90	轻	132.1
A5	6	15.6	18.0	0.1985	4.0	0.85	0.85	轻	95.8
A6	6	14.8	20.4	0.2417	4.5	0.85	0.85	轻	138.4
平均木		12.8	14.2	0.1014	3.8	0.70	0.75	轻	
B1	6	12.5	18.1	0.1608	5.3	0.8	0.85	轻	107.2

（续）

编号	树龄 （a）	树高 （m）	胸径 （cm）	材积 （m³）	冠幅 （m）	干形通 直度	圆满度	病虫 危害	材积比平 均木高（%）
B2	6	14.5	19.0	0.2056	4.4	0.9	0.90	轻	164.9
B3	6	13.7	17.8	0.1705	4.4	0.9	0.90	轻	119.7
B4	6	13.0	17.9	0.1636	3.8	0.9	0.90	轻	110.8
B5	6	14.5	17.0	0.1646	4.3	0.85	0.85	轻	112.1
平均木		11.7	13.0	0.0776	3.8	0.70	0.75	轻	
C1	6	16.3	17.3	0.1916	5.2	0.90	0.85	中	78.1
C2	6	15.6	17.0	0.1770	5.9	0.9	0.90	中	64.5
C3	6	15.5	18.5	0.2083	4.9	0.9	0.90	轻	93.6
C4	6	15.5	16.2	0.1597	4.6	0.9	0.90	轻	48.4
C5	6	16.4	18.1	0.2110	6.7	0.85	0.85	轻	96.1
平均木		14.0	14.0	0.1076	4.6	0.70	0.75	轻	

地点：老山林场3林班。

②右江区西南桦优树选择　在右江区阳圩和大楞乡的试验地内，按照上述选择标准和方法初步选出优树15株。其中，材积比平均木大100%以上的1级优树9株，材积比平均木大50%以上的2级优树6株。试验地A最优单株树高11.5m，胸径13.5cm，材积0.0860m³，比平均木分别大15.0%、32.3%、110.7%。试验地B最优单株树高13.2m、胸径16.3cm、材积0.1377m³，比平均木分别大43.5%、59.8%、164.9%。试验地C最优单株树高12.2m、胸径17.4cm、材积0.1451m³，比平均木分别大15.1%、48.7%、154.6%（表4-15）。

表4-15　右江区大楞乡和阳圩镇西南桦优树选择表

编号	树龄 （a）	树高 （m）	胸径 （cm）	材积 （m³）	冠幅 （m）	干形通 直度	圆满度	病虫 危害	材积比平 均木高（%）
A1	4.5	11.8	12.9	0.0771	4.0	0.9	0.85	无	88.9
A2	4.5	11.6	12.1	0.0667	3.8	0.9	0.90	无	63.5
A3	4.5	10.9	13.4	0.0769	4.3	0.9	0.90	无	88.5
A4	4.5	10.5	12.3	0.0624	4.0	0.9	0.90	无	52.3
A5	4.5	11.5	13.8	0.0860	6.4	0.85	0.85	无	110.7
平均木	4.5	10.0	10.2	0.0408	4.0	0.70	0.75	无	
B1	5.5	10.3	14.5	0.0850	6.0	0.8	0.85	无	126.7
B2	5.5	12.5	15.4	0.1164	7.5	0.9	0.90	无	210.4
B3	5.5	13.2	16.3	0.1377	8.0	0.9	0.90	无	267.2
B4	5.5	10.0	15.3	0.0919	8.0	0.9	0.90	无	145.1

（续）

编号	树龄 （a）	树高 （m）	胸径 （cm）	材积 （m³）	冠幅 （m）	干形通 直度	圆满度	病虫 危害	材积比平 均木高(%)
B5	5.5	12.0	16.0	0.1206	6.3	0.85	0.85	无	221.6
平均木	5.5	9.2	10.2	0.0375	4.5	0.70	0.75	无	
C1	6.5	12.2	17.4	0.1451	4.2	0.90	0.85	无	154.6
C2	6.5	12.4	15.0	0.1096	5.3	0.9	0.90	无	92.3
C3	6.5	13.2	15.6	0.1261	4.8	0.9	0.90	无	121.2
C4	6.5	12.2	14.7	0.1035	5.7	0.9	0.90	无	81.6
C5	6.5	13.0	16.3	0.1356	4.7	0.85	0.85	无	137.9
平均木	6.5	10.6	11.7	0.0570	4.3	0.70	0.75	无	

从已选出来的 31 株优树来看，具有 4 个年龄组，组间与组内个体差异较大，这表明还有进一步选优的必要，选优的潜力巨大。

4.4.3 凌云县伶站西南桦母树林种子造林试验

从 2002 年开始，"西南桦人工林丰产技术研究与示范"项目在各试验点开展了造林试验。

（1）试验点概述

试验点设在百色市老山林场 3 林班、42 林班、52 林班，田林县八渡乡、潞城乡、旧州乡、板桃乡，右江区大楞乡小罗平岩、龙川镇那银屯、阳圩镇者袍屯，田东县作登乡，乐业县同乐林场，西林县八达林场、古障林场、木材公司林地，隆林县猪场乡、金钟山林场，平果县海明林场，凌云县伶站林场，靖西县五岭林场等，共在 20 个试验点进行了造林试验。主要试验点的基本情况见表 4-16。

表 4-16　西南桦主要试验点基本情况表

序号	试验点	东经	北纬	海拔 （m）	年均 积温 （℃）	年均 气温 （℃）	年均 降水量 （mm）	无霜期 （d）	土壤 类型
1	老山 3 林班	106°20′28	24°17′52	750	6500	18.5	1350	320	红壤
2	老山 42 林班	106°20′58	24°27′7	1450	5200	14.8	1550	265	黄壤
3	老山 52 林班	106°22′41	24°23′58	1250	5500	15.8	1550	270	黄红壤
4	田林县八渡	105°46′41	24°20′11	400	6800	20.1	1000	325	红壤
5	田林县板桃	105°54′58	24°21′55	500	6700	19.8	1250	325	红壤
6	田林县潞城	105°57′49	24°25′51	600	6600	19.0	1200	325	红壤

（续）

序号	试验点	东经	北纬	海拔（m）	年均积温（℃）	年均气温（℃）	年均降水量（mm）	无霜期（d）	土壤类型
7	右江区大楞	106°11′55	23°51′18	600	7200	20.5	1250	325	红壤
8	右江区阳圩	106°9′51	23°58′9	450	7200	20.5	1300	325	红壤
9	田东县作登	107°0′57	23°18′59	400	7500	21.3	1000	330	红壤
10	乐业县同乐	106°34′01	24°27′09	1000	6200	17.0	1450	280	黄红壤
11	西林县八达	105°4′48	24°29′2	920	6300	17.5	1250	290	黄红壤
12	隆林县猪场	105°6′14	24°38′30	1370	5400	15.1	1350	260	黄壤
13	平果县海明	107°23′31	23°18′59	400	7600	21.5	1050	330	红壤

（2）试验设计

①种子来源　来源于凌云县伶站天然林中的凌伶2号、凌伶3号、凌伶5号、凌伶6号等4株优树的混合种子。

②造林抚育技术

a. 造林试验地选择　选择坡度较缓的林地做试验地，同一试验点的立地差异不大，尽量同一坡面，且较完整，立地排水良好。

b. 整地　经炼山，按设计的株行距拉线定点后整地，整地方式为挖明坎，规格为40cm×40cm×30cm，验收后回填碎表土以备造林。

c. 造林密度　2.0m×4.0m，1250株/hm²。

d. 试验林定植时间　2002—2006年的1月至5月。

e. 抚育管理　造林后的当年8月铲草扩坎抚育一次，第二、三年5~6月、9~10月各铲草抚育1次。

③试验观测与统计　每个试验点设3个样地，每个样地测定50株，最后一次测定在2010年7月，测定因子为树高和胸径。计算各样地平均树高、平均胸径和平均单株材积。计算公式：$V = fh\pi D^2/40000$。

（3）结果与分析

①不同试验点的生长表现　据2010年7月最后一次测定结果，20个试验点年均树高、胸径生长量总平均分别为1.61m、1.74cm，树高胸径指数2.79；生长最好的试验点年均树高、胸径生长量分别为2.27m、2.37cm，树高胸径指数5.36；生长最差的试验点年均树高、胸径生长量分别为1.20m、1.40cm，树高胸径指数1.68；各试验点生长表现良好（表4-17）。

表 4-17　不同试验点生长表现情况表

序号	试验点	树龄 (a)	平均树高 (m)	平均胸径 (cm)	年均树高生长(m)	年均胸径生长(cm)	树高胸径指数	综合评价
1	乐业县同乐林场	6	13.6	14.2	2.27	2.37	5.36	1
2	右江区阳圩镇者袍屯	4.5	9.6	10.4	2.13	2.31	4.93	2
3	老山林场3林班	6	12.8	13.7	2.14	2.29	4.90	3
4	田林县板桃	4	8.2	8.6	2.05	2.15	4.41	4
5	平果海明林场	4	7.0	8.0	1.75	2.00	3.50	5
6	田林县潞城	7.5	11.0	16.0	1.47	2.13	3.12	6
7	隆林县金钟山林场	4	6.5	7.2	1.63	1.80	2.93	7
8	田林县旧州	5	8.3	8.1	1.66	1.62	2.69	8
9	右江区大楞小罗平银	6.5	10.4	10.5	1.60	1.62	2.58	9
10	右江川镇那银屯	6.5	10.8	9.6	1.66	1.48	2.45	10
11	老山林场52林班	8.5	14.3	12.0	1.68	1.41	2.37	11
12	靖西县五岭林场	5	6.5	8.7	1.30	1.74	2.26	12
13	田林县八渡	8.5	11.8	13.2	1.39	1.55	2.15	13
14	西林县木材公司	7	9.5	10.5	1.36	1.50	2.04	14
15	田东县作登乡	6	8.4	8.7	1.40	1.45	2.03	15
16	凌云县伶站林场	5	6.8	7.4	1.36	1.48	2.01	16
17	隆林县猪场乡	8	9.5	13.5	1.19	1.69	2.00	17
18	西林县古障林场	5	6.9	7.2	1.38	1.44	1.99	18
19	西林县八达林场	8	12.0	10.5	1.50	1.31	1.97	19
20	老山林场42林班	7	8.4	9.8	1.20	1.40	1.68	20
	合　计		9.6	10.4	1.61	1.74	2.79	

注：树高胸径指数＝年均树高生长量＊年均胸径生长量。

②各试验点丰产性分析　根据南方阔叶树丰产林标准衡量[高生长量100cm/a、径生长量1.0cm/a、蓄积生长量15.0m³/(hm²·a)为速丰林，高生长量100cm/a、径生长量1.0cm/a、蓄积生长量10.5m³/(hm²·a)为丰产林]，年龄达半个轮伐期(7.5a)以上的5个试验点中有4个试验点达到或超过丰产林标准，占80%。年龄不到半个轮伐期的15个试验点中已有3个达到或超过丰产林标准，其余尚未达到丰产林标准的12试验点中，有10试验点的树高胸径指数超过了年龄达半个轮伐期、并达到丰产林标准的隆林县猪场乡试验点，这10个试验点若干年后有望达到或超过丰产林标准(表4-18)。综上所述，海拔400~1450m的20个试验点中，已达到或超过和有望达到或超过丰产林标准的试验点有17个，占85.0%，表明凌云县伶站西南桦母树林种子具有良好的丰产性。

表 4-18　各试验点丰产性分析

序号	试验点	树龄 （a）	年均树 高生长 （m）	年均胸 径生长 （cm）	单株 材积 （m³/株）	单位面积 蓄积 （m³/hm²）	年均 生长量 （m³/a·hm²）	综合 评价
1	乐业县同乐林场	6	2.27	2.37	0.1077	134.6	22.4	超过
2	右江区阳圩镇者袍屯	4.5	2.13	2.31	0.0408	51.0	11.3	达到
3	老山林场3林班	6	2.14	2.29	0.0950	118.9	19.8	超过
4	田林县板桃	4	2.05	2.15	0.0238	29.8	7.4	
5	平果海明林场	4	1.75	2.00	0.0176	22.0	5.5	
6	田林县潞城	7.5	1.47	2.13	0.1106	138.2	18.4	超过
7	隆林县金钟山林场	4	1.63	1.80	0.0132	16.5	4.1	
8	田林县旧州	5	1.66	1.62	0.0214	26.7	5.3	
9	右江区大楞小罗平银	6.5	1.60	1.62	0.0450	56.3	8.7	
10	右江川镇那银屯	6.5	1.66	1.48	0.0391	48.9	7.5	
11	老山林场52林班	8.5	1.68	1.41	0.0813	101.2	11.9	达到
12	靖西县五岭林场	5	1.30	1.74	0.0193	24.2	4.8	
13	田林县八渡	8.5	1.39	1.55	0.0807	100.5	11.8	达到
14	西林县木材公司	7	1.36	1.50	0.0411	51.4	7.3	
15	田东县作登乡	6	1.40	1.45	0.0250	31.2	5.2	
16	凌云县伶站林场	5	1.36	1.48	0.0146	18.3	3.7	
17	隆林县猪场乡	8	1.19	1.69	0.0680	85.0	10.6	达到
18	西林县古障林场	5	1.38	1.44	0.0140	17.6	3.5	
19	西林县八达林场	8	1.50	1.31	0.0520	64.9	8.1	
20	老山林场42林班	7	1.20	1.40	0.0318	39.6	5.7	
	合　计		1.61	1.74	0.0471	58.8	9.2	

③抗低温雨雪灾害能力分析　在海拔1000m以上地区，低温雨雪会造成断梢、断枝、倒伏、脱叶、树皮开裂等机械损伤。2008年1~2月广西遭受了历史罕见的低温雨雪灾害，在海拔1450m受害株率86.7%，比海拔1350m高10%，比海拔1250m高76.7%，海拔1000m以下没有受害（表4-19）。据调查，受害的大多数植株能够在主干折断处长出新主梢。上述情况表明凌云县伶站西南桦母树林种子具有较强的抗低温雨雪灾害的能力。

表 4-19　低温雨雪灾害对西南桦的影响

试验点	海拔（m）	调查数（株）	断主梢数（株）	倒伏数（株）	受害数（株）	2008 年受害株率(%)
田林八渡乡	400	30	0	0	0	0
田林福达村	500	30	0	0	0	0
老山林场 3 林班	950	30	0	0	0	0
老山林场 52 林班	1250	30	2	1	3	10.0
隆林县猪场乡	1350	30	21	2	23	76.7
老山林场 42 林班	1450	30	23	3	26	86.7

4.4.4　研究结论

选择凌云县伶站的凌伶 2 号、凌伶 3 号、凌伶 5 号、凌伶 6 号 4 株天然林采种优树，采种育苗，于 2002 年至 2006 年在老山林场、右江区、乐业县等地 20 个试验点进行造林试验。

①凌云县伶站西南桦母树林种子生长表现良好　据 2010 年 7 月最后一次测定结果，20 个试验点年均树高、胸径生长量总平均分别为 1.61m、1.74cm，树高胸径指数 2.79；生长最好的试验点年均树高、胸径生长量分别为 2.27m、2.37cm，树高胸径指数 5.36；生长最差的试验点年均树高、胸径生长量分别为 1.20m、1.40cm，树高胸径指数 1.68；各试验点生长表现良好。

②凌云县伶站西南桦母树林种子具有良好的丰产性　根据南方阔叶树丰产林标准衡量[高生长量 100cm/a、径生长量 1.0cm/a、蓄积生长量 15.0m³/（hm²·a）为速丰林，高生长量 100cm/a、径生长量 1.0cm/a、蓄积生长量 10.5m³/（hm²·a）为丰产林]，年龄达半个轮伐期（7.5a）以上的 5 个试验点中有 4 个试验点达到或超过丰产林标准，占 80%。年龄不到半个轮伐期的 15 个试验点中已有 3 个达到或超过丰产林标准，其余尚未达到丰产林标准的 12 试验点中，有 10 试验点的树高胸径指数超过了年龄达半个轮伐期、并达到丰产林标准的隆林县猪场乡试验点，这 10 个试验点若干年后有望达到或超过丰产林标准。综上，海拔 400～1450m 的 20 个试验点中，已达到或超过和有望达到或超过丰产林标准的试验点有 17 个，占 85.0%，表明凌云县伶站西南桦母树林种子具有良好的丰产性。

③凌云县伶站西南桦母树林种子具有较强的抗低温雨雪灾害能力　在海拔 1000m 以上地区，低温雨雪会造成断梢、断枝、倒伏、脱叶、树皮开裂等

机械损伤。2008 年 1～2 月广西遭受了历史罕见的低温雨雪灾害，在海拔 1450m 受害株率 86.7%，比海拔 1350m 高 10%，比海拔 1250m 高 76.7%，海拔 1000m 以下没有受害。据调查，受害的大多数植株能够在主干折断处长出新主梢。上述情况表明凌云县伶站西南桦母树林种子具有较强的抗低温雨雪灾害能力。

第五章

有害生物防治

5.1 西南桦人工林有害生物调查

西南桦是广西优良乡土树种之一,它具有生长快,抗性强,材质优,价值高等特点,适合制作高档家具、地板、建筑和造纸等。2000 年以来,西南桦发展快速,至 2010 年我国西南桦人工林面积已超过 90 000hm²,其中广西10 000hm²。大面积发展西南桦人工林是否存在生物灾害风险,这是西南桦丰产林发展路上的一个重大技术问题。为了掌握西南桦人工林有害生物发生危害情况,本研究 2003—2011 年对西南桦试验林进行跟踪调查。

5.1.1 调查地点和方法

(1)调查地点

选择在西南桦人工林面积较大的广西百色市右江区、平果县、田东县、田林县、隆林县、凌云县、靖西县、天峨县、凭祥市、昭平县、南宁市、融水县共 12 个市(县、区)的试验林地。

(2)调查方法

采用线路踏查法和标准地调查法。

①线路踏查法 沿着林区道路和经营小班便道观察林分和植株的健康状况,记录树干、树枝、树叶和树根的被害情况,采集有害生物标本;每个路段长 100m,调查 50 株。

②标准地调查法 在试验林内设立 20m×20m 标准地,定点定株调查 50株,全面调查树干、树枝、树叶和根部的有害生物种类和危害程度。

从 2003 年至 2010 年,每年 1~2 次,分别在 1~3 月、6~9 月内进行。危害程度根据感病株率、平均虫口密度、有虫株率和被寄生率等确定,分为轻度、中等、严重 3 个等级。病害危害等级根据感病株率划分,感病株率 4% 以下为轻度,5%~29% 为中等,30% 以上为严重。虫害危害等级分食叶、蛀干、枝梢及地下害虫分别划分,食叶害虫平均虫口密度 4 条/株以下为轻度,5~29条/株为中等,30 条/株以上为严重;蛀干、枝梢及地下害虫是有虫株率 4%以下为轻度,5%~19% 为中等,20% 以上为严重。有害植物危害等级根据寄主植株被寄生率划分,寄主植株被寄生率 4% 以下为轻度,5%~19% 为中等,寄生率 20% 以上为严重。

5.1.2　结果与分析

（1）有害生物种类及危害程度

本次调查共发现西南桦人工林有害生物 47 种，根据文献鉴定出 45 种，未鉴定 2 种。按有害生物类别划分，病害 6 种、虫害 35 种、有害植物 6 种（其中藤类 4 种、寄生性植物 2 种），分别占 12.8%、74.4% 和 12.8%。按危害程度划分，严重 6 种，中等 13 种，轻度 28 种，分别占 12.8%、27.7%、59.5%。按危害部位划分，枝干有害生物 13 种，叶部有害生物 30 种，根茎有害生物 4 种，分别占 27.7%、63.8%、8.5%。从发生区域看，12 个县（市、区）都有有害生物发生危害，其中，田林、天峨、靖西 3 个县发生危害种类较多、面积较大，危害比较严重（表 5-1）。

表 5-1　西南桦人工林有害生物调查统计结果

类型	有害生物	发生地点	危害部位	危害程度
I. 病害	1. 溃疡病 *Phoma* sp.	田林、凌云、乐业、右江区、天峨、昭平、凭祥、南宁	干	中
	2. 叶枯病 *Cercospora* sp.	田林、凌云、乐业、右江区、南宁、凭祥	叶	中
	3. 枝枯病，未鉴定	田林、凌云、乐业、右江区	干、枝	轻
	4. 根腐病，未鉴定	凌云、乐业	根	轻
	5. 茎腐病 *Macrophomina* sp.	凌云、乐业	茎	轻
	6. 煤污病 *Meliola* sp.	融水	叶	中
II. 虫害	7. 黑翅土白蚁 *Odontotermes formosanus*	田林、凌云、隆林	根	中
	8. 大蟋蟀 *Brachytrupes portentosus*	田林、田东、右江区	根	中
	9. 相思拟木蠹蛾 *Arbela bailbarana*	田林、凭祥	干	重
	10. 星天牛 *Anoplophora chinensis*	融水、昭平	干	中
	11. 黑材小蠹 *Xyleborus atratus*	凌云、隆林	干	轻
	12. 材小蠹 *Xyleborus furnicatus*	凌云、乐业、隆林	干	轻
	13. 六斑赤卷象 *Apoderus sexguttatus*	凌云、乐业	干	轻

（续）

类型	有害生物	发生地点	危害部位	危害程度
	14. 柑橘花瘿蚊 *Contarinia citri*	凌云、乐业	叶	轻
	15. 茸毒蛾 *Dasychira grptei*	田东、右江区、凌云	叶	轻
	16. 锈黄毒蛾 *Euproctis plagiata*	田林、右江区	叶	轻
	17. 霜天蛾 *Psilogramma menephron*	天峨	叶	轻
	18. 枯叶蛾 *Lebeda nobilis*	田林、凌云、乐业、天峨	叶	轻
	19. 栎灯蛾 *Camptoloma interiorata*	田林	叶	轻
	20. 苹掌舟蛾 *Pharela flevescens*	田林	叶	重
	21. 油桐尺蠖 *Buzura suppressaria*	融水	叶	中
	22. 蜡彩袋蛾 *Chalia larminati*	田林、右江区、田东	叶	轻
Ⅱ. 虫 害	23. 桃蛀螟 *Dichocrocis puncitiferalis*	田林、右江区	叶	轻
	24. 赭夜蛾 *Carea varipes*	田林、右江区、靖西、隆林、南宁	叶	轻
	25. 苹果透翅蛾 *Compoia hector*	田林、凌云	叶	中
	26. 褐边绿刺蛾 *Parasa consocia*	昭平	叶	中
	27. 黛袋蛾 *Dappula tertia*	右江区、田东、昭平、南宁	叶	轻
	28. 茶袋蛾 *Clania minuscula*	田林、右江区	叶	中
	29. 阔刺扁趾铁甲 *Dactylispa latispina*	靖西、昭平	叶	重
	30. 泡桐叶甲 *Basiprionota bisignata*	田林、隆林、凌云	叶	轻
	31. 八角叶甲 *Oides leucomeluena*	田林、凌云、乐业、右江区、昭平	叶	轻
	32. 樟叶蜂 *Mesonura rufonota*	天峨	叶	重
	33. 小绿叶蝉 *Empoasca flavescens*	凌云、乐业	叶	轻

（续）

类型	有害生物	发生地点	危害部位	危害程度
Ⅱ.虫害	34. 尖头褐叶蝉 *Jassus indicus*	凌云、乐业、右江区	叶	轻
	35. 蚜虫 *Cinara pinea*	田林、凌云、融水、昭平	叶	轻
	36. 草履蚧 *Drosicha corpulenta*	田林、	叶	轻
	37. 红蓟马 *Trips japonicus*	凌云、右江区	叶	轻
	38. 瘿蜂 *Dryocosmus* sp.	田林、凌云、乐业、右江区	叶	轻
	39. 广华枝竹节虫 *Sinophasma largum*	天峨、南宁	叶	轻
	40. 斑腿华枝竹节虫 *Sinophasma masculicruralis*	昭平	叶	轻
	41. 柞栎象 *Curculio arakawai*	天峨、靖西	叶	轻
Ⅲ.藤害	42. 藤构 *Broussonetia kaempferi* var. *australis*	天峨、田林、靖西	干、枝	中
	43. 葛麻藤 *Pueraria lobata*	天峨、田林、靖西、昭平	干、枝	中
	44. 鸡矢藤 *Paederia scandens*	天峨、田林	干、枝	轻
	45. 菝葜藤 *Smilax* sp.	天峨	干、枝	重
	46. 桑寄生 *Loranthu sparasitica*	天峨、田林、靖西	干、枝	重
	47. 樟寄生 *Loranthu yadoriki*	天峨、田林、靖西	干、枝	中

（2）重要有害生物的危害特点

①相思拟木蠹蛾　是目前危害西南桦最重要的害虫之一。该害虫为当地原有种。于2005年5月在凭祥中国林业科学研究院热带林业研究中心发现20多公顷西南桦人工林被相思拟木蠹蛾严重危害，有虫株率90%，平均每株有虫2条以上，最多达到8条。2006年5月在百色田林老山林场发现该虫危害西南桦幼林，有虫株率1.5%，轻度受害；2010年7月有虫株率33.4%，最高达到92%，平均虫孔密度1.25个/株，最高达到5.42个/株，严重受害。由表5-2、表5-3可见，相思拟木蠹蛾的发生危害特点如下：

a. 危害程度随海拔上升而下降　在自然整枝情况下，海拔630m，被害株率 2.16%；海拔 950m，被害株率 0.8%；海拔 1350m，被害株率 0.16%；海拔 1450m，被害株率 0.1%。表明相思拟木蠹蛾发生危害程度随海拔上升而下降。

b. 人工修枝会加重危害　在百色老山林场 3 林班 A、C 样点调查结果表明，人工修枝的被害株率 5.42%，比自然整枝被害株率 2.16% 高 2 倍多。在调查中发现，相思拟木蠹蛾大多从修枝伤口处入蛀，形成虫孔，并排出大量虫粪。人工修枝造成伤口，有利于相思拟木蠹蛾成虫在伤口处产卵，孵化成幼虫后即可入侵。在树干上，修枝到哪里，危害就到哪里。

c. 危害部位主要在树干中部　在 6 个试验地的调查结果表明，相思拟木蠹蛾危害部位在树干上的中部，其中，4~6m 占 41.9%、6~8m 占 22.8%、2~4m 占 20.5%、8~10m 占 7.5%、0~2m 占 7.3%。由此可见，85.2% 集中在 2~8m 范围内。相思拟木蠹蛾危害部位与整枝有关，不管是自然整枝，还是人工整枝，整枝高度越高，危害部位就越高。

表 5-2　百色市老山林场相思拟木蠹蛾危害西南桦调查结果

地点	样地号	造林时间	抚育措施	海拔（m）	株数	被害株数	被害株率（%）	虫孔数（个）	虫孔密度（个/株）
3 林班	A	2004-05	人工修枝	750	50	46	92	271	5.42
3 林班	C	2004-05	自然整枝	630	50	36	72	108	2.16
3 林班	B	2004-05	自然整枝	950	50	23	46	40	0.8
52 林班	F、G	2002-01	自然整枝	1350	100	7	7	13	0.16
42 林班	D、E	2003-04	自然整枝	1450	100	5	10	7	0.1
合计					350	117	33.4	439	1.25

表 5-3　相思拟木蠹蛾在西南桦树干上的危害部位

样地号	相思拟木蠹蛾虫孔在树干上的分布						
	0~2m	2~4m	4~6m	6~8m	8~10m	10m 以上	合计
试验林 A	15	51	133	61	11	0	271
试验林 B	10	10	14	3	3	0	40
试验林 C	1	19	35	35	18	0	108
试验林 D	2	5	0	0	0	0	7
试验林 E	2	2	1	0	0	0	5
试验林 F	2	3	1	1	1	0	8
合计	32	90	184	100	33	0	439
百分比（%）	7.3	20.5	41.9	22.8	7.5	0	100

②樟叶蜂　危害西南桦的发生特点是，1 年 3 代，虫口密度大，暴食性强，在夏季发生危害，在很短时间内可将树叶食光，然后到土中化蛹。天峨县林朵林场顶皇分场 1999—2000 年营造西南桦 60 多 hm^2，2003—2010 年几乎每年 3~7 月都发生樟叶蜂危害，个别年份叶子几乎被吃光。2011 年 7 月调查，有虫株率 100%，虫口密度 100 条/株，叶片受害率 30%~50%，林分严重受害。

③苹掌舟蛾　危害西南桦的发生危害特点与樟叶蜂有相似之处，虫口密度大，暴食性强，幼虫在很短时间内可将树叶食光，然后到土中化蛹，1 年 1 代，幼虫在秋季发生危害。2008 年 8~10 月在田林县老山林场 3 林班发现苹掌舟蛾危害，虫口密度 350 条/株，8~9 月大量取食叶片，9 月中下旬最猖獗，2~3 周之内几乎将叶子全部吃光，然后入土化蛹。2009 年至 2011 年仍发生危害，9 月使用阿维因素粉剂进行防治，防治效果达 95% 以上。至今为止，苹掌舟蛾是危害西南桦最重要的食叶害虫。目前，仅是田林县老山林场 3 林班发现该虫危害。经分析，该虫为当地原有物种。

④阔刺扁趾铁甲　危害西南桦的发生危害特点是，虫口密度大，虫体小，潜叶危害，不易发现。2011 年 7~8 月在靖西县五岭林场发现，该场 2004 年种植的西南桦人工林 100 多亩被阔刺扁趾铁甲严重危害，有虫株率 100%，虫口密度 300 条/株。阔刺扁趾铁甲体长 3~4mm，潜入叶内取食叶肉，不容易被发现；虫口密度大，在受害叶片上常发现多条幼虫危害，受害叶片皱缩、焦枯，形如火烧，对西南桦生长影响比较大。值得注意的是，在试验区内田林种源和隆林种源的西南桦幼林没有发生该虫危害。目前，仅在靖西县五岭林场和昭平县东潭发现该虫危害。

⑤溃疡病　危害西南桦的发生危害特点是，点多面广，病菌多从伤口处入侵，容易造成传染。对该病害调查了 12 个样地，其中 8 个样地发现有危害。2004 年春季首次在田林县老山林场发现溃疡病危害西南桦幼树树干或侧枝，2010 年个别林分感病害株率 35%，严重受害时枝条死亡或整株死亡。此外，凌云县、乐业县、百色右江区、天峨县、昭平、凭祥、南宁等地也发现有溃疡病危害西南桦幼林，不过危害程度比较轻。

⑥桑寄生　一种寄生性有害植物，寄生物在寄主的干、枝上，形成丛状物，大量消耗寄主的营养而影响寄主正常生长，严重时可能导致寄主死亡。桑寄生危害西南桦的发生危害特点是，喧宾夺主，同归于尽。桑寄生危害西南桦与鸟类活动密切相关，鸟类在林内活动越频繁，寄生率越高。2003 年在

天峨县林朵林场立兴分场发现桑寄生危害幼树；2010 年 9 月在该分场 6 林班中部调查了 50 株，寄生率 46%，寄生密度 0.74 丛/株，最多 5 丛/株，桑寄生平均高 80cm，冠幅 0.8~1.5m；2011 年 7 月调查该林场 6 林班的 3 块样地，共 150 株，平均寄生率 38.7%，山顶、山腰、山脚的寄生率分别为 10%、58%、48%，4 株枯死，枯死率 2.7%。除天峨县林朵林场外，田林县老山林场、靖西县五岭林场也发现桑寄生危害，但是危害比较轻。目前，对西南桦桑寄生还没有经济实用有效的防治方法，在桑寄生危害发生后，采取人工砍除寄生丛的方法，可以收到良好的防治效果。

⑦藤类植物　通过缠绕西南桦树干或枝条，绞杀树干或枝条，或在树冠上形成庞大的生物体，而对目的树种造成危害。目前，已发现藤构、葛麻藤、鸡矢藤和拔契藤 4 种藤危害西南桦。藤害的特征明显，容易发现，但经常不被重视，认为不会成灾。2010 年在天峨县林朵林场立兴分场，植株被害率 8%~20%，死亡率 0.5%~2%。其中，鸡矢藤危害严重。此外，田林县老山林场和靖西县五岭林场也发现有葛麻藤危害，但是受害程度比较轻。在藤害发生后，采取人工砍除方法，可以收到良好的防治效果。

5.1.3　研究结论

至 2010 年，西南桦在广西百色、河池、南宁、崇左、贺州、柳州等地种植面积超过了 10000hm²。经过 8 年连续观察，发现西南桦人工有害生物 47 种全部为当地原有物种，没有发现外来种和危险性物种；绝大部分有害生物种类只是零星发生危害，没有造成重大经济损失。至 2010 年，云南省西南桦人工林面积已超过 60000hm²，但未发现重大有害生物危害。近年来，福建省发现了星天牛危害西南桦，受害较轻。从总体上看，西南桦人工林是健康的，生物灾害风险比较小，有害生物可通过营林、生物或化学防治方法控制，近期内不会发生西南桦重大生物灾害。但是，随着西南桦人工林面积的不断扩大，病虫害种类可能增加，发生面积可能扩大，危害程度在局部地区可能上升。目前，樟叶蜂、阔刺扁趾铁甲、相思拟木蠹蛾、苹掌舟蛾、溃疡病、桑寄生、藤害在广西局部地区造成了危害，应当引起高度重视，加强重大病虫害监测和防治研究。在防治措施上建议：①对西南桦苗期的根腐病、茎腐病、溃疡病等病害可采取人工清除病株和喷施 1% 波尔多液等方法进行防治。对幼林叶枯病和枝枯病等，应当加强监测，必要时也应当进行防治。②加强对西南桦人工林重大病虫害开展系统监测研究，掌握其发生规律，以便进行防治。

③对樟叶蜂、苹掌舟蛾等重要的食叶害虫，在幼虫进入暴食期之前，采取喷洒阿维因素或菊酯类农药进行防治。对相思拟木蠹蛾等蛀干害虫，可采取虫孔注入敌敌畏或乐果进行防治。对桑寄生、藤害等可采取人工清除方法进行防治。④加强天敌昆虫和病原微生物的利用研究，充分利用自然力控制重大病虫灾害。

（注：本章节主要观点发表于《广西科学》2012 年第 3 期）

5.2 桑寄生危害西南桦人工林的调查

桑寄生（*Loranthu sparasitica*）是一种寄生性有害植物，寄生在寄主的干、枝上，形成丛状物，大量消耗寄主的营养而影响寄主正常生长，严重时可能导致寄主死亡。西南桦是热带、亚热带地区的珍贵速生树种，具有生长迅速、适应性强、材质优良、用途广泛、经济效益好等特性。20 世纪 90 年代中后期以来，西南桦开始成为云南和广西部分地区的人工造林树种之一。据统计，至 2010 年我国西南桦人工林面积达到 90 000hm^2，其中广西 10 000hm^2。2005年在广西天峨县林朵林场发现桑寄生危害西南桦人工林以来，至 2009 年该场发生危害面积已超过 100hm^2。此外，在广西田林县和靖西县等地也发现了桑寄生危害西南桦。桑寄生危害西南桦 4 年后，桑寄生的吸盘直径可达到2.5cm，厚度可达 1.0cm，吸盘可侵入树干的韧皮部和木质部，形成瘤状物，造成西南桦木材纹理混乱；而且被寄生的树木，其长势弱，常常伴随发生溃疡病、腐烂病等，从而降低西南桦的木材品质，甚至导致西南桦植株枯死。因此，本研究于 2009—2011 年在广西天峨县林朵林场等 14 个林场（乡或实验中心）的西南桦造林地，对西南桦人工林受桑寄生危害情况进行调查，掌握桑寄生对西南桦人工林造成的危害，以便进一步采取必要措施控制桑寄生危害。

5.2.1 材料与方法

（1）调查地点

调查地点位于广西的天峨县林朵林场（立兴、顶皇、巴拥、芭龙分场）、靖西县五岭林场、百色市田林县老山林场、田林县福达乡、百色市右江区大楞乡、百色市右江区者袍乡、隆林县猪场乡、乐业县同乐乡、田东县作登乡、乐业县雅长林场、昭平县大脑山林场、中国林科院热带林业试验中心（凭祥市）、广西高峰林场（南宁市）、融水县贝江林场共 14 个林场（乡或实验中心）的西南桦造林地。其中，以广西天峨县林朵林场立兴分场 1999 年 3 月营造的西南桦人工纯林为主要调查点。该林分株行距 2m × 4m，海拔 600 ~ 900m，属亚热带季风气候。近 10 年的最高气温 37.9℃，最低气温 2.9℃，年均气温 20.9℃，年积温 7475.2℃，平均日照时数 1232.2h，年均降水量 1253.6mm，年均无霜期 336d。天峨县林朵林场西南桦人工造林地的土壤为砂页岩发育而成的黄壤、黄红壤和红壤，大部分林地土层厚 100cm 以上，表土层厚 10 ~ 30cm，土壤质地多为壤土或轻壤土，结构疏松。

（2）调查内容与方法

①广西各地西南桦造林点受桑寄生危害调查　采用线路调查法。在广西天峨县林朵林场等 14 个西南桦造林点沿林间小路进行踏查，观察路两侧 30m 范围内西南桦枝、干上有无桑寄生。每 66.67hm² 设置 1 ~ 3 个调查点，每个调查点随机选择 50 株树木进行调查西南桦桑寄生率、枯死率。

②桑寄生丛在西南桦各单株间、主干与侧枝、树干不同高度分布情况调查　采用标准样地法。在广西的天峨县林朵林场立兴分场 6 林班西南桦林分内按上坡、中坡、下坡设置 3 个标准样地，标准样地面积为 30m × 30m，在标准样地内随机调查 50 株样树。统计有桑寄生 0 丛、1 丛、2 丛、3 丛、4 丛、5 丛的样株数量；样株主干与侧枝上分别有桑寄生丛数；用目测法将样树主干依次划分为距地 0 ~ 4.0m、4.1 ~ 8.0m、8.1 ~ 12.0m、12.1m 以上 4 个区间，统计各区间的桑寄生丛数。

③不同坡位西南桦林被桑寄生危害、桑寄生丛生长势和鸟类出入情况调查　采取标准样地法。在广西的天峨县林朵林场立兴分场 6 林班西南桦林分内按上坡、中坡、下坡设置 3 个标准样地，标准样地面积为 30m × 30m，在标准地内随机调查 50 株样树。统计上坡、中坡、下坡的西南桦被桑寄生为害的桑寄生率、西南桦枯死率。目测各桑寄生丛的冠幅宽、桑寄生丛高度，按冠高指数 = 桑寄生丛平均冠幅 × 桑寄生丛平均高，计算冠高指数；冠高系数越高，桑寄生丛长势越好；冠高系数越低，桑寄生丛长势越差。观察并记录各标准地内每小时鸟类出现的只次。并记录上坡、中坡、下坡的坡度、土层厚度等。

④桑寄生对西南桦生长量影响调查　采用分组对比调查法。在广西天峨县林朵林场立兴分场 6 林班开展对比调查。分 3 个组，每组分别随机调查有

桑寄生和没有桑寄生的西南桦植株 30 株，测定样株的树高、胸径，并计算其平均值，按 $V = \pi d^2 hf/40000$ 计算平均材积(式中，V 为材积；π 为常数，取 3.14；d 为胸径；h 为树高；f 为形数，取 0.5)。

5.2.2　结果与分析

(1)广西各地西南桦造林点受桑寄生危害情况

调查了 14 块西南桦人工林造林地，其中，有 4 块造林地的西南桦被桑寄生危害，占 28.6%。调查西南桦植株 2150 株，有 100 株西南桦被桑寄生危害，桑寄生率为 4.7%；其中西南桦枯死 5 株，枯死率0.23%。天峨县林朵林场、靖西县五岭林场、田林县老山林场、田林县福达乡的西南桦桑寄生率分别为 20.6%、10%、5.3%、3.3%。其余地点西南桦造林地未发现桑寄生(表 5-4)。由此可见，桑寄生危害西南桦就全广西而言不是很普遍，也不是很严重。但是，在天峨县林朵林场和靖西县五岭林场西南桦受桑寄生危害比较严重，在田林县老山林场也不可轻视。

表 5-4　广西各地西南桦造林点受桑寄生危害情况

序号	调查地点	造林年度	调查面积(hm²)	调查株数	桑寄生株数	桑寄生率(%)	枯死树	枯死率(%)
1	天峨县林朵林场	1999	241.0	350	72	20.6	5	1.4
2	靖西县五岭林场	2006	66.7	150	15	10.0	0	0
3	百色市田林县老山林场	2004	65.3	150	8	5.3	0	0
4	田林县福达乡	2005	45.3	150	5	3.3	0	0
5	百色市右江区大楞乡	2004	60.0	150	0	0	0	0
6	百色市右江区者袍乡	2006	42.9	150	0	0	0	0
7	隆林县猪场乡	2002	66.7	150	0	0	0	0
8	乐业县同乐乡	2004	25.3	150	0	0	0	0
9	田东县作登乡	2004	392.0	150	0	0	0	0
10	乐业县雅长乡	2003	1781.0	150	0	0	0	0
11	昭平县大脑山林场	2003	16.2	150	0	0	0	0
12	凭祥市热带林业实验中心	2001	264.5	150	0	0	0	0
13	南宁高峰林场	2002	8.0	100	0	0	0	0
14	融水县贝江林场	2004	5.0	50	0	0	0	0
	合计			2150	100	4.7	5	0.23

（2）桑寄生丛在西南桦各单株间、主干与侧枝、树干不同高度分布情况

①桑寄生丛在西南桦各单株间分布情况　在西南桦各单株植株上有桑寄生丛5丛、4丛、3丛、2丛、1丛的分别为0.7%、0.7%、2%、12%、22.7%。桑寄生丛数量在各个寄主之间差异较大，以1丛/株的最多，2丛/株的次之，4丛/株及5丛/株的最少（表5-5）。鸟类对寄主树是否有选择性，目前还不清楚。

表5-5　桑寄生丛在西南桦各单株间分布情况

样地号	坡位	调查株数	桑寄生丛合计（丛）	桑寄生丛在西南桦各单株间分布情况					
				0丛（株）	1丛（株）	2丛（株）	3丛（株）	4丛（株）	5丛（株）
1	上	50	5	45	5	0	0	0	0
2	中	50	52	22	12	11	3	1	1
3	下	50	31	26	17	7	0	0	0
合计		150	88	93	34	18	3	1	1
比例(%)			100	62.0	22.6	12.0	2.0	0.7	0.7

②桑寄生丛在西南桦主干与侧枝分布情况　桑寄生丛在西南桦植株主干和侧枝分别为76丛、12丛，分别占桑寄生丛总数的86.4%、13.6%。前者是后者的6.3倍（表5-6）。由此可见，桑寄生丛主要寄生在西南桦植株主干上。这可能与树干面积较大，容易接收到带有桑寄生种子的鸟粪有关。桑寄生丛着生在树干上对主干生长影响比较大。

表5-6　桑寄生丛在西南桦主干与侧枝分布情况

样地号	坡位	调查株数	桑寄生丛总数	桑寄生丛在寄主的主干与侧枝的分布数	
				主干	侧枝
1	上	50	5	5	0
2	中	50	52	43	9
3	下	50	31	28	3
合计		150	88	76	12
比例(%)			100	86.4	13.6

③桑寄生丛在西南桦树干不同高度分布情况　寄生丛在树干0~4.0m、4.1~8.0m、8.1~12.0m、12.1m以上的分布率分别为1.1%、0%、10.2%、88.7%，寄生丛主要集中在树干的中上部（表5-7）。这可能与鸟类喜欢在树冠中上部栖息和活动，带有桑寄生种子的鸟粪掉在树冠中上部有关。鸟类在树冠中上部栖息和活动，不容易受人畜和其他动物干扰。

表 5-7　桑寄生丛在西南桦树干不同高度分布情况

样地号	坡位	调查株数	桑寄生丛在树干不同高度的分布数量(丛)					桑寄生丛在树干不同高度的分布率(%)				
			0~4.0(m)	4.1~8.0(m)	8.1~12.0(m)	≥12(m)	小计	0~4.0(m)	4.1~8.0(m)	8.1~12.0(m)	≥12(m)	小计
1	上	50	0	0	2	3	5	0	0	2.3	3.4	5.7
2	中	50	0	0	6	46	52	0	0	6.8	52.3	59.1
3	下	50	1	0	1	29	31	1.1	0	1.1	32.9	35.2
合计		150	1	0	9	78	88	1.1	0	10.2	88.7	100

（3）不同坡位西南桦林受桑寄生危害、桑寄生丛生长势、鸟类出入情况

①不同坡位西南桦林受桑寄生危害情况　同一林班同一坡向的上坡、中坡、下坡的桑寄生率分别为 10%，56%，48%；西南桦枯死率分别为 0，8%，3%。中坡的桑寄生率最高，危害最重；上坡的桑寄生率最低，危害最轻（表 5-8）。桑寄生在不同坡位的危害可能与鸟类栖息和活动有关。上坡风大影响鸟类栖息和活动；下坡人为活动较多影响鸟类栖息；而中坡风较小，人为活动也较少，最适合鸟类栖息，带有桑寄生种子的鸟粪多，桑寄生率也就最高。

表 5-8　桑寄生对不同坡位西南桦的危害比较

样地号	调查地点	坡位	树高(m)	胸径(cm)	调查株数	桑寄生株数	桑寄生率(%)	枯死株数	枯死率(%)
1	天峨县林朵林场立兴分场 6 林班	上	15.9	15.3	50	5	10	0	0
2	天峨县林朵林场立兴分场 6 林班	中	15.6	14.7	50	28	56	4	8
3	天峨县林朵林场立兴分场 6 林班	下	13.8	13.4	50	24	48	1	2
	合计				150	57	38	5	3.3

②不同坡位西南桦林桑寄生丛生长势情况　桑寄生丛平均冠幅 65cm，平均高 93cm。其中，中坡、下坡和上坡的寄生丛平均冠幅分别为 101cm、91cm、53cm，平均高分别为 105cm、95cm、80cm，冠高指数分别为 10605、8645、4240。中坡和下坡桑寄生丛的平均冠幅、平均高、冠高指数明显高于上坡（表 5-9）。从外观上看，中坡和下坡桑寄生丛长势比较旺盛，枝条粗壮，叶片翠绿；上坡桑寄生丛长势较弱，枝条细小，叶片暗黄。这可能与坡位的生境条件有关，中坡和下坡地势比较平坦、土层厚，水肥条件相对比较好，对桑寄生生长有利，而上坡土壤水肥条件比较差，风也比较大，对桑寄生生

长不利。

表 5-9　不同坡位西南桦林桑寄生丛生长势情况

样地号	坡位	坡度	土层厚度（cm）	调查株数	被桑寄生株数（株）	桑寄生丛数（丛）	桑寄生丛平均冠幅（cm）	桑寄生丛平均高（cm）	冠高指数
1	上	25	80	50	5	5	53	80	4240
2	中	20	105	50	28	52	101	105	10605
3	下	20	110	50	24	31	91	95	8645
	合计			150	57	88	65	93	6045

③不同坡位西南桦林鸟类出入鸟类出入情况　桑寄生由大山雀（*Parus major*）等鸟类取食桑寄生成熟果实后，在西南桦树上滞留，桑寄生种子随鸟粪落在西南桦树干或树枝上，桑寄生种子发芽生根后侵入西南桦树皮形成寄生。鸟类在林内活动越频繁，桑寄生发生危害的可能性就越高。根据在广西天峨县林朵林场立兴分场 6 林班上坡、中坡、下坡设置 30m×30m 标准地林分内的观测，每小时大山雀等鸟类出入林分的次数分别为 2 只次、10 只次、8 只次；而上坡、中坡、下坡的桑寄生株率分别为 10%、56%、48%。鸟类活动与桑寄生率密切相关。除了大山雀以外，可能还有其他种类的鸟在传播桑寄生种子，这有待于进一步研究。

④桑寄生对西南桦生长量影响　在广西天峨县林朵林场立兴分场进行 3 组无桑寄生与有桑寄生西南桦立木材积调查，有桑寄生植株平均材积比无桑寄生植株低 7.01%。桑寄生对西南桦生长量影响明显，桑寄生降低了西南桦植株的立木材积（表 5-10）。

表 5-10　桑寄生对西南桦生长量影响

组别	类别	调查株数	平均树高（m）	平均胸径（cm）	平均材积（m³）	对比低（%）
1	无寄生植株	30	16.0	15.6	0.152 8	5.04
	有寄生植株	30	15.8	15.3	0.145 1	
2	无寄生植株	30	15.6	15.3	0.143 3	10.4
	有寄生植株	30	15.3	14.7	0.129 8	
3	无寄生植株	30	13.8	13.7	0.101 7	7.73
	有寄生植株	30	13.6	13.3	0.094 4	
合计	无寄生植株	90	15.1	14.8	0.129 8	7.01
	有寄生植株	90	14.9	14.4	0.121 3	

5.2.3　研究结论

广西天峨县林朵林场和靖西县五岭林场的西南桦人工造林地受桑寄生危害比较严重。桑寄生丛数量在西南桦各植株之间差异比较大，最多的每株树上可以有桑寄生 5 丛。桑寄生丛主要寄生在西南桦植株主干的中上部，侧枝受害相对较少。同一坡向，中坡的西南桦桑寄生率最高，危害最重，下坡次之；上坡的西南桦桑寄生率最低，危害最轻。就长势而言，中坡和下坡桑寄生丛长势比较旺盛，上坡桑寄生丛长势比较弱。桑寄生由大山雀等鸟类粪便传播，因此，鸟类出入频繁的西南桦林分，桑寄生率高。桑寄生对西南桦生长量影响明显，降低了植株立木材积。

目前，桑寄生危害西南桦在广西虽然不普遍，也不很严重。但是，桑寄生危害西南桦不仅会降低林木生长量，还可能降低木材质量，严重的甚至造成植株枯死。随着广西西南桦造林面积的扩大，尤其在天然次生林周边营造西南桦人工林，对桑寄生危害不能掉以轻心，应当引起重视，并采取有效措施加以防治。

按照适地适树原则种植西南桦人工林，应当尽可能避开在天然林或天然次生林附近营造西南桦人工林，减少桑寄生种子通过鸟类传播，从而达到降低桑寄生发生危害的目的。同时，应当加强西南桦人工林抚育管理，促进西南桦植株生长，早日郁闭成林。桑寄生主要发生在西南桦 4 年生以上的人工林，因此，应当重点加强 4 年生以上林分的监测，每年调查 1~2 次，做到及时发现及时防治。目前，对西南桦桑寄生还没有找到经济实用有效的生物、物理和化学的防治方法。但是，桑寄生危害发生后，采取人工根除桑寄生丛的方法，可以收到良好的防治效果。

（注：本章节主要观点发表于《广西科学》2012 年第 2 期）

5.3　西南桦林相思拟木蠹蛾危害调查

西南桦是我国热带、南亚热带地区一个优良乡土树种，具有重要的生态和经济价值，生长快、产量高、材质优，适合制作高档家具、地板、建筑等。随着人们对西南桦木材需求增加，西南桦木材价格不断上涨，种植西南桦已成为我国西南地地区调整速丰林结构，改善人工林生态环境，提高经济收入的重要途径。我国西南桦人工林面积已逾 5 万 hm²。相思拟木蠹蛾（*Lepidarbela baibarana*）。在西南桦树杈、树皮裂缝或伤口处产卵，幼虫孵化后蛀入树干取食木材，虫孔深达木质部 3~4cm，严重的达心材部分，虫孔开口直径约 1cm，受害植株轻则降低木材品质；重则发生风折断梢。蛀干害虫对木材品质影响极大。目前对相思拟木蠹蛾危害西南桦的研究还是空白。因此，进行西南桦林相思拟木蠹蛾危害调查研究，控制其对西南桦的危害，对发展西南桦速丰林生产有十分重要的意义。

5.3.1　材料与方法

（1）实验点概况

调查地点位于广西百色市老山林场立周分场 3 林班、老山分场 42 林班、52 林班及右江区大楞乡 3 林班受危害林分。老山林场位于 106°15′~106°26′E，24°22′~24°32′N；右江区位于 106°7′~106°56′E，23°33′~24°18′N。样地大小 20m×20m，每个样地调查 50 株。并测量样株的胸径、树高，记录样地海拔、林分郁闭度。

（2）调查内容与方法

①不同海拔高度发生程度调查　在 600m、630m、675m、950m、1350m、1400m 6 个海拔样地内，通过目测观察各被害株树干上虫粪段数，一段虫粪包裹一个虫孔，记录虫孔数，然后统计各样地被害株数、总虫孔数，计算各样地有虫株率与虫口密度。按有虫株率确定发生程度，划分未发生、有发生、轻度、中度、重度五级。未发生指有虫孔株率为 0；有发生指有虫孔株率为 4% 以下；轻度指有虫孔株率 5%~10%；中度指有虫孔株率 11%~20%；重度指有虫孔株率 21% 以上。

②人工修枝对危害程度影响调查　用目测法统计立周 3 林班人工修枝样地（2008 年 5~7 月进行人工修枝，将主干 4~5m 以下枝条全部砍去）与自然整枝样地虫孔数，计算虫孔平均数。用差异显著性检验法，测定人工修枝对该虫危害程度影响。

③树干不同高度分布情况调查　将各样地西南桦样树主干依次划分为距地 0~2.0m、2.1~4.0m、4.1~6.0m、6.1~8.0m、8.1~10.0m、10.1m 以上共 6 个区间，用目测法分别统计各区间虫孔数。用单因素方差分析法，测定该虫危害对树干不同高度的选择性。

5.3.2　结果与分析

（1）不同海拔高度发生程度

在广西百色市老山林场，自然整枝情况下，海拔630m与海拔950m西南桦受害程度均为重，但海拔630m虫孔密度比海拔950m高1.36；海拔1350m、1400m时西南桦受害轻或仅有发生。在右江区大楞乡海拔600m西南桦受害程度为中度，在675m则受害程度为轻度。这表明，相思拟木蠹蛾发生危害主要在广西适合种植西南桦海拔400～1450m中的低海拔范围，西南桦被害程度随着海拔的上升而下降（表5-11）。

表5-11　相思拟木蠹蛾对西南桦危害程度

样地号	样地地点	造林时间（年·月）	造林规格（m）	抚育措施	海拔（m）	郁闭度	平均树高（m）	平均胸径（cm）	调查株数（株）	被害株数（株）	被害株率（%）	虫孔数（个）	虫孔密度（个/株）	发生程度
A	立周分场3林班	2004-05	2×4	1	750	0.7	12.8	14.2	50	46	92	271	5.42**	重
B	立周分场3林班	2004-05	2×4	2	950	0.8	11.7	13.0	50	23	46	40	0.80	重
C	立周分场3林班	2004-05	2×4	2	630	0.7	14.0	14.0	50	36	72	108	2.16	重
D	老山分场42林班	2003-04	2×3	2	1400	0.6	8.1	9.5	50	5	10	7	0.14	轻度
E	老山分场52林班	2002-01	2×3	2	1350	0.6	14.8	12.6	50	2	4	5	0.10	有发生
F	老山分场52林班	2002-01	2×3	2	1350	0.6	13.8	11.4	50	5	10	8	0.14	轻度
G	右江区大楞乡3林班	2004-01	2×4	2	600	0.7	10.6	11.7	50	6	12	8	0.16	中度
H	右江区大楞乡3林班	2004-01	2×4	2	675	0.7	10.9	11.5	50	3	6	5	0.10	轻度
	合计								400	126	31.5	452	1.13	—

注：表中1为人工修枝（2008年5～7月进行修枝，将主干4～5m以下枝条全部砍去），2为自然整枝；**表示人工修枝（A样地）对自然整枝（B、C样地）虫孔数差异性检验显著（$P < 0.01$）。

（2）人工修枝对危害程度影响

2008年5～7月在百色市老山林场立周分场3林班进行人工修枝与自然整

枝的对比试验，2010年7月调查结果表明，人工修枝被害株率为92%，比自然整枝被害株率72%高20%；人工修枝虫孔密度为5.42个/株，比自然整枝虫孔密度2.16个/株高2.26。对人工修枝（A样地）与自然整枝（B、C样地）虫孔数进行方差齐性检验后，对虫孔平均数进行差异显著性检验，结果为$U=6.68>U_{0.01}=2.58$。结果表明不同整枝方式西南桦树干相思拟木蠹蛾虫孔平均数差异极显著，即西南桦人工修枝林分相思拟木蠹蛾虫孔数极显著比自然整枝林分高。说明在相思拟木蠹蛾幼虫侵入期人工修枝会加重相思拟木蠹蛾对西南桦危害（表5-11）。人工修枝被害严重的原因是人工修枝造成伤口，有利于相思拟木蠹蛾成虫在伤口处产卵、幼虫蛀入。在调查研究中发现，相思拟木蠹蛾大多从修枝伤口处入蛀，形成虫孔，并排出大量虫粪。

（3）树干不同高度分布情况

相思拟木蠹蛾在西南桦树干上的分布主要集中在2.1~8.0m，树干4.1~6.0m处受害最严重。在8个样地的调查结果表明，相思拟木蠹蛾在树干上的分布主要集中在树干的中部，其中，4.1~6.0m占41.4%、6.1~8.0m占22.4%、2.1~4.0m占21.2%，0~2.0m与8.1~10.0m均占7.5%。由此可见，85%相思拟木蠹蛾集中在西南桦树干2~8m范围内危害。对A、B、C3个样地150株树树干基向上各2m区间段虫孔数经Bartlett方差齐性检验后，进行组内单因素方差分析，结果为$F=593.11>F_{0.01}=3.34$。结果表明相思拟木蠹蛾虫孔在不同高度分布数量有极显著差异，即该虫对树干不同高度的危害有选择性。多重比较结果为$D_{0.05}=0.11$，$D_{0.01}=0.14$，不同高度样株虫孔数均值多重比较见表2。结果表明0~2.0m与8.1~10.0m间虫孔数没有差异，2.1~4.0m与6.1~8.0m间虫孔数有显著差异，其余区间段间虫孔数均有极显著差异，虫孔数差异最大的是0~2.0m与4.1~6.0m间，其次为4.1~6.0m与8.1~10.0m间（表5-12）。各2m区间段虫孔数均值大小顺序为4.1~6.0m>6.1~8.0m>2.1~4.0m>8.1~10.0m>0~2.0m，说明相思拟木蠹蛾对西南桦树干基向上4.1~6.0m处选择性最大，虫孔数最多，其次为树干基向上6.1~8.0m处。相思拟木蠹蛾在树干上的分布与整枝程度有关，不管是自然整枝，还是人工整枝，整枝高度越高，危害分布就越高。在树干4.1~6.0m处受害最严重，这与蛀干害虫危害主要发生在造林后2年有关。

表 5-12　以 2m 为区间段西南桦树干不同高度虫孔数

样地号	西南桦树干不同高度虫孔数量(个)					
	0~2.0m	2.1~4.0m	4.1~6.0m	6.1~8.0m	8.1~10.0m	合计
A	15	51	133	61	11	271
B	10	10	14	3	3	40
C	1	19	35	35	18	108
D	2	5	0	0	0	7
E	2	2	1	0	0	5
F	2	3	1	1	1	8
G	1	4	1	1	1	8
H	1	2	2	0	0	5
合计	34	96	187	101	34	452
百分比(%)	7.5	21.2	41.4	22.4	7.5	100
A、B、C 样地样株虫孔数均值	0.17dC	0.53cB	1.21aA	0.66bB	0.21dC	

注：表中虫孔数均值后不同大写英文表示差异显著($P < 0.01$)，不同小写英文字母表示差异显著($P < 0.05$)。

5.3.3　研究结论

相思拟木蠹蛾在局部地区西南桦人工林发生危害严重。该虫主要危害低海拔范围西南桦，随着海拔的上升西南桦被害程度下降。人工修枝造成伤口有利于其成虫在伤口处产卵、幼虫蛀入，增加了相思拟木蠹蛾侵入机会，因此加重了该虫对西南桦的危害。相思拟木蠹蛾对树干有选择性，以树干基部向上 2 米为区间段，西南桦不同区间段都受危害，以 4.1~6.0m 间树干受害最重；这与西南桦自然整枝强度大、整枝高度高及该虫主要在节疤、树干分叉、树皮粗糙处产卵、蛀入有关；西南桦蛀干害虫主要发生造林后第 2 年，所以树干 4.1~6.0m 受害最重。

在西南桦幼龄林和中龄林控制人工修枝可减轻相思拟木蠹蛾的危害。西南桦人工修枝对树高和蓄积生长是不利的。因为西南桦是强阳性树种，前期生长期快速，早期过度修枝减少了枝叶以及树木的光合作用，从而降低了生长。但人工修枝可减少节疤，对提高木材质量有促进作用。因此，建议西南桦中幼龄林在 5~11 月幼虫侵入期不修枝。如果必须修枝，建议修枝后采用油漆或乐果等化学农药涂抹伤口，以减少相思拟木蠹蛾等蛀干害虫侵入危害。而黄金塔研究表明，修枝可以减轻相思拟木蠹蛾对木麻黄的危害，认为修枝后木麻黄生长更好，提高了耐虫性。

西南桦人工林蛀干害虫已成为影响西南桦发展的突出问题。应在西南桦人工林开展对相思拟木蠹蛾等蛀干害虫的全面调查，掌握其发生现状、发生发展规律，加强监测防治技术研究。

（注：本章节主要观点发表于《中国森林病虫》2012 年第 5 期）

5.4　西南桦木蠹蛾空间分布与抽样技术

西南桦是我国热带、南亚热带珍贵乡土阔叶树种，具有极高的生态价值和经济效益。目前全国推广面积达 5 万 hm²。广西已将西南桦列为桂东北、桂西北规划重点发展的首选珍贵树种之一，在百色市、平果县、凭祥市、天峨县等地已造林 800hm²，规划到 2020 年将发展包括西南桦等珍贵树种 400 万亩。因此，对西南桦人工林重大有害生物的发生规律与防控技术的研究，是发展西南桦人工速丰林的重要保证之一。陈尚文等 2006 年于广西乐业县调查西南桦发现害虫 23 种，其中木蠹蛾(Cossidae)、材小蠹(*Xyleborus* sp.)是西南桦最严重的蛀干害虫，轻则影响西南桦原木品质，重则主梢极易风折。

为了解西南桦木蠹蛾发生发展规律，本研究于 2010 年 7 月调查了广西百色市老山林场西南桦受蛀干害虫木蠹蛾的危害情况，从空间分布图式及抽样技术进行了研究，为西南桦木蠹蛾综合防治提供理论依据。

5.4.1　研究地概况及研究方法

（1）研究地概况

调查地为广西百色市老山林场利周分场 3 林班，地处 24°22′~24°32′N，106°15′~106°26′E，属南亚热带季风气候区，终年潮湿，季节分明。造林时间 2004 年 5 月，造林规格 2m×4m。

（2）研究方法

①样地调查法

采取样地调查法。2010 年 7 月，在西南桦试验林内设置三个样地，A 样地海拔 750m，为人工整枝；B、C 样地海拔分别为 950m、630m，均为自然整枝。样地 20m×20m，每个样地调查 50 株。从树干基部向上 2m 为 1 个单位，分段记录树干上木蠹蛾虫孔数，测量样株的胸径、树高、冠幅，记录样地坡向、坡位、海拔、林分郁闭度、植被种类及盖率。

②空间分布型研究

采用频次比较法检测西南桦木蠹蛾虫孔空间分布型。即采用波松分布、奈曼分布、负二项分布等检测木蠹蛾空间分布符合的概率型，依据空间分布型确定其分布图式。

③空间图式研究

采用聚集度指标测定和回归分析西南桦木蠹蛾虫孔空间图式。即采用 Lloyd 平均拥挤度指标、David、Moore 聚集度指标、Lloyd 聚块性指标、Cassie and Kuno 指标、Morisita 扩散系数指标、Waters 负二项分布指标(以下为虫孔密度、标准差)6 种指标与 Iwao 回归模型、徐汝梅改进型回归模型、Taylor 幂法则 3 种模型检测与回归分析西南桦木蠹蛾虫孔分布图式。

④聚集原因分析

采用 Blackith 的种群群聚均数 λ 分析。$\lambda = (\bar{x}/2k)\gamma$，式中，$\bar{x}$ 为种群均数；k 为负二项分布 k 值；γ 为 x^2 分布表中自由度等于 $2k$ 与 0.5 概率对应的值。

⑤序贯抽样分析

按 Iwao 的 $M^* - M$ 关系建立理论抽样数 N 和序贯抽样决策限 $T'_{(n)}$。计算公式为 $N = t^2/D^2 [(\alpha + 1/\bar{x}) + \beta - 1]$，$T'_{(n)} = nm_0 \pm t \sqrt{n[(\alpha + 1)m_0 + (\beta - 1)m_0^2]}$，式中，$N$ 为最适抽样数；D 为允许误差；$\bar{x}$ 为虫孔密度；$T'_{(n)}$ 为累积虫孔的上下限；n 为调查株数；m_0 为设定的临界防治指标；α、β 为 Iwao$M^* - M$ 回归模型 $M^* = \alpha + \beta\bar{x}$ 的参数；当置信概率为 0.7 时，t 一般取 1。

5.4.2 结果与分析

(1)空间分布型

考虑到 A 样地虫孔数较多，利用 A 样地虫孔数进行空间分布型研究。统计各虫孔数出现的频率，然后分别计算出波松分布、奈曼分布、负二项分布矩法、负二项分布最大或然值理论值，然后经 x^2 检验法检验，结果见表 5-13。可见，波松分布理论值 $\sum x^2 = 147.7933 > x^2_{0.05} = 21.026$，奈曼分布理论值 $\sum x^2 = 10.5826 < x^2_{0.05} = 21.026$，负二项分布最大或然值法理论值 $\sum x^2 = 17.0855 < x^2_{0.05} = 21.026$，表明木蠹蛾虫孔空间分布型符合奈曼分布，也符合负二项分布；分布图式为聚集布。负二项分布矩法理论值 $\sum x^2 = 32.321317 > x^2_{0.05} = 21.026$，未能通过 x^2 检验法的检验，可能因为抽样数量不够多，零频率出现的概率偏少，不能达到理论值假设的条件要求。

表 5-13　木蠹蛾虫孔空间分布型测定结果

虫孔数 x	观察频数 f	波松分布理论值 x^2	奈曼分布理论值 x^2	负二项分布矩法理论值 x^2	负二项分布最大或然值法理论值 x^2
0	4	64.488 8	0.069 2	0.974 1	0.013 3
1	7	28.033 3	3.319 5	5.752 8	0.346 9
2	7	4.32	0.963 2	3.092 9	0.236 4
3	1	4.045 5	3.473 5	2.102 9	6.314 1
4	3	3.092 3	0.962 5	0.123 5	2.577 5
5	3	3.672 6	0.755 8	0.026 2	1.800 4
6	5	1.002 5	0.029 6	1.677 5	0.035
7	4	0.686 7	0.000 03	1.176 5	1.622 4
8	3	0.290 2	0.059 3	0.650 8	1.642 6
9	4	0.959 6	0.438 8	5.143 1	0.224 9
10	3	2.077 4	0.189 7	3.575 9	0.303 5
11	3	8.341 8	0.127	5.912 2	0.031 8
12	1	1.663	0.157 5	0.241 3	1.045
13	1	6.194 9	0.026 3	0.428	0.603 5
14	1	18.924 7	0.010 7	1.254	0.288 2
	$\sum f = 50$	$\sum x^2 = 147.793\ 3$	$\sum x^2 = 10.582\ 6$	$\sum x^2 = 32.321\ 317$	$\sum x^2 = 17.085\ 5$

（2）空间分布

①虫孔在树干空间分布　以树干基向上 2m 为区间段调查西南桦树干上虫孔分布情况（表 5-14）。各区间段均有虫孔分布，整枝到哪里就受害到哪里，以 4~6m 区间虫孔比例最高，占总虫孔数 43.5%，其次为 6~8m，占 23.6%；三个样地中 A 样地虫孔数最多，占总虫孔数 64.7%，虫孔密度为 5.42 个/株。说明西南桦中人工修枝幼龄林受木蠹蛾虫害更为严重，人工修枝增加了伤口，提高了木蠹蛾幼虫侵入的机会。

表 5-14　虫孔在树干空间分布情况

样地号	调查株数	树干不同高度(m)虫孔数量						虫孔百分率(%)	虫孔密度(个/株)
		0~2	2~4	4~6	6~8	8~10	合计		
A	50	15	51	133	61	11	271	64.7	5.42
B	50	10	10	14	3	3	40	9.5	0.8
C	50	1	19	35	35	18	108	25.8	2.16
合计	150	26	80	182	99	32	419	100	2.79
虫孔百分率(%)		6.2	19.1	43.5	23.6	7.6	100.0	—	—

②空间分布图式 聚集度指标测定结果见表 5-15，可见各样地聚集度指标 $I > 0$，聚块性指标 $M^*/M > 1$，$Ca > 0$，扩散系数 $C > 1$ 且均在 $1 \pm \sqrt{2/(n-1)}$ 之外，负二项分布指数负 $K > 0$，表明各样地西南桦木蠹蛾虫孔空间分布图式为聚集分布。

表 5-15 木蠹蛾虫孔聚集度指标测定结果

样地号	$\bar{x}$	S^2	M^*	I	M^*/M	Ca	C	K
A	5.420 0	15.554 7	7.289 9	1.869 9	1.350 0	0.348 2	2.869 9	2.898 6
B	0.800 0	2.040 1	2.350 1	1.550 1	2.937 6	1.937 7	2.550 1	0.516 1
C	2.160 0	4.218 8	3.113 1	0.953 1	1.441 3	0.441 3	1.953 1	2.266 2

以上各种聚集度指标中，平均拥挤度 M^* 描述了个体间空间关系一个重要方面，它不受零样方的影响，强调种群中个体数量的平均值，A 样地种群平均拥挤度大于 B、C 样地。

聚集度指标 I 表达害虫在一个生境的各亚生境中的种群分布，与扩散系数 C 存在一定的相关性。聚块性指标 I 是估计种群中个体群大小平均大小的指标，B、C 样地个体群大于 A 样地。

负二项指标 K 值表示的种群聚集度可以明显影响捕食性与寄生性天敌的作用，K 值愈小，种群的聚集度愈大 B、C 样地种群聚集度大于 A 样地；说明在未进行人工修枝措施时，林内天敌能更好地建立种群及发挥控制作用。Ca 性质与 K 相同，Ca 值越大，聚集度越高。

木蠹蛾虫孔聚集度指标回归分析结果见表 5-16。可见 Iwao $M^* - M$ 回归模型参数 $\alpha = 0.899\ 449\ 505 > 0$，说明木蠹蛾个体间相互吸引，存在着个体群；$\beta = 1.162\ 858\ 173 > 1$，表明木蠹蛾虫孔分布图式为聚集分布。徐汝梅 $M^* - M$ 改进型回归模型，参数 α' 表示每个基本成分中个体数的分布的平均拥挤度，β' 表示在低密度下基本成分的分布的相对聚集度，$\alpha' = 2.039\ 545\ 454 > 0$，$\beta' = 0.227\ 272\ 729 > 0$，表明木蠹蛾虫孔分布图式呈聚集分布，基本成分分布的相对聚集度随种群密度而变化的速率 $\gamma = 0.136\ 363\ 636$。Taylor 幂法则参数 $\lg a = 0.366\ 475\ 193 > 0$，$b = 1.057\ 365\ 886 > 1$；表明木蠹蛾虫孔在一切密度下均是聚集的，且具密度依赖性。综上所述，木蠹蛾聚集度指标回归模型均表明木蠹蛾虫孔空间分布图式为聚集分布。

表 5-16 木蠹蛾虫孔聚集度指标回归模型

模型名称	模型	参数	相关系数
IwaoM^*-M 回归模型	$M^*=\alpha+\beta\bar{x}$	$\alpha=0.899\ 449\ 505$ $\beta=1.162\ 858\ 173$	0.995 412 787
徐汝梅 M^*-M 改进型回归模型	$M^*=\alpha'+\beta'\bar{x}+\gamma\ \bar{x}^2$	$\alpha'=2.039\ 545\ 454$ $\beta'=0.227\ 272\ 729$ $\gamma=0.136\ 363\ 636$	0.964 068 043
Taylor 幂法则	$\lg S^2=\lg a+b\lg\bar{x}$	$\lg a=0.366\ 475\ 193$ $b=1.057\ 365\ 886$	0.982 936 116

（3）聚集原因

从种群群聚均数分析可见表 5-17，A 样地 λ 值大于 2，而 B、C 样地 λ 值小于 2，表明 A 样地木蠹蛾虫孔的聚集原因可能为环境因素或者昆虫本身的聚集习性中的任一原因，B、C 样地木蠹蛾虫孔的聚集原因是某些环境作用所引起，而不是由于昆虫本身的聚集习性活动的缘故。进行 λ—$\bar{x}$ 线性关系回归，得模型 $\lambda=-0.215\ 478\ 76+0.795\ 553\ 255\bar{x}$，相关系数 $\gamma=0.998\ 959\ 38$。表明种群群聚均数 λ 随虫孔数 $\bar{x}$ 的增加而增加。令 $\lambda=2$，则 $\bar{x}=2.78$，即当平均虫孔数 <2.78 个时，其聚集原因为环境因素（如整枝）引起，；当平均虫孔数 ≥2.78 个时，其聚集原因可能是环境因素（如整枝）引起，也可能是昆虫本身聚集习性（聚集枝杈处产卵、侵入）引起。

表 5-17 种群群聚均数分析

样地号	$\bar{x}$	$2K$	ν	λ
A	5.420 0	5.797 2	4.351	4.067 9
B	0.800 0	1.032 2	0.455	0.352 6
C	2.160 0	4.532 4	3.357	1.599 8

（4）序贯抽样

根据 Iwao M^*-M 回归模型参数 $\alpha=0.899\ 449\ 505$、$\beta=1.162\ 858\ 173$，则木蠹蛾调查理论抽样数的模型分别为 $N=1/D^2(1.8994/\bar{x}+0.1629)$（$N$ 为理论抽样数，$\bar{x}$ 为种群密度）。结合本次调查，A、B、C 三个样地理论抽样数，当 $D=0.1$ 时，分别为 52 株、254 株、88 株；当 $D=0.2$ 时，分别为 13 株、64 株、27 株。可见，随着种群密度的增加与调查精度的提高，抽样数也增加。令木蠹蛾临界防治指标 $m_0=3$，则木蠹蛾序贯抽样决策限 $T'_{(n)}=3n\pm2.68\sqrt{n}$

（n 为调查株数，$T'_{(n)}$ 为防治上下限指标）。当 $n = 50$ 时，木蠹蛾序贯抽样上下限指标为（132，169），即当调查 50 株西南桦累积木蠹蛾虫孔数大于 169 时，需要及时防治，累积木蠹蛾虫孔数小于 132 时，不需要防治，当累积木蠹蛾虫孔数在 132~169 时，需要继续增加调查。本次三个样地各调查 50 株，A、B、C 分别统计得虫孔数为 271、40、108；说明 A 样地需要及时防治，而 B、C 不需要。

5.4.3　研究结论

①西南桦木蠹蛾种群空间分布型符合奈曼分布、负二项分布等两种概率分布型；种群分布图式为聚集分布。环境因素、昆虫本身聚集习性均可引起种群聚集。自然整枝林分比人工修枝林分木蠹蛾种群聚集度高，有利于自然界中天敌种群建立与发挥控制作用。人工整枝加大了木蠹蛾侵入的机会，西南桦受木蠹蛾危害更严重。可根据 Iwao $M^* - M$ 回归模型参数、允许误差、防治临界指标建立理论抽样数与序贯抽样决策限公式。

②应用概率分布型研究昆虫种群空间分布型虽然理论上更严谨，但会出现同一种昆虫符合 2 种概率分布型，使昆虫空间分布型与分布图式不能一一对应，这会给理论抽样数、序贯抽样分析带来困难。如本例中，西南桦木蠹蛾种群同时符合奈曼分布、负二项分布 2 种概率分布型，奈曼分布对应的分布图式为核心分布，负二项分布对应的分布图式为嵌纹分布，核心分布与嵌纹分布合称聚集分布。因此，还需再通过聚集度指标检测和回归模型分析西南桦木蠹蛾虫孔空间图式。

③木蠹蛾虫孔在西南桦不同整枝高度均有分布，要调查木蠹蛾幼虫是十分困难的。因此，本次木蠹蛾种群空间分布采用虫孔研究，在生产实践中，会有一定误差。在实践应用中，如能够找出幼虫数与虫孔数的相关模型，然后将虫孔数修正为幼虫数，对实践工作更有指导意义。

④西南桦中、幼林人工修枝增加了木蠹蛾侵入的机会，不仅虫口密度增大，而且其聚集度降低，不利于利用天敌控制害虫，因此，建议西南桦人工林中、幼林不进行人工修枝。

（注：本章节主要观点发表于《广东农业科学》2011 年第 8 期）

5.5　相思拟木蠹蛾危害西南桦的调查

西南桦，别名：西桦、桦树、桦桃木，桦木科（Betulaceae）桦树属
（*Betula*），是我国热带、南亚热带地区一个优良乡土树种，具有重要的生态和
经济价值，生长快、产量高，在广西百色、凭祥等地年均树高生长达到
1.5m、胸径生长达到2cm。至2010年，我国西南桦人工林面积已逾5万hm^2。
因此，种植西南桦已成为调整速丰林结构，改善人工林生态环境，提高经济
收入的重要途径。

近10年来，随着人们居住环境的改善及对室内装饰材料的需求增加，西
南桦加工业迅速发展，西南桦木材价格不断上涨。然而，本研究2010年调查
发现西南桦易遭受一种蛀干害虫危害，树干上蛀孔处布满由虫粪、树干皮屑
缀成的隧道；2011年采集昆虫标本鉴定为相思拟木蠹蛾（*Arbela bailbarana*）。
相思拟木蠹蛾成虫在西南桦树杈、树皮裂缝或伤口处产卵，幼虫孵化后蛀入
树干取食木材，虫孔深达木质部3~4cm，严重的达心材部分，虫孔开口直径
约1cm，受害植株轻则降低木材品质；重则发生风折断梢。根据国家木材标
准规定，阔叶树原条在检尺范围内4~20个虫眼，即由一等降为二等；阔叶树
原木的任意1m段内如有1个虫眼，即由一等材降为二等材。目前，对相思拟
木蠹蛾为害西南桦的研究很少。因此，对相思拟木蠹蛾发生为害进行调查研
究，对发展西南桦速丰林生产有十分重要的意义。

5.5.1　研究地概况与研究方法

（1）研究地概况

研究地点为广西百色市老山林场利周分场3林班，地处24°22′~24°32′N，
106°15′~106°26′E属南亚热带季风气候区，终年潮湿，季节分明。造林时间
2004年5月，造林规格2m×4m。

（2）调查方法

采取样地调查法。2010年7月，在2004年种植的西南桦试验林内设置3
个样地，A样地海拔750m，为人工整枝；B、C样地海拔分别为950m、
630m，均为自然整枝。样地20m×20m，每个样地调查50株。从树干基部向
上2m为1个单位，通过目测观察相思拟木蠹蛾蛀孔处虫粪，一段虫粪包裹一

个虫孔，分段记录树干上相思拟木蠹蛾虫孔数，测量样株的胸径、树高、冠幅，记录样地坡向、坡位、海拔、林分郁闭度、植被种类及盖率。

（3）研究方法

①发生程度　按有虫株率确定相思拟木蠹蛾发生程度，划分未发生、有发生、轻度、中度、重度五级。未发生指有虫孔株率为0；有发生指有虫孔株率为4%以下；轻度指有虫孔株率5%～10%；中度指有虫孔株率11%～20%；重度指有虫孔株率21%以上。计算 A、B、C 样地虫孔密度，按0～2m、2～4m、4～6m、6～8m、8～10m统计虫孔数。统计不同虫孔数2m区间段累积数量与比例。

②垂直危害特性与不同整枝方式影响　对 A、B、C 样地0～2m、2～4m、4～6m、6～8m、8～10m 各单株虫孔数进行组内次数相同单因素方差分析，对差异显著的进行多重比较检验；对人工整枝（A 样地）与自然整枝（B、C 样地）虫孔平均数进行差异显著性检验。

③种群密度估计模型　采用 Gerrard 模型 $\hat{x} = a\,(-\ln p_0)^b$（$p_0$ 为无虫株率或称零频率，a、b 为系数）拟合拟木蠹蛾零频率种群密度估计模型。

④理论抽样数的确定　根据 Gerrard 方法的理论抽样公式 $n = \dfrac{b^2(1-p_0)}{p_0\,(\ln p_0)^2\,(cv)^2}$（式中，$b$ 为 Gerrard 模型系数；p_0 为无虫株率；cv 为估计精度）计算不同精度下调查理论抽样数。

5.5.2　结果与分析

（1）相思拟木蠹蛾发生程度

调查株数150株，有虫孔株数105株，有虫孔株率70%，总虫孔数419个，虫孔密度2.79个/株。以2m为区间统计相思拟木蠹蛾危害虫孔结果表明，4～6m虫孔数最多，182个；其次为6～8m，99个；0～2m虫孔数最少，26个。A、B、C样地相思拟木蠹蛾有虫孔株率分别为92%、46%、72%，发生程度均为重；虫孔总数分别为271、40、108个，虫孔密度分别为5.42、0.8、2.16个/株。A样地相思拟木蠹蛾虫孔数271个，明显大于B、C样地虫孔数，说明A样地受相思拟木蠹蛾危害比B、C样地严重。结果见表5-18。在调查的150株树中，每株树按树干基向上2m为区间段数取虫孔数，总计调查2m区间段750段，无虫孔的561段，占74.8%；有1个虫孔的85段，占11.3%；有2个虫孔的47段，占6.3%；有3个虫孔的26段，占3.5%；有4个虫孔的16段，占2.1%；有5个虫孔的7段，占0.9%；有6、8、9个虫孔的分别2段，占0.3%；有7、10个虫孔的分别1段，占0.1%。结果见表5-19。

表5-18 相思拟木蠹蛾发生程度调查结果

样地号	调查株数（株）	有虫孔株数（株）	有虫孔株率（%）	虫孔密度（个·株⁻¹）	发生程度	2m 区间段虫孔数					
						0~2	2~4	4~6	6~8	8~10	合计
A	50	46	92	5.42	重	15	51	133	61	11	271
B	50	23	46	0.8	重	10	10	14	3	3	40
C	50	36	72	2.16	重	1	19	35	35	18	108
合计	150	105	70	2.79	重	26	80	182	99	32	419
虫孔数均值	—	—	—	—	—	0.17	0.53	1.21	0.66	0.21	2.79

表5-19 不同虫孔数2m区间段累积数

离地高度（m）	不同虫孔数2m区间段累积数										合计
	0	1	2	3	4	5	6	7	8	9	
0~2	133	9	7	1	0	0	0	0	0	0	0
2~4	111	18	11	5	4	0	0	0	0	1	0
4~6	87	22	10	12	9	4	1	1	2	1	1
6~8	103	18	16	7	3	2	1	0	0	0	0
8~10	127	18	3	1	0	1	0	0	0	0	0
合计	561	85	47	26	16	7	2	1	2	2	1
百分比（%）	74.8	11.3	6.3	3.5	2.1	0.9	0.3	0.1	0.3	0.3	0.1

（2）垂直危害特性与不同整枝方式的影响

对 A、B、C3 个样地 150 株调查树树干基向上各 2m 区间段虫孔数经 Bart-lett 方差齐性检验后，进行组内单因素方差分析，结果为 $F = 593.11 > F_{0.01} = 3.34$。结果表明该虫虫孔在不同高度分布数量有极显著差异，即说明该虫对树干不同高度的危害有选择性。经计算多重比较 $D_{0.05} = 0.11$，$D_{0.01} = 0.14$，则不同高度虫孔数均值多重比较见表5-20，0~2m 与 8~10m 间虫孔数没有差异，2~4m 与 6~8m 间虫孔数有显著差异，其余区间段间虫孔数均有极显著差异，虫孔数差异最大的是 0~2m 与 4~6m，其次为 4~6m 与 8~10m。各 2m 区间段虫孔数均值大小顺序为 4~6m > 6~8m > 2~4m > 8~10m > 0~2m。而 4~6m 虫孔数与 6~8m 虫孔数有极显著差异，6~8m 虫孔数与 2~4m 虫孔数也有极显著差异，说明相思拟木蠹蛾对西南桦树干基向上 4~6m 处选择性最大，虫孔数最多，其次为树干基向上 6~8m。

表 5-20　不同高度虫孔数多重比较

高度（m）	虫孔数均值	$\lvert \bar{x}_i - \bar{x}_5 \rvert$	$\lvert \bar{x}_i - \bar{x}_4 \rvert$	$\lvert \bar{x}_i - \bar{x}_3 \rvert$	$\lvert \bar{x}_i - \bar{x}_2 \rvert$
0~2	$\bar{x}_1 = 0.17$	0.04	0.49**	1.04**	0.36**
2~4	$\bar{x}_2 = 0.53$	0.32**	0.13*	0.68**	
4~6	$\bar{x}_3 = 1.21$	1.00**	0.55**		
6~8	$\bar{x}_4 = 0.66$	0.45**			
8~10	$\bar{x}_5 = 0.21$				

注：* 表示误差 0.05 水平差异显著；** 表示误差 0.01 水平差异显著。

对人工整枝（A 样地）与自然整枝（B、C 样地）虫孔数进行方差齐性检验后，对虫孔平均数进行差异显著性检验，结果见表 5-21。$U = 6.68 > U_{0.01} = 2.58$，说明不同整枝方式西南桦树干相思拟木蠹蛾虫孔平均数差异极显著，即西南桦人工修枝林分相思拟木蠹蛾虫孔数极显著比自然整枝林分高。表明在相思拟木蠹蛾幼虫侵入期人工修枝会加重相思拟木蠹蛾对西南桦危害。

表 5-21　不同整枝方式虫孔平均数差异显著性检验

整枝方式	调查株数	虫孔平均数	标准差	U	$U_{0.01}$
人工修枝	50	5.42	3.94	6.68	2.58
自然整枝	100	1.48	1.80		

（3）种群密度估计模型

进行相思拟木蠹蛾危害林间调查，确定其虫孔数量是非常消耗时间和人力的。因为西南桦林内植被茂盛，相思拟木蠹蛾危害树干分布高，危害虫孔被幼虫蛀屑及虫粪覆盖。可在一定误差条件下，确定了理论抽样数后调查无虫株率，就可以按无虫株率及虫口密度建立林内种群密度估计模型。

相思拟木蠹蛾无虫株率与虫孔密度调查结果见表 5-22。将 Gerrard 模型 $\hat{x} = a(-\ln p_0)^b$ 两边取对数，得 $\ln \hat{x} = b\ln(\ln p_0) + \ln a$，将 p_0 和 $\bar{x}$ 以 $\ln \hat{x}$ 值对 $\ln(\ln p_0)$ 值进行直线回归，求得系数 $a = 1.4208$，$b = 1.4768$，$\gamma = 0.9984$。即相思拟木蠹蛾种群密度估计模型为 $\hat{x} = 1.4208(-\ln p_0)^{1.4768}$。

表 5-22　相思拟木蠹蛾无虫株率与虫孔密度

样地号	样本数（株）	无虫株率 p_0	种群密度 $\bar{x}$
A	50	0.0800	5.4200
B	50	0.5000	0.8000
C	50	0.2800	2.1600

将种群群密度估计模型计算的理论值与调查实测值比较，其相对误差均小于 10%，结果见表 5-23。因此，在要求不高时（如确定防治时机等），是可

以应用的。

表 5-23　相思拟木蠹蛾种群密度模型误差分析

实测值 $\bar{x}$	Gerrard 模型	
	$\hat{x}$	相对误差（%）
5.42	5.58	3.0
0.80	0.76	5.2
2.16	2.03	6.0

（4）理论抽样数的确定

采取零频率种群估计模型估计相思拟木蠹蛾的种群密度，是建立在合理的抽样调查获得无虫株率基础上进行的。计算在估计精度 $cv = 0.1$、$cv = 0.2$ 时各种无虫株率的理论抽样数，结果见表 5-24。

表 5-24　理论抽样数值表（Gerrard 法）

无虫株率 p_0	理论抽样数（株）		无虫株率 p_0	理论抽样数（株）	
	$cv = 0.1$	$cv = 0.2$		$cv = 0.1$	$cv = 0.2$
0.02	699	175	0.25	341	86
0.04	506	127	0.30	352	88
0.06	432	108	0.40	390	98
0.08	394	99	0.50	454	114
0.10	371	93	0.6	558	140
0.15	344	86	0.7	735	184
0.20	337	85	0.8	1095	274

在实践应用中，只要预先粗略估计无虫株率，就可以获得理论抽样数。

5.5.3　结论与讨论

①西南桦易受蛀干害虫相思拟木蠹蛾危害，局部地点发生危害较重，受害西南桦原条、原木和板材质量要大大降低。

②以树干基部 2m 为区间段向上，西南桦不同区间段都受相思拟木蠹蛾危害，以 4~6m 间树干受害最重。这与西南桦自然整枝强度大、整枝高度高的特性相关。

③西南桦人工修枝林分相思拟木蠹蛾虫孔数比自然整枝林分显著增多。相思拟木蠹蛾幼虫主要从节疤、树干分权、树皮粗糙处蛀入，人工修枝形成的节疤伤口增加了相思拟木蠹蛾侵入机会。

④西南桦树干上相思拟木蠹蛾虫孔密度调查，可在林间粗略估计无虫株率确定了理论抽样数后，再调查无虫株率，按无虫株率及虫口密度建立的林

内种群密度估计模型求算，可节省人力物力。

相思拟木蠹蛾危害程度与人工修枝密切相关。人工修枝造成伤口，增加了木蠹蛾侵入机会，人工修枝程度越大越容易造成危害，因此，在西南桦幼龄林和中龄林控制人工修枝可减轻相思拟木蠹蛾的危害。为了减少相思拟木蠹蛾侵入机会，建议西南桦幼龄林在5~11月幼虫侵入期不修枝。如果必须修枝，建议修枝后采用油漆或乐果等化学农药涂抹伤口，以减少相思拟木蠹蛾等蛀干害虫侵入危害。

（注：本章节主要观点发表于《植物保护》2012年第4期）

5.6 苹掌舟蛾生物学特性及防治技术

苹掌舟蛾(*Phalera flavescens*)是经济林木的重大害虫之一，该害虫杂食性强，危害树种多，危害严重，损失巨大。据报道，受害树木轻则影响生长，重则影响产品质量及产量，甚至造成林木死亡。山东省鲁西地区1999年因苹掌舟蛾危害，导致苹果产量减产20%以上，而在曲阜市梨果每年因苹掌舟蛾危害减产30%~70%。苹掌舟蛾不仅危害经济林，还危害用材林和生态防护林；不仅在北方发生危害，也在南方发生危害，危害程度逐步上升。我国从20世纪50年代末期开始研究苹掌舟蛾，到2011年，主要从苹掌舟蛾的形态特性、生物生态学特性和防治技术等方面进行研究。为全面总结我国苹掌舟蛾研究成果，进一步提高苹掌舟蛾的研究水平和灾害控制能力，本研究对我国苹掌舟蛾的研究进行了回顾，供今后科学研究和生产实践参考。

5.6.1 形态学研究

武春生、李连昌、学士剑、薛玉燕、安建会等对苹掌舟蛾形态特征进行过研究，现概述如下。

①成虫　体长♂17~23mm，♀17~26mm，翅展♂34~50mm，♀44~66mm。头胸部背面淡黄白色，腹部背面黄褐色。复眼黑色球形。触角♂为丝状，♀为羽毛状，黄褐色。前翅黄白色，近基部有1个、外缘有6个大小不等的银灰色和紫褐色各半的椭圆形斑；后翅浅黄白色，外缘杂有1条褐色带斑。尾端均为淡黄色。苹掌舟蛾具两个亚种，即指名亚种 *Phalera flavescens*

flavescens 和云南亚种 *Phalera flavescens alticola*，前者前翅基部暗斑与外缘的暗带分离，后者前翅的暗斑通常与外缘的暗带在后缘相连。

②卵　直径约1mm，圆球形。

③幼虫　初孵幼虫头、足黑色，身体紫红色，密被白长毛。4龄后体色加深，老熟时头黑色，有光泽，身体紫黑色，毛灰黄色，体长50~55mm，体侧有稍带黄色的纵线纹，体上密被黄白色长毛。

④蛹　体长约23mm，中胸背板后缘有9个缺刻，腹部末节背板光滑，前缘具7个缺刻，暗红褐色至黑紫色，纺锤形。腹末有臀棘6根，外侧2个常消失，中间2根较大。

⑤外生殖器　♂外生殖器第8腹端部窄，端缘中央"V"形突，中部有1对垫状脊突，基缘1对齿突；爪形突末端尖小，端部长三角形；鄂形突基部两侧具齿形突起，指名亚种 *Phalera flavescens flavescens* 的鄂形突中侧有1枚较大齿突，而云南亚种 *Phalera flavescens alticola* 的鄂形突中侧无大齿突，鄂形突端部弯曲渐细，镰刀形边具小齿；抱器内突和抱器端渐小，抱器背近端部增大拱形；阳茎细直，明显短于抱器瓣；阳端基环后缘中央分页，两侧齿形。♀外生殖器前后表皮约同长、短；第8背片宽舌形；前阴片近帽形，后阴片在开口处弧形内切，两侧隆肿；囊导管中等粗、直、两侧壁骨化；囊体大；囊突小，月牙形。

5.6.2　生物学特性研究

(1)生活史的研究

据《中国动物志—舟蛾科》记录，苹掌舟蛾1年1代。在北方翌年6月上、中旬成虫羽化，7月下旬至8月上旬最盛，9月上中旬以虫蛹在寄主植物根部附近表土层越冬。在南方化蛹期及成虫羽化期均延迟半个月左右，幼虫7月开始出现，8月中、下旬危害盛期。

南方部分省区其发生的世代数为1年1~3代。王沛霖等1992年报道，苹掌舟蛾在浙江省黄岩市为害枇杷时1年发生1~2代。发生2代的越冬蛹当年4月下旬成虫羽化，卵块于5月上旬出现，5月中旬至6月中旬幼虫轻为害枇杷春梢；6月上中、下旬化蛹；6月下旬至8月上旬为第2代成虫羽化期；卵期为7月下旬至8月上旬，8月中旬至10月上旬为幼虫期为害夏梢叶片严重；9月下旬后陆续化蛹入土越冬。发生1代的越冬蛹直至6月下旬至7月中旬羽化，8月中旬至9月下旬为幼虫危害期。另据朱国庆等1999年报道，福建莆田地区苹掌舟蛾危害枇杷，1 年发生 3 代。第 1 代成虫 8 月上中旬出现，8 月中旬出现幼虫，至 9 月下旬幼虫化蛹并以蛹越冬；第 2 代成虫 10 月中下旬至 11 月上旬出现，10 月中下旬幼虫孵化，至 11 月下旬幼虫入土化蛹越冬；越冬代成虫于翌年 4 月下旬至 6 月上旬出现，5 月上中旬幼虫出现，7 月上旬化蛹。6~9 月幼虫猖獗危害，2~4 月份未见幼虫为害，余下月份亦有幼虫危害。

（2）生活习性的研究

苹掌舟蛾属于多食性害虫，其寄主有苹果（*Malus pumila*）、杏（*Prunus armeniaca*）、梨（*Pyrus* spp.）、桃（*Prunus persica*）、李（*Prunus salicina*）、樱桃（*Cerasus serrulata*）、山楂（*Crataegus pinnatifida*）、枇杷（*Eriobotrya japonica*）、海棠（*Malus nicromaalu*）、沙果（*Malus asiatica*）、榆叶梅（*Prunus triloba*）、胡椒（*Piper nigrum*）、板栗（*Castanea mollissima*）、榆树（*Ulmus pumila*）14 种。本研究于 2011 年 8~10 月在广西百色市老山林场发现苹掌舟蛾危害西南桦人工林，平均虫口密度每株 100 条以上，危害相当严重，在 2~3 周内几乎将全树叶片吃光，形似火烧。爆发危害的寄主有苹果、梨、枇杷、山楂、板栗等经济树种，其他寄主猖獗危害较少。

苹掌舟蛾在不同地区的生活习性相近。其成虫多在夜间羽化，白天隐藏在树冠内、各种树叶丛、墙角、屋檐下或杂草丛中，夜间活动，寿命 5~13d 不等，强趋光性，成虫羽化后数小时至数日后交尾，交尾后 1~3d 开始产卵于寄主叶背面，为整齐块状，平均 300 多粒，最多可达 600 余粒，卵期 5~13d 不等。幼虫 5~6 龄，平均寿命 31d 左右。幼虫孵化后先集群叶片背面，头向叶缘排列成行，由叶缘向内蚕食叶肉，仅剩叶脉和下表皮，幼虫 4 龄末 5 龄初食量大增，进入暴食期，此时幼虫可取食整个叶片，且常将寄主叶片全部吃光。幼虫的群集、分散、转移常因寄主叶片的大小而异，如危害桃叶 3 龄时即开始分散；为害苹果、梨叶时，则 4 龄或 5 龄才开始分散。幼虫白天停息在叶柄或小枝上，头、尾翘起，形似小舟，故有"舟形毛虫"之称。幼虫有假死和吐丝下垂的习性，这是幼虫应对威胁及敌害的自卫反应。老熟幼虫停止取食则顺着树干爬下或直接坠地入土化蛹越冬。

（3）存在的主要问题

生物学特性研究不够全面。苹掌舟蛾生活史、生活习性等生物学特性研究不够深入全面，如发生代数的研究，在北方，年发生代数为 1 年 1 代；在南方，年发生代数尚未明确，在浙江黄岩、福建莆田 1 年 1~3 代，在南方其他省区一年发生几代有待研究；另外，苹掌舟蛾危害猖獗的寄主为经济类果树为主，其寄主选择性爆发原因等有待深究。

5.6.3 生态学特性研究

（1）地理分布

在我国，苹掌舟蛾已发现北京、河北、山西、黑龙江、辽宁、上海、江苏、浙江、福建、江西、山东、湖北、湖南、广东、广西、海南、四川、贵州、云南、陕西、甘肃等22个省（自治区、直辖市）有分布，其中发生猖獗的地区有山西、吉林、辽宁、陕西、河北、山东、河南、福建等。

在国外，朝鲜、日本、俄罗斯、缅甸等国家有分布。

（2）空间分布与预测模型

研究昆虫的空间分布型，可以分析害虫的生物学特性对环境条件的适应程度，考察林木受害形成过程，掌握种群数量变动规律，提高测报质量与防治技术。目前，苹掌舟蛾空间分布型研究相对较少。唐鸿庆等1975年对西安地区的蛹进行调查表明，越冬蛹潜土深度2~10cm不等，与李连昌1965年报道的1~18cm相差不明显。乔春贵等1989年对长春市郊区的净月果园等地区的苹掌舟蛾幼虫空间分布型及抽样技术进行研究表明，苹掌舟蛾幼虫空间分布型属于聚集型的负二项分布。伊伯仁等1991年在分布型研究基础上对苹掌舟蛾进行了田间抽样调查，根据实际情况提出了苹掌舟蛾预测预报模型，根据模型对1988—1989年两年的样本资料进行模拟预测，结果符合实际情况。

（3）环境因素影响

环境因素与昆虫的生长发育息息相关，它直接或间接的作用于昆虫个体种群而对昆虫产生影响。自然环境中温度、降水量、大气相对湿度和土壤含水量等环境因子对苹掌舟蛾生长发育及种群数量影响较大。

①温度与幼虫生长发育关系　当平均气温25℃时，幼虫生长发育历期仅需24d，当平均气温为17℃时，历期则延至41d；在10℃、40℃条件下苹掌舟蛾幼虫个体死亡率高，在室内相对湿度60%~70%、气温10~40℃条件下其幼虫发育速度随温度升高加快，10℃、40℃分别为幼虫发育的起点温度和最高温度，20~30℃为发育适温。

②温度及降雨量与种群数量发生关系

a. 温度　苹掌舟蛾成虫羽化盛期与温度的高低有关，当日温度高则羽化数量多；同时，苹掌舟蛾种群的发生需高温条件，16.9~31.9℃为其生存温度区间，23℃以上时成虫开始出土。

b. 降水量　降水量大小直接影响成虫羽化盛期时羽化数量的多少；7 月份的降水量大小与其种群数量季节波动有极大关系，即 7 月降水量多可能导致种群大发生，而干旱年份成虫羽化数量则会受到抑制。

③大气相对湿度与其发生关系　在 25～30℃、大气相对湿度 30%～90% 时苹掌舟蛾可完成卵的孵化、幼虫的蜕皮和化蛹并以 40%～80% 的大气相对湿度最利于其生长发育。

④土壤含水量与蛹羽化关系　土壤含水量在 30%～70% 时，蛹的羽化率为 56.67%～73.33%，土壤含水量为 80% 时羽化率为 6.67%，土壤含水量 10%～20% 与 90% 以上时，蛹不能正常羽化，土壤含水量的多少直接影响羽化率。

（4）存在的主要问题

①生态学特性研究不够系统　苹掌舟蛾的发生发展与各地温度、湿度、光照、风等自然因子变化的关系，与寄主、天敌、人为活动的关系等还未进行深入系统的研究，因此，对其分布范围、发生危害规律等尚未完全掌握，预测预报技术相当落后；同时，其危害爆发是在一定的地理区域范围内，选择性地理爆发原因有待研究。

②研究手段比较落后　目前应用研究都只采用一些常规的研究方法，高科技技术手段，如现代信息技术、现代显微技术等极少应用，表现出重视应用研究而忽视基础研究，研究结果深度不够。

5.6.4　防治技术研究

（1）人工防治

施祖彬等采用人工采卵、捕杀幼虫进行防治取得了一定的效果。在成虫产卵盛期，人工采集卵块捕杀。利用幼虫集群性在幼虫尚未分散之前人工对其进行捕杀；幼虫扩散后，利用其受惊吐丝下垂的习性，振动有虫树枝，消灭落地幼虫。采取浇水、耕土除蛹方法也可得到较好的防治效果。越冬的蛹在土壤水分饱和状态无法正常羽化，可浇水使土壤水分达到饱和状态，杀死虫蛹；同时越冬蛹较为集中，春季结合耕作，刨树盘将蛹翻出，冻死或晒死，让其虫蛹被鸟类捕食。

（2）物理防治

安建会等利用成虫的趋光性，在成虫发生期设置黑光灯、电网杀虫灯诱杀苹掌舟蛾成虫，取得了一定的防治效果。

（3）化学防治

李连昌 1960—1961 年在太谷对苹掌舟蛾进行药剂防治试验表明，防治效果较好的有 150 ~ 300 倍的 25% DDT 乳剂、6% 可湿性 666、50% 可湿性 DDT 等药剂，其外 1000 倍的 50% 乙硫磷和 80% 马拉松也有一定的防治效果（DDT、666 等化学农药已经被禁用）。伊伯仁等 1988 年对苹掌舟蛾进行了 8 种不同化学药剂的防治实验，结果表明生产上选用速灭杀丁、辛硫磷或杀螟松等药剂，可及时有效地控制苹掌舟蛾为害。另赵连吉 1992 年、李云联 1996 年、衡雪梅 2010 年等亦对苹掌舟蛾化学防治作了报道。

（4）生物制剂防治

生物制剂防治实验研究表明，苏芸金杆菌、除虫菊、苦参碱、微生物杀虫剂"7216"（苏云金杆菌类）等对苹掌舟蛾有良好的防治效果。汤勇华 2006 年应用室内实验与田间试验相结合的方法进行防治试验，结果表明以 500 ~ 1000 倍液的苏云金杆菌防效最佳，达 85% 以上，略高于 DDVP。张丽芳 2011 年的防治实验表明，25% 灭幼脲 3 号悬浮剂 1500 倍液、2.5% 溴氰菊酯乳油 3000 倍液、20% 除虫脲悬浮剂 2500 液对苹掌舟蛾可起到较好的防治效果。另外，胡夫防 1995 年、张国锁 2000 年等对苹掌舟蛾的生物制剂防治亦作了报道。

（5）天敌防治

谢卿媚、林玉蕊等研究表明核多角体病毒（NPv）对苹掌舟蛾的感染力及专化性强，对幼虫具有良好的防治效果。张建军等 2004 年对苹掌舟蛾进行家蚕核型多角体病毒（BmNPV）感染接种实验表明 BmNPV 至前蛹期才表现出发病症状，幼虫在生长期仍会对植株造成危害，BmNPV 在田间防治效果还需作进一步研究。毛文杰等研究表明，嗜线虫致病杆菌 HB310 菌株（较佳浓度 1.02×10^8 个/mL）具有强的杀虫效果和拒食活性。

另外，利用寄生性天敌进行苹掌舟蛾防治更为环保和适应生产需要。苹掌舟蛾寄生性天敌主要有红股大腿小蜂（*Brachymeria podagrica*）、次生大腿小蜂（*Brachymeria secundaria*）、啮小蜂（*Tetrastichus* sp.）、长须茧蜂（*Microdus* sp.）等，有研究表明，在卵期释放赤眼蜂（*Trichogramma* spp.），卵被寄生率可达 95% 以上。

（6）存在的主要问题

防治技术研究不成体系。尽管开展了人工、物理、化学、生物制剂和天敌防治试验，但这些方法较为零乱，不成体系，难以组装配套。此外，尚未开展防治指标研究，还未知对不同的树种及林分应在多大虫口密度下、什么时间、采用何种方法，使用何种药物和何种浓度进行防治才可取得最佳的防效，收到最好的生态和经济效益。

5.6.5　发展方向和建议

（1）发展方向

①从区域局部向区域全局群体研究方向发展　经50多年的研究，苹掌舟蛾的形态特征已较全面掌握；许多地区开展了针对当地区域化的苹掌舟蛾生物生态学特性及防治技术的研究，但这些方面的研究大多是在局部区域进行，北方研究报道较多，南方较少，未能达到区域全局化的研究，因而今后应从北到南的全局区域化群体方向更深层次研究。

②从定性描述向定量预报方向发展　20世纪60~80年代，在苹掌舟蛾灾害预报方面主要从定性方面进行一些描述，90年代初建立了预报数学模型，初步开展了定量预报，但基本未能应用在防治实践上。进入21世纪，对预测预报的要求更高，要求预报出害虫的发生时间、发生地点、发生数量、危害程度、是否需要进行防治等，因而今后的预测预报等应向精确定量的方向发展，才能对防治实践产生重大的指导意义。

③从单一防治向综合防治方向发展　20世纪80年代前的防治试验以化学防治为主，包括农药种类、使用剂量及浓度和施用时间等筛选试验；至90年代，防治主要以生物制剂如苏云金杆菌类等的无公害防治试验为主。21世纪后多进行了化学药剂和生物制剂相结合的方法进行防治试验。同时，核多角体病毒（NPv）等天敌防治试验亦有相应进行，并收到了一定的成效。从发展历程看，是从单一向综合防治的方向发展。今后的防治方向应从生态环保等方面综合考虑，更加注重利用生物制剂和天敌昆虫等进行综合防治。

（2）建议

①开展寄生范围研究　苹掌舟蛾危害经济果木林树种的研究较多，其危害用材林和防护林树种研究较少。苹掌舟蛾是杂食性很强的害虫，其寄主范围尚未弄清，随着苹掌舟蛾生活环境的变化，其危害用材林和防护林树种的范围可能不断扩大，危害程度和造成的经济损失也可能有所上升，这应引起重视并进一步加强研究。

②深化地理分布研究　目前，苹掌舟蛾在国内22个省（自治区、直辖市）有分布，但对其海拔分布范围没有报道。应在此方面加强研究。同时，对苹掌舟蛾的分布应进一步细化到县（市、区）。在这些基础上绘制苹掌舟蛾地理区域的水平和垂直分布图，为深入掌握其分布范围及综合防治等提供依据。

③深化发生规律研究　目前开展生物生态学特性研究较多的为北方区域，

但苹掌舟蛾在南方的生物生态学特性等却可能与北方不同，即发生危害规律可能存在较大差异。因此，应加强全局区域化苹掌舟蛾发生规律的研究。

a. 生物学特性上　加强北方南方地区苹掌舟蛾的遗传基因型、环境、寄主植物对其休眠、滞育、行为习性等特性影响的研究。

b. 生态学特性研究上　预报模型、温度及水分等环境因子对苹掌舟蛾的影响在北方地区的研究还处于较为初步状态，其生态学的众多特性亦尚属于空白，南方地区相关研究较之更少，因而可深入利用高科技手段对温度、水分、湿度、有效积温等因子影响苹掌舟蛾发生的关系进行探讨，建立起更精确实用的预报模型并运用到生产实践中；同时，苹掌舟蛾猖獗危害只在较为集中的寄主上及一定的地理区域范围，是否为地理区域气候环境因素致使其种群对生态环境适应规律和扩散趋势发生变化，或是寄主植物本身的因素影响形成，有待进一步探讨；再者，寄主植物的营养次生物质及挥发性物质与苹掌舟蛾发生危害的相互间关系、昆虫信息素对苹掌舟蛾的种群动态影响等方面亦有待进一步研究。

④开展防治指标研究　苹掌舟蛾危害经济果木林、用材林和防护林的防治指标是不同的。尽管未制定出防治指标也可开展防治，但其科学性不强。应根据目的树种制定苹掌舟蛾防治指标，科学指导防治工作。

⑤积极开展生物防治研究　苹掌舟蛾爆发危害以经济果树林木居多，同时也危害用材及防护林，化学药剂防治会对果树产品、环境保护、人畜安全、生物多样性等造成一定影响，因而今后防治应更多地采用生物制剂和寄生性天敌等进行综合防治。使用生物防治时应考虑林种、防治具体方法等以增加防治效果。

（注：本章节主要观点发表于《广西科学院学报》2012 年第 8 期）

5.7　苹掌舟蛾越冬蛹在西南桦林的空间分布

苹掌舟蛾（*Phalera flavescens*）又称舟形毛虫，属鳞翅目 Lepidoptera 舟蛾科 Notodontidae，是危害多种落叶果树和阔叶林木的食叶性毛虫，其寄主有苹果（*Malus pumila*）、山楂（*Crataegus pinnatifida*）、枇杷（*Eriobotrya japonica*）等 10 多种，爆发时常使林木全株"光秃"甚至死亡，果树减产 20%~70% 以上，造成巨大的经济损失。西南桦是我国热带、南亚热带地区优良速生乡土用材林和高效生态公益林树种，具重要的经济和生态价值。

目前尚未有苹掌舟蛾危害西南桦的报道，本研究于 2011 年 8~10 月在广西百色市老山林场发现苹掌舟蛾危害西南桦人工林，平均虫口密度达百头以上，在 2~3 周内可将全林叶片吃光，似火烧，严重影响西南桦的经济及生态效益。

苹掌舟蛾以蛹在寄主树冠投影下的土壤中越冬，了解此时蛹的分布格局，对提高预测预报的准确率，综合防治西南桦苹掌舟蛾，十分重要。为此，本研究对苹掌舟蛾的越冬蛹进行了调查，探讨其空间分布型，为综合治理西南桦林中的苹掌舟蛾提供科学理论依据。

5.7.1　材料与方法

（1）调查方法

2012 年 4 月，在百色市老山林场（24°17′27.8~47.4″N，106°21′26.6~58.1″E，海拔 730~960m）利周分场，当年苹掌舟蛾危害较严重的 2 林班 35 小班，3 林班 4，6，8 小班和 4 林班 1 小班西南桦人工林（树龄 3~8 a，冠幅为 2~4m×1.8~4.0m，平均株行距 2.5m×4.0m，采用随机抽样的方法在每个小班调查样树 15~30 株，共调查 130 株。以样株树干基部为圆心，调查并统计距离样树基部 0~50.0cm、50.1~100.0cm、100.1~150.0cm、150.1~200.0cm、200.1~250.0cm 5 个区间范围的东、西、南、北 4 个方向表层以下土壤分布的越冬蛹数量，分析越冬蛹在土壤中的水平分布规律调查；调查并统计距离样树基部 250.0cm 半径内的东、西、南、北 4 个方向，距离土表深度 0~5.0、5.1~10.0、10.1~15.0、15.1cm 以上的 4 个不同深度土壤中分布的越冬蛹数量，分析越冬蛹在土壤中的垂直分布规律调查。

（2）空间分布型研究

根据调查数据，计算统计越冬蛹平均密度（头/株）、方差，运用方差分析和多重比较的方法检验水平、垂直、不同方向越冬蛹分布的差异性；采用聚集度指标法和回归模型确定种群的空间分布型。

①聚集度指标法

a. 扩散系数 C。$C = s^2/m$（式中，s^2 为样本方差；m 为样本平均数，即害虫平均密度），当 $C > 1$ 为聚集分布，$C = 1$ 为随机分布，$C < 1$ 为均匀分布。

b. I 指标。$I = s^2/m - 1$，当 $I > 0$ 为聚集分布，$I = 0$ 为随机分布，$I < 0$ 为均匀分布。

c. C_A 指标。$C_A = (s^2/m - 1)/m$，当 $C_A > 0$ 为聚集分布，$C_A = 0$ 为随机分

布，$C_A < 0$ 为均匀分布。

d. m^*/m 指标。$im^*/m = 1 + (s^2 - m)/m^2$（式中，$m^*$ 为平均拥挤度；$m^* = m + s^2/m - 1$），当 $m^*/m > 1$ 为聚集分布，$m^*/m = 1$ 为随机分布，$m^*/m < 1$ 为均匀分布。

e. 负二项分布 k 值。$k = m^2/(s^2 - m)$，当 $0 < k < 8$ 为聚集分布，$k \to \infty$ 为随机分布，$k < 0$ 为均匀分布。

f. 扩散指数 I_δ。$I_\delta = [C(n-1) + N - n]/(N-1)$（式中，$n$ 为抽样数；N 为总虫数），当 $I_\delta > 1$ 为聚集分布，$I_\delta = 1$ 为随机分布，$I_\delta < 1$ 为均匀分布。

②回归模型分析

a. Taylor 的幂法则。回归模型：$s^2 = am^b$；回归方程：$\lg s^2 = \lg a + b \lg m$，当 $\lg a = 0$，$b = 1$，随机分布；$\lg a > 0$，$b \geq 1$，聚集分布；$\lg a < 0$，$b < 1$，均匀分布。

b. Iwao 的 $m^* - m$ 回归分析法。回归模型：$m* = a + bm$，式中，a 说明分布的基本成分，当 $a = 0$ 时，分布的基本成分为单个个体；$a > 0$ 时，个体间相互吸引，分布的基本成分为个体群；$a < 0$ 时，个体间相互排斥、b 为基本成分的空间分布型，当 $b < 1$ 均匀分布，$b = 1$ 为随机分布，$b > 1$ 为聚集分布。

c. 张连翔 $Z - V$ 模型。回归模型：$Z = a + bV$（式中，$Z = s^2/m - 1 + s^2$，V 为方差），当 $a > 0$，$b > 1$ 时，聚集分布；若 $a > 0$，$b < 1$，则当 $V = V_0$，随机分布，当 $V > V_0$，均匀分布，当 $V < V_0$，聚集分布，式中，$V_0 = a/(1-b)$ 为种群聚集临界方差。

d. 兰星平 $m^* - v$ 模型。回归模型：$m^* = a + bv$，式中，v 为方差，当 $a > 1$，$b > 0$ 时，聚集分布。

③聚集因素分析 用 Blackith（1961）的种群聚集均数（λ）分析越冬蛹种群在林间的聚集原因。聚集均数（λ）公式为：$\lambda = m/2k \cdot \gamma$（式中，$k$ 为负二项分布的指数；γ 为自由度等于 $2k$ 时的 $x_{0.5}^2$ 函数分布值）。当 $\lambda < 2$ 时，其聚集的原因是由于某些环境因素引起的，而非因昆虫本身的聚集习性活动；当 $\lambda \geq 2$ 时，个体的聚集原因可能由昆虫本身的聚集行为，或由于昆虫本身的聚集行为与环境的异质性 2 个因素共同作用引起。

5.7.2 结果与分析

（1）越冬蛹分布规律

①越冬蛹在土壤中的水平分布规律 越冬蛹主要分布于距样树基部 150cm 半径范围内的土壤中，占总蛹数的 97.87%，而距样树 150.1 ~ 250.0cm

越冬蛹仅占 2.13% 。越冬蛹数量由多到少依次为 0 ~ 50.0cm、50.1 ~ 100.0cm、100.1 ~ 150.0cm、150.1 ~ 200.0cm、200.1 ~ 250.0cm。以样树基部为中心，东、南、西、北 4 个方向 250cm 以内越冬蛹数量分别占总蛹数的 30.25%、23.86%、22.54%、23.35%，以东向较多。

方差分析表明，5 个区间范围土壤分布的越冬蛹数量 $F = 56.273$，$F_{0.05}$（4，15）$= 3.06$，$F_{0.01}$（4，15）$= 4.89$，$F > F_{0.05}$，$F > F_{0.01}$，差异极显著，即与样树基部距离不同，越冬蛹数量分布极显著不同，距样树基部越近，分布越多，反之则越少，说明越冬蛹趋向选择距离树干基部较近的土壤越冬；越冬蛹在东、南、西、北 4 个方向上 $F = 0.085 < F_{0.05}$（3，16）$= 3.24$，分布无显著差异。经多重比较知 100.1 ~ 150.0cm 与 150.1 ~ 200.0cm，150.1 ~ 200.0cm 与 200.1 ~ 250.0cm 区间范围越冬蛹数量差异不显著，其他水平区间范围间则有显著差异（表 5-25）。

表 5-25　苹掌舟蛾越冬蛹在土壤中的水平分布数量　　　　　（头）

距样树基部距离（cm）	方向				合计	均值	比例（%）
	东	南	西	北			
0 ~ 50.0	134	127	100	115	476	119.00 aA	48.33
50.1 ~ 100.0	103	85	99	63	350	87.50 bA	35.53
100.1 ~ 150.0	57	21	14	46	138	34.50 cB	14.01
150.1 ~ 200.0	4	2	8	6	20	5.00 cdB	2.03
200.1 ~ 250.0	0	0	1	0	1	0.25 dB	0.10
合计	298	235	222	230	985		
比例（%）	30.25	23.86	22.54	23.35			

注：表中均值后不同大写英文表示差异极显著（$P < 0.01$），不同小写英文字母表示差异显著（$P < 0.05$）。本节下同。

②越冬蛹在土壤中的垂直分布规律　越冬蛹主要分布在距离表层深度 0 ~ 10.0cm 土壤中，其分布的蛹数占总蛹数的 98.38%，10.1 ~ 15.0cm 土层深度越冬蛹占 1.62% ，15.1cm 以上未发现越冬蛹。越冬蛹数量由多到少的区间依次为 0 ~ 5.0cm、5.1 ~ 10.0cm、10.1 ~ 15.0cm、15.1cm 以上。土壤 0 ~ 15.1cm 以上深度的东、南、西、北 4 个方向越冬蛹数量同水平分布规律。

方差分析表明，4 个区间范围土壤深度分布的越冬蛹数量 $F = 117.892$，$F_{0.05}$（3，12）$= 3.49$，$F_{0.01}$（3，12）$= 5.95$，$F > F_{0.05}$，$F > F_{0.01}$，差异极显著，即距离土壤表层深度不同，土壤中越冬蛹分布数量极显著不同，越靠近土表的垂直深度分布越多，反之则分布越少，说明越冬蛹趋向选择距离土壤表层较近的土层越冬；越冬蛹在东、南、西、北 4 个方向的 $F = 0.054 < F_{0.05}$（3，12）$=$

3.49，差异不显著。多重比较知，10.1~15.0cm 与 15.1cm 以上深度间越冬蛹数量差异不显著，其他深度区间范围间的越冬蛹数量分布差异极显著（表5-26）。

表5-26　苹掌舟蛾越冬蛹在土壤中的垂直分布数量　　　　　　（头）

距地表深度（cm）	方向				合计	均值	比例（%）
	东	南	西	北			
0~5.0	183	140	146	153	622	155.50 aA	63.15
5.1~10.0	111	93	75	68	347	86.75 bB	35.23
10.1~15.0	4	2	1	9	16	4.00 cC	1.62
15.1以上	0	0	0	0	0	0 cC	0.00
合计	298	235	222	230	985		
比例（%）	30.25	23.86	22.54	23.35			

（2）越冬蛹空间分布型

①聚集度指标　苹掌舟蛾越冬蛹在土壤中水平及垂直分布的扩散系数 C、丛生指标 I、C_A 指数、K 值指标、扩散指数 I_δ、聚块指标 m^*/m 等聚集度指标值均表明，仅与样树水平距离 200.1~250.0cm 区间范围越冬蛹密度少（0.0077 个/株），其空间分布为随机分布外，其余水平及垂直区间范围越冬蛹空间分布测定结果均为聚集分布（表5-27）。

表5-27　苹掌舟蛾越冬蛹聚集度指标

统计指标（cm）	平均蛹数 m（个/株）	方差 s^2	扩散系数 C	丛生指标 I	C_A指数	K值指标	扩散指数 $I\delta$	拥挤度 m^*	聚块指标 m^*/m	分布型
0~50.0（水平）	3.6615	14.5512	3.9741	2.9741	0.8122	1.2312	1.3899	6.6356	1.8122	聚集分布
50.1~100.0（水平）	2.6923	7.9511	2.9533	1.9533	0.7255	1.3784	1.2561	4.6456	1.7155	聚集分布
100.1~150.0（水平）	1.0615	6.0892	5.7362	4.7362	4.4616	0.2241	1.6209	5.7977	5.4616	聚集分布
150.1~200.0（水平）	0.1538	0.4258	2.7674	1.7674	11.4884	0.0870	1.2317	1.9213	12.4884	聚集分布
200.1~250.0（水平）	0.0077	0.0077	1.0000	0.0000	0.0000	—	1.0000	0.0077	1.0000	随机分布
0~5.0（垂直）	4.7846	27.1626	5.6771	4.6771	0.9775	1.0230	1.6132	9.4617	1.9775	聚集分布
5.1~10.0（垂直）	2.6692	11.1378	4.1727	3.1727	1.1886	0.8413	1.4159	5.8419	2.1886	聚集分布
10.1~15.0（垂直）	0.1231	0.8219	6.6783	5.6783	46.1361	0.0217	1.7444	5.8014	47.1361	聚集分布
15.1以上（垂直）	0.00	—	—	—	—	—	—	—	—	

②回归模型分析　将有关数据，拟合相关回归方程，根据相关参数指标判断苹掌舟蛾越冬蛹的空间分布型。Taylor 幂模型中，水平分布的 $\lg a > 0$，$b > 1$，种群呈聚集分布，具有密度依赖性，且聚集度随着种群密度的升高而增加，从而说明在距样树 $200.1 \sim 250.0$cm 区间范围种群为随机分布的合理性，即蛹的密度小的情况下为非聚集分布；垂直分布的 $\lg a > 0$，$b = 0.921 \approx 1$，种群在所有密度下都是呈聚集分布，但聚集程度与密度不因种群密度变化而变化。Iwao $m^* - m$ 模型中，水平和垂直分布 $a > 0$，分布基本成分为个体群，且种群个体间相互吸引；水平分布模型的 $b > 1$，种群个体聚集分布，垂直分布模型 $b = 0.759 < 1$，种群个体在垂直分布趋向均匀分布。张连翔 $Z - V$ 模型中，水平分布上，$a > 0$，$b > 1$，种群聚集分布；垂直分布上，$a > 0$，$b < 1$，而 $V_0 = a/(1 - b) = 179.8519 > V$，种群呈聚集分布。兰星平 $m^* - v$ 模型中，水平和垂直分布模型的 $a > 1$，$b > 0$，呈聚集分布。

4 种回归模型分析中，水平分布模型均为聚集分布型，分布基本成分为个体群，分布具有密度依赖性；在垂直分布模型上，Iwao $m^* - m$ 模型为均匀分布，与 Taylor 幂模型中的聚集度不因种群密度变化而变化的结果类似，即在垂直深度上，越冬蛹的分布呈现出一定的聚集均匀性，不因种群密度变化而变化。从模型拟合相关系数 r 来看，4 种模型计算的相关程度均为极显著，以 Taylor 幂模型、张连翔 $Z - V$ 模型拟合最佳(表 5-28)。

表 5-28　苹掌舟蛾越冬蛹回归模型分析

模型名称	回归模型	水平分布模型	垂直分布模型	分布型	
				水平分布	垂直分布
Taylor 幂模型	$s^2 = am^b$，其回归方程：$\lg s^2 = \lg a + b\lg m$	$\lg s^2 = 0.537 + 1.217\lg m$，$r = 0.994$	$\lg s^2 = 0.738 + 0.92\lg m$，$r = 0.995$	聚集分布	聚集分布
Iwao $m^* - m$ 模型	$m^* = a + bm$	$m^* = 1.681 + 1.400m$，$r = 0.812$	$m^* = 5.117 + 0.759m$，$r = 0.843$	聚集分布	均匀分布
张连翔 $Z - V$ 模型	$Z = a + bV$	$Z = 1.396 + 1.153V$，$r = 0.978$	$Z = 4.856 + 0.973V$，$r = 0.996$	聚集分布	聚集分布
兰星平 $m^* - v$ 模型	$m^* = a + bV$	$m^* = 1.408 + 0.412V$，$r = 0.893$	$m^* = 5.125 + 0.146V$，$r = 0.925$	聚集分布	聚集分布

(3)聚集因素分析

距样树 $0 \sim 100.0$cm 水平分布以及距土壤表层 $0 \sim 10.0$cm 深度垂直分布 λ 值大于 2，说明越冬蛹的聚集原因可能是昆虫本身的聚集行为，或由于昆虫本

身的聚集行为与环境的异质性 2 个因素共同作用引起；距样树 100.1 ~
200.0cm 水平分布及距土壤表层 10.1 ~ 15.0cm 深度垂直分布其 λ 值小于 2，
其聚集原因可能是由于某种环境因素引起。出现两种不同情况的原因可能为
其种群密度大小所致（表 5-29）。

表 5-29 苹掌舟蛾越冬蛹聚集均数分析

区间范围(cm)	项目			
	均值 m(个/株)	$2k$	γ	λ
0 ~ 50.0(水平)	3.6615	2.4624	1.386	2.0609
50.1 ~ 100.0(水平)	2.6923	2.7568	2.366	2.3106
100.1 ~ 150.0(水平)	1.0615	0.4483	0.455	1.0774
150.1 ~ 200.0(水平)	0.1538	0.1741	0.455	0.4019
0 ~ 5.0(垂直)	4.7846	2.0460	1.386	3.2412
5.1 ~ 10.0(垂直)	2.6692	1.6826	1.386	2.1987
10.1 ~ 15.0(垂直)	0.1231	0.0433	0.455	1.2935

5.7.3 研究结论

①西南桦林中苹掌舟蛾越冬蛹在不同水平距树主干基部距离的土壤分布
数量有显著差异，以距离 0 ~ 50.0cm、50.1 ~ 100.0cm 分布蛹数最多，共占
83.85%，其次为 100.1 ~ 150.0cm，占 14.01%。水平分布区间中，与主干基
部距离越近分布蛹数越多，反之则少。

②苹掌舟蛾越冬蛹在地表下不同深度土壤分布数量有显著差异，以深度
0 ~ 5.0cm、5.1 ~ 10.0cm 分布蛹数最多，占总数的 98.38%，而深度 15.1cm
以上的土壤未发现越冬蛹分布。垂直深度区间分布中，与地表越近的土壤分
布的越冬蛹数越多，反之则少。

③方向对苹掌舟蛾越冬蛹在土壤中的分布影响不显著。东、南、西、北 4
个方向土壤分布的越冬蛹没有显著差异，但以东向分布较多。

④西南桦林中苹掌舟蛾越冬蛹的空间分布型在水平及垂直分布上均以聚
集分布为主，分布基本成分为个体群。昆虫本身特性或环境因素均有可能引
起越冬蛹的聚集。

⑤苹掌舟蛾越冬蛹的空间分布型研究对开展越冬蛹人工挖除防治及成虫
预测预报有重要指导意义。越冬蛹聚集因素可能与蛹的密度大小有关，即蛹
密度大的情况下，苹掌舟蛾则可能更趋向于选择环境条件适宜的土壤越冬，
如土质疏松肥沃、湿润，有较多草灌的土壤。而针对以上问题，还有待进一

步探讨。

（注：本章节文主要观点发表于《中国森林病虫》2013 年第 9 期）

5.8　星天牛对光皮桦人工林危害调查

星天牛（*Anoplophora chinensis*）又名柑橘星天牛，属鞘翅目天牛科昆虫，危害杨、柳、榆、刺槐、苦楝、桑、柑橘等多种树木，光皮桦（*Betula luminifera*）幼林期星天牛危害较为普遍且较为严重，导致幼树枯死，造成林分缺株，2009—2011 年，本研究连续 3 年就星天牛对光皮桦人工林危害进行了跟踪调查。

5.8.1　调查林分概况

①林分 A　面积 2hm²，为第二代杉木采伐迹地，造林前全面炼山，2008年造林，将林地划分为四块，按 2m×2m 光皮桦纯林、2m×2m 光皮桦与杉木行间混交，2m×3m 光皮桦纯林、2m×3m 光皮桦与杉木行间混交四种模式造林。造林后光皮桦连续 2 年进行人工修枝，全林实施铲草抚育。

②林分 B　面积 0.8hm²，为第二代杉木采伐迹地，造林前不炼山，2009年造林，光皮桦与杉木按 2m×3m 进行块状混交，每小块植苗 20~25 株，造林后光皮桦不修枝任其自然生长，全林每年人工割草 2 次而不进行人工铲草。

林分 A 与林分 B 四周均为杉木纯林，两地直线距离约 400m，均位于柳州市林科所试验林地内，为中亚热带季风气候丘陵山地，海拔 200m，年平均气温 19.3℃，一月平均气温 9.3℃，≥10℃年积温 6167.3℃，极端最低气温 -3℃，相对湿度 79%，年均降水量 1824.8mm，年均蒸发量 15 784mm，土壤为砂页岩发育的山地红壤，土层厚度 0.5~1.5m，表土层厚度在 15~30cm，土壤肥力中等，调查林分周边偶见少量自然单生的光皮桦植株。

5.8.2　调查方法与调查结果

①标本采集和鉴定　6 月底 7 月初在成虫活动的时期，到光皮桦林分中捕捉天牛成虫，并伐倒被天牛危害的光皮桦植株，挖出尚未羽化已经老熟的幼虫，通过对采集到的标本进行鉴定，最后确定是星天牛如图 5-1、图 5-2 和图 5-3 所示。

图 5-1　星天牛成虫

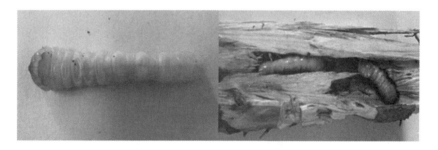

图 5-2　星天牛幼虫（左图示星天牛幼虫前胸背板"凸"形纹）

图 5-3　光皮桦幼树被害状（右图示星天牛为害干基形成的蛀食排泄物）

②危害情况调查　通过实地调查发现，在光皮桦幼龄期，星天牛很少单株危害，常2~3株甚至更多株连续危害，并逐年向外扩展，危害部位多集中在贴近地面的干基和裸露于地表的根系，幼虫将干基蛀食一环后，断了幼树水分和养分的运送，最后导致光皮桦幼树枯死。

③危害程度调查

a. 林分 A　植苗造林后 2~4 年的 12 月进行调查，连续调查 3 年，分别在 2m×2m 光皮桦纯林、2m×2m 光皮桦与杉木行状混交、2m×3m 光皮桦纯林、2m×3m 光皮桦与杉木行状混交四种营林模式的林分的非冲沟地段和冲沟地段各选一样地，每个样地连续调查 100 株光皮桦样株，统计星天牛为害株数调查结果见表 5-30、表 5-31、表 5-33。

b. 林分 B　造林植苗后的第三年分别在林分内按林缘（林分边缘往林内延伸 10m 的地段）、林内（距林分边沿 10m 以内的地段）和山脊（分水线两侧 10m 范围的地段）三种地段各设一调查样地，每样地连续调查 100 株光皮桦样株，统计星天牛为害株数。调查结果见表 5-32、表 5-33。

表 5-30　林分 A 非冲沟地段星天牛对光皮桦危害对比表　　　　（％）

营林模式	各年末受害株数率		
	2009 年	2010 年	2011 年
2m×3m 光皮桦纯林	3.00	5.00	18.00
2m×3m 光皮桦×杉木（行状混交）	3.00	8.00	18.00
2m×2m 光皮桦纯林	1.00	9.00	4.00
2m×2m 光皮桦×杉木（行状混交）	5.00	7.00	22.00

表 5-31　林分 A 冲沟地段星天牛对光皮桦危害对比表　　　　（％）

营林模式	各年末受害株数率		
	2009 年	2010 年	2011 年
2m×3m 光皮桦纯林	3.00	7.00	32.00
2m×3m 光皮桦×杉木（行状混交）	8.00	14.00	16.00
2m×2m 光皮桦纯林	3.00	8.00	24.00
2m×2m 光皮桦×杉木（行状混交）	7.00	18.00	31.00

表 5-32　林分 B 不同地段星天牛对光皮桦危害对比表　　　　（％）

抚育措施	营林模式	样地位置	各年末受害株数率		
			2009 年	2010 年	2011 年
造林前不炼山，造林后不修枝，全林每年割草抚育 2 次，连续 3 年	2m×3m 光皮桦×杉木（块状混交）	林缘	—	—	1.00
		林内	—	—	1.00
		山脊	—	—	3.00

表 5-33　不同林分各年末总受害株率对照表　　　　　　（%）

年度	林分总受害株率				
	林分 A				林分 B
	2m×3m 光皮桦纯林	2m×3m 光皮桦×杉木（行状混交）	2m×2m 光皮桦纯林	2m×2m 光皮桦×杉木（行状混交）	2m×3m 光皮桦×杉木（块状混交）
2009 年	3.00	5.50	2.00	6.00	—
2010 年	6.00	11.00	8.50	12.50	—
2011 年	25.00	17.00	14.00	26.50	1.67

④星天牛对光皮桦危害枯死率调查　光皮桦幼树被星天牛危害后通常在第二年便枯死，2010 年和 2011 年在林分 A 进行了星天牛危害光皮桦幼树枯死率调查，方法是在星天牛危害后的第二年调查统计被害幼树的枯死情况，即 2010 年冬调查 2009 年即二年生幼树受害后的枯死率，2011 年冬调查 2010 年即三年生幼树受害后的枯死率，从林中随机选取上一年星天牛危害的光皮桦 20 株进行调查，统计受害枯死率。根据调查统计结果见表 5-34。

表 5-34　不同树龄光皮桦幼树星天牛危害枯死率调查统计表

树龄(a)	调查株数	枯死株数	枯死率(%)
2	20	20	100
3	20	15	75

5.8.3　研究结论

①炼山后与杉木行状混交（或光皮桦纯林）、造林后 1～2 年进行修枝的林分 A 星天牛危害较为严重，且呈逐年上升趋势，不炼山与杉木块状混交造林后不修枝的林分 B 各不同地段受害均较轻。如造林后的第三年冬，林分 B 山脊为 3%，林缘和林内均为 1%，总危害株率为 1.67%，而林分 A 各不同营林模式的星天牛总危害株率则较高，其中 2m×2m 光皮桦纯林为 14%、2m×2m 光皮桦与杉木行状混交的为 26.5%、2m×3m 光皮桦纯林的为 25%、2m×3m 光皮桦与杉木行状混交的为 14%，说明林分 B 所采取的营林抚育措施即造林前不炼山造林后不修枝，连续割草 3 年在一定程度上可以抑制星天牛的危害。建议光皮桦造林前最好不炼山，幼林期最好是任光皮桦自然整枝而不必进行人工修枝，抚育最好采用割草抚育而不必进行全林铲草。

②不论是光皮桦纯林还是光皮桦与杉木混交，幼龄期均易遭受星天牛的危害，尤其是以冲沟地段受害较为严重，如林分 A 在冲沟地段的 3 年生幼树

受害率高达 32%，因此光皮桦造林时最好避开冲沟地段。

③光皮桦幼树被星天牛为害后枯死率极高，二年生幼树受害后枯死率达 100%，3 年生幼树受害后枯死率达的达 75%。建议造林后幼林期，应特别注意星天牛的防治，减少虫口密度，避免星天牛扩展危害。

a. 人工捕杀成虫　成虫活动盛期（5~7 月）到林分中捕捉成虫；

b. 刮除虫卵及低龄幼虫　低龄幼虫在皮层危害时可见到木屑样的虫粪向树外排出，在星天牛产卵盛期至孵化期经常检查树干基，发现白色虫卵或木屑样虫粪时及时刮除，在幼虫钻入木质部危害之前予以消灭；

c. 钩杀及药物毒杀高龄幼虫　幼虫一旦钻入木质部，防治比较困难，应先挖净洞口虫粪，再用钢丝钩杀并在洞口塞上蘸有氧给乐果或敌敌畏 10 倍稀释液的棉花球，再用湿泥封住洞中，将幼虫杀死；

d. 清除枯株　秋冬时期，及时清除销毁林中星天牛危害的枯死株，避免来年星天牛老熟幼虫羽化产卵并继续危害。

（注：本章节主要观点发表于《广西林业科学》2012 年第 3 期）

5.9　光皮桦育苗造林及虫害防治

光皮桦（*Betula Luminifera*）又称亮叶桦、亮皮树。长期以来，由于其木材在自然状态下不耐腐的特性，人们一直将其列为五类材而不加以利用，但是随着木材加工处理技术的发展，在 20 世纪末 21 世纪初，光皮桦以其木材颜色艳丽、纹理美观、材质细致坚韧、刨而光滑、不翘不裂、节疤少的材性配以现代先进的木材加工处理技术而广泛地用于制作木地板、高档家具和胶合板等方面的优质用材，从而带动和引起人们对光皮桦的栽培和研究。柳州是光皮桦适生分布区之一，也是柳州珍贵优良乡土树种。2007—2012 年间，我们开展了"速生珍贵乡土树种光皮桦丰产栽培技术研究"。6 年来，从苗木培育到造林抚育以及病虫害调查等方面展开了研究，取得了一定的成效。

5.9.1　材料和方法

（1）采种育苗
①采种　2007 年年初，通过实地踏查，光皮桦采种地点选定三江县牛浪

坡林场河口分场，采种母树选取天然林分中生长健壮的优良成熟母株。5 月初，果序由绿变黄褐色时采收，阴干后，搓去果苞，取出种子。

②育苗　结合光皮桦种子的发芽力保存期很短的特性进行随采随播，选择排水良好、土质疏松的砂壤土，细致整地后按 1.5~2kg/hm² 撒播，播种后覆上细土或河沙，以不见种子为度，然后覆草，盖上遮阴网，当种子发芽出土时揭除覆草。出苗后在阴天、晴天夜晚揭开遮阳网，早上 8:00~9:00 点再盖网。幼苗长出 3~5 片真叶时进行追肥，每 7~10d 施 1 次，以氮肥为主，8 月底施复合肥。7 月中下旬间苗移栽，把过密的小苗移栽到营养杯继续进行培育，营养杯基质为黄心土，小苗移栽成活后的管理与播种苗相同。9 月上中旬小苗主干逐渐木质化时掀掉遮阳网炼苗。

（2）备耕造林

备耕造林在 2007 年冬至 2008 年 3 月进行。

①造林地选择　光皮桦在中、低山地或丘陵荒山和采伐迹地均可造林，以土层深厚肥沃的山地生长最好。试验地选定柳州市林业科学研究所试验林区第Ⅱ林班 15 小班，面积 2.53hm²，为 2007 年杉木采伐迹地。四周均为杉木人工纯林，属中亚热带季风气候丘陵山地，海拔 200m，年平均气温 19.3℃，1 月平均气温 9.3℃，≥10℃年积气温 6167.3℃，极端最低气温 -3℃，相对湿度 79%，年均降水量 1824.8mm，年均蒸发量 15784mm，土壤为砂页岩发育的山地红壤，土层厚度 0.5~1.5m，表土层厚度 15~30cm，土壤肥力中等，试验地周边偶见少量自然单生的光皮桦植株。

②挖定植坎　2007 年冬至 2008 年春，清理炼山后，按 2m×2m 和 2m×3m 共 2 种密度的株行距挖 50cm×50cm×40cm 暗坎。

③植苗造林　2 月下旬阴天雨后按 2m×2m 光皮桦纯林、2m×2m 光皮桦与杉木行状混交、2m×3m 光皮桦纯林、2m×3m 光皮桦与杉木行状混交 4 种模式进行造林。光皮桦裸根苗要求根系完整、无机械损伤、无病虫害，营养杯苗造林时扯掉薄膜营养袋并做好分界标识。混交用的杉木苗用当地培育的苗高 30cm 以上、地径 0.5cm 以上的 1 级实生苗。造林时对裸根苗先浆根，用 1g GGR7 号生根粉对水 35kg 浸根 30min 后，用浸根余液拌黄心土浆根。植苗时做到"根舒、栽直、压实"，各种苗木的实际植苗数做好记录。造林后的 3 月初调查成活率，对整片试验林地上死去的苗木进行统计并及时进行补植，补植后，于造林当年年底进行保存率调查。

（3）抚育管理

①修枝　2008 年、2009 年即造林第 1 年和第 2 年的 7 月分别进行了 2 次修枝，剪除干基重叠过密枝条和多余的萌枝。

②铲草施肥　造林当年铲草 1 次，在 7 月进行，造林第二、三年铲草 2 次，分别在 3 月和 7 月进行。为了比较施肥对光皮桦幼林期的影响，铲草后分别在 2m×2m 光皮桦纯林、2m×2m 光皮桦与杉木混交、2m×3m 光皮桦纯林、2m×3m 光皮桦与杉木混交 4 种不同类型林分按施肥区与对照区（不施肥）进行施肥试验。造林当年距干基 20cm 处纵向两侧开深 15cm 施肥沟施下肥料然后覆土。第二、第三年沿树冠滴水线处纵向两侧开深 15cm 施肥沟将肥料施下然后覆土。混交林分中光皮桦与杉木的施肥方法、施肥量和时间均相同，见表 5-35。

表 5-35　各年度光皮桦施肥情况

造林年度（a）	施肥次数	肥料品种	施肥时间		施肥量（g）	
			第 1 次	第 2 次	第 1 次	第 2 次
1	1	N:P:K=15:15:	4 月	—	50	—
2	2	15 的硫酸钾复	2 月中旬	6 月中旬	150	250
3	3	合肥	3 月中旬	7 月下旬	350	500

注：2011—2012 年，试验林已开始郁闭，不再进行施肥铲草抚育。

（4）生长量测定

造林后第 5 年秋冬季光皮桦停止生长时进行测定，分别在上述 4 种不同类型林分按施肥区与对照区（不施肥）各设 2 个样地进行测定，每个样地测定 45 株样株，混交林分除测定 45 株光皮桦样株外还测定 45 株杉木样株，测定胸径和树高。

（5）虫害调查

①普查　造林后不定期到试验林地观察危害光皮桦的各种病虫害，并采集标本进行鉴定。

②星天牛专题调查　2009—2011 年对星天牛危害进行跟踪调查。每年 12 月在光皮桦纯林、光皮桦与杉木行状混交 2 种营林模式的林分的非冲沟地段和冲沟地段各选一样地，每个样地连续调查 100 株，统计天牛危害株数。2010—2011 年进行星天牛危害枯死率调查，即于 2010 年和 2011 年冬分别调查 2 年生和 3 年生幼树受害后的枯死率，从林中随机选取上一年星天牛危害的光皮桦 20 株进行调查，统计受害枯死率。

5.9.2 结果与分析

（1）不同育苗方式培育的小苗长势

通过测定，翌年3月直播苗平均高26.24cm，地径0.3cm，营养杯苗生长量稍小些，平均苗19.00cm，平均地径0.25cm。

（2）造林成活率

3月初调查造林成活率，杉木成活率为73.3%，光皮桦全林成活率为97.7%，其中裸根苗造林成活率为97.2%，营养杯苗造林成活率为98.2%。3月中旬补植后，年底进行保存率调查，其中光皮桦为98.3%，杉木为99.1%。

（3）生长量测定结果

由表5-36可见，造林第5年以施肥的2m×3m光皮桦纯林生长量最大，平均胸径为8.43cm，平均树高为12.04m，平均单株蓄积量达0.0391m³/株，生长量最小的林分是不施肥（对照）的2m×2m光皮桦纯林，平均胸径为5.93cm，平均树高为7.49m，平均单株蓄积量0.0035m³/株。

表5-36　2012年末（造林第5年）光皮桦测定结果

林分类型		平均胸径（m）	平均树高（m）	平均单株蓄积量（m³/株）
2m×2m	对照区	5.93	7.49	0.013 2
光皮桦纯林	施肥区	7.82	10.15	0.028 9
2m×2m	对照区	7.48	8.62	0023
光皮桦混杉林	施肥区	8.49	8.47	0.027 9
2m×3m	对照区	8.39	11.18	0.036
光皮桦纯林	施肥区	8.43	12.04	0.039 1
2m×2m	对照区	8.52	9.18	0.031 2
光皮桦混杉林	施肥区	9.16	10.04	0.0384

由表5-37可见，与光皮桦行状混交的杉木生长量表现最好的是施肥的株行距为2m×3m的林分，造林第5年平均树高5.36m，平均胸径7.11cm，平均单株材积0.013 24m³/株，但生长量远远小于光皮桦。其中最优平均树高杉木为光皮桦的44.5%，最优平均胸径杉木为光皮桦的70.8%，最优平均单株材积杉木为光皮桦的34.4%。

表 5-37   2012 年末（造林第 5 年）与光皮桦行状混交杉木测定结果

林分类型		平均胸径（m）	平均树高（m）	平均单株蓄积量（m³/株）
2m×2m	对照区	3.50	3.53	0.003 5
光皮桦混杉林	施肥区	4.68	3.99	0.006 0
2m×3m	对照区	6.48	5.25	0.011 4
光皮桦混杉林	施肥区	7.11	5.36	0.013 2

（4）病虫害调查结果

①普查结果   通过实地调查和采集标本鉴定，光皮桦人工林主要有以下几种虫害，而无病害发生。白蚁：光皮桦造林当年易受白蚁危害。2008 年于造林后的 4 月下旬在幼苗基部施放呋喃丹，株施药量 10g 左右，效果很好。尺蠖：2009 年即造林后的第 2 年，尺蠖在光皮桦试验林大发生，几乎将整片林子的树叶吃光。调查发现，危害光皮桦的尺蠖集中在 2 个时期，第 1 次在 7 月底 8 月初，第 2 次在 10 月中下旬。2009 年大发生后至今均未成灾，仅见零星危害，通过对幼虫标本鉴定，确定为油桐尺蠖（*Buzura suppressaria*）。蚜虫：通过对标本进行鉴定，其蚜虫为光皮桦斑蚜（*Betacallis luminiferus*），7～8 月间发生危害，蚜虫吸食嫩梢叶片汁液致使树体长势变弱并诱发煤烟病，大大降低了光皮桦叶片的光合效能并引起落叶，严重影响光皮的生长。天牛：造林后的第 2 年，试验林地的光皮桦幼树开始发现天牛危害，通过对采回的标本进行鉴定，确定为星天牛（*Anoplophora chinensis*）。

②星天牛专题调查   通过发现，不论是光皮桦纯林还是光皮桦与杉木混交，幼林期均易受星天牛危害，并以冲沟地段较为严重，如冲沟地段 3 年生幼树受害率高达 32%（表 5-38）。星天牛常 2～3 株或更多株连续危害，随着林龄的增加，危害呈上升趋势，如造林后第 4 年末，光皮桦纯林总受害株率高达 25%（表 5-39）。星天牛危害部位多集中在贴近地面的干基和裸露于地表的根系，幼虫将干基蛀食一环后，切断水分和养分的输送，导致光皮桦幼树枯死，2 年生幼树受害后枯死率达 100%。3 年生幼树受害后枯死率达 75%，枯死率极高。

表 5-38   冲沟地段星天牛对光皮桦危害对比   （%）

营林模式	各年末受害株率		
	2009 年	2010 年	2011 年
光皮桦纯林	3.00	7.00	32.00
光皮桦×杉木（行状混交）	8.00	14.00	16.00

表5-39　不同林分各年末总受害株率对照　　　　　（%）

年度	林分总受害株率	
	光皮桦纯林	光皮桦×杉木（行状混交）
2009 年	3.00	5.50
2010 年	6.00	11.00
2011 年	25.00	17.00

5.9.3　研究结论

①通过光皮桦育苗试验对比，在苗圃直接培育的常规播种苗长势略优于经小苗移栽培育的营养杯苗，9月龄播种苗平均高26.24cm，地径0.3cm，小苗移栽培育的营养杯苗平均苗高19.00cm，平均地径0.25cm。2种小苗造林成活率无明显差异，裸根苗造林成活率为97.22%，营养杯苗造林成活率为98.25%。从成本核算考虑，育苗可使用传统的苗圃直接播种培育法，造林也可直接使用裸根苗。

②在相同的抚育措施下，以2m×3m株行距施肥的光皮桦纯林表现为最好，而不施肥（对照）的2m×2m光皮桦纯林表现较差，在生产实际中，应充分结合光皮桦造林后生长较快的习性，选用适当的造林密度，造林后及时进行铲草抚育和合理施肥。

③在杉木采伐迹地营造光皮桦人工林，幼林期易受白蚁、光皮桦斑蚜、油桐尺蠖、星天牛危害，其中又以星天牛危害较为严重，且有逐年扩展趋势。从这几年的调查结果来看，星天牛的危害应该是制约光皮桦推广的最大威胁。因此，在生产实际中应引以重视，在今后光皮桦的研究中，有必要进行病虫害抗性调查，选出并培育对敏感性病虫害具有高抗性的优良品种，这对光皮桦的推广将具有重大意义。

（注：本章节主要观点发表于《林业科技通讯》2015年第5期）

5.10　岑王老山西南桦林主要蛀干害虫演变

1986年云南森林昆虫记录了齿小蠹（*Ips* sp.）、饱缘胸材小蠹（*Xyleborus gravidus*）、额脊异胫长小蠹（*Crossotarsus* sp.）分布西南桦上。2002年云南德宏州发现天牛蛀干危害。2006 年曾杰等在广州帽峰山、广西凭祥、云南勐蜡等地发现蛀干害虫危害，并提出了未来优先研究方向首先是防治蛀干害虫的营林与育种措施。陈尚文 2007 年指出西南桦在广西乐业县扩种出现的钻蛀害虫有桦小蠹、材小蠹、拟木蠹蛾等；2008 年 2 月 18 日至 3 月 2 日陈尚文等对桂西北冰雪灾后调查发现岑王老山自然保护区林区的西南桦出现桦小蠹等钻蛀害虫危害。

5.10.1　野外调查方法

在岑王老山自然保护区沿林道调查西南桦以及邻近的树种（马尾松、桉树等）的林分中的动物及昆虫，沿对其通过肉眼目击观察、听觉探测，记录害虫的种类、数量、危害情况。此外采用网捕、伞抖、挖掘、黏板等方法进行调查。在踏查的基础上，选择具代表性的地块为样地（20m × 20m）定时调查（30min）。每样地 30 株，先调查危害指数 $F = (\sum$ 各级代表值 × 各级木株数)/调查总株数，然后逐一调查主要蛀干害虫拟木蠹蛾、桦小蠹、天牛等的平均虫口密度（头/株）。

5.10.2　结果与分析

（1）西南桦拟木蠹蛾发生危害演变状况

2007 年 11 月 18 日和 2008 年 2 月 18 日至 3 月 2 日对岑王老山自然保护区以及邻近林分的调查，未发现西南桦拟木蠹蛾。2011 年 8 月 10 ~ 11 日岑王老山自然保护区林区的利周乡、浪平乡、达龙坪保护站和 2011 年 9 月 23 日邻近岑王老山自然保护区的板桃乡均发现西南桦拟木蠹蛾。在上述板桃乡、浪平乡保护站、达龙坪保护站、利周乡的 16 个样地，其中 10 个样地发现有西南桦拟木蠹蛾存在，发生率为 62.5%。2011 年 8 月 10 日利周乡调查结果，西南桦拟木蠹蛾林间种群密度低，仅有 0.03 头/株，对西南桦未造成危害。在板桃乡的调查中发现西南桦拟木蠹蛾种群密度高达 19 头/株。从坡向看，发现钻蛀危害指数、种群密度南坡最大。同一坡向中，上坡种群密度最大，从剖检板桃乡的 3 株西南桦发现随着单株粪被总数的增加，最高与最低粪被的间距加大，即危害的西南桦树干长度增加，内部孔道长度增加，即危害的西南桦材积增加，相应经济损失增加。

（2）桦小蠹危害演变状况

2007 年 11 月 18 日对岑王老山自然保护区以及邻近林分调查发现，桦小蠹种群密度 1 头/株。2008 年 2 月 18 日至 3 月 2 日陈尚文、罗基同等对桂西北冰雪灾后森林病虫害调查后发现，岑王老山自然保护区林区的西南桦被冰雪折断枯萎严重受害，虽然原有的桦斑蚜大部分被冻死，出现桦小蠹等钻蛀害虫危害，桦小蠹种群密度 1.5 头/株。2011 年 8 月 10～11 日利周乡、浪平乡、达龙坪保护站桦小蠹种群密度 0.5 头/株。2011 年 9 月 23 日岑王老山自然保护区附近的板桃乡种群密度 0.4 头/株。16 个样地有 8 个样地发现桦小蠹存在，发生率为 50%。

（3）天牛危害演变状况

2007 年 11 月 18 日、2008 年 2 月 18 日至 3 月 2 日、2011 年 8 月 10～11 日对岑王老山自然保护区以及邻近林分的利周乡调查，未发现天牛。2011 年 8 月 10～11 日浪平乡（2 头/30）、达龙坪（1 头/30）保护站，2011 年 9 月 23 日岑王老山自然保护区附近的板桃乡均发现天牛。16 个样地发现 9 个样地天牛存在，发生率为 56.3%。平均种群密度 2.8 头/株，其中板桃乡危害严重，发生率 85.7%，种群密度 3.5 头/株。

（4）其他钻蛀害虫危害演变状况

2011 年 8 月 10 日在利周乡桉树林附近的西南桦发现桉树枝瘿姬小蜂，达龙坪保护站发现象甲。2011 年 9 月 23 日岑王老山自然保护区附近的板桃乡发现象甲、潜蝇、透翅蛾等钻蛀害虫。

（5）不同主要钻蛀害虫危害演变

调查发现岑王老山自然保护区以及邻近林分不同主要钻蛀害虫种类数量比与危害指数均呈现上升演变趋势，从 2007 年的 11.67 上升到 2011 年 9 月的 28.57。其中拟木蠹蛾在 2007—2008 年在利周乡尚未发现危害，在 2011 年 8 月利周乡、浪平乡达龙坪危害较轻；2011 年 9 月在邻近岑王老山自然保护区的板桃乡危害严重最高达 35.7。原因是林地处于高速公路旁边的南坡，林下植物少，对西南桦材质影响大（表 5-40）。

表 5-40　主要钻蛀害虫种类数量比与危害指数演变（2007—2011）

编号	主要蛀干害虫种类数量比	主要蛀干害虫的危害指数			地区平均危害指数
		a	b	c	
1	0.083	0	35.0	0	11.67
2	0.048	0	40.0	0	13.33
3	0.060	18.5	32.0	30.2	26.90
4	0.160	35.7	20.0	30.0	28.57

由表5-41可见，拟木蠹蛾种群密度最大，桦小蠹其次，天牛最小。在对中龄林的危害大，板桃乡的主要钻蛀害虫分别是岑王老山自然保护区22、14、7倍，达龙坪保护站的与马褂木混交西南桦幼林没有拟木蠹蛾、桦小蠹危害。结果表明由于岑王老山自然保护区环境状况优于板桃乡，不利于西南桦钻蛀害虫的发生。

表5-41　不同环境主要钻蛀害虫出现与种群密度变化（2011）

样地号	时间	地点（乡）	发现环境	a	b	c
1	8.10	利周	中龄林	0	0	0
2	8.10	利周	中龄林	5	3	0
3	8.10	利周	粘板	0	0	0
4	8.11	浪平乡	中龄林	1	0	0
5	8.11	浪平乡	粘板	0	0	0
6	8.11	浪平乡	路边	0	0	2
7	8.11	达龙坪	中龄林	1	1	1
8	8.11	达龙坪	与马褂木混交幼林	0	0	1
9	8.11	达龙坪	路边	0	0	0
岑王老山平均种群密度				0.78	0.44	0.44
10	9.23	板桃乡	中龄林	2	4	2
11	9.23	板桃乡	中龄林	4	8	4
12	9.23	板桃乡	中龄林	7	7	4
13	9.23	板桃乡	蔬菜地	20	0	
14	9.23	板桃乡	中龄林	28	12	5
15	9.23	板桃乡	中龄林	16	8	5
16	9.23	板桃乡	中龄林	28	3	1
板桃乡				17.17	6.33	3.17
发现率				62.50	50.00	56.30
平均种群密度				7.00	2.88	1.56

注：a：拟木蠹蛾；b：桦小蠹；c：锯根土天牛。

5.10.3　研究结论

岑王老山自然保护区以及邻近林分不同主要钻蛀害虫种类数量比与危害指数呈现上升趋势，从2007年的11.67上升到2011年9月的28.57，其中拟木蠹蛾在2007—2008年在利周乡尚未发现危害，在2011年8月利周乡、浪平乡达龙坪危害较轻；2011年9月在邻近岑王老山自然保护区的板桃乡危害严重最高达35.7，在2011年8～9月调查发现板桃乡、浪平乡保护站、达龙坪保护站、利周乡的16个样地，有西南桦拟木蠹蛾、桦小蠹、天牛的发生率分别为 62.5%、50%、56.3%。拟木蠹蛾种群密度最大为 17.17 头/株。在调查中发现，被拟木蠹蛾危害致死的西南桦同时发生裂皮，上面均有桦小蠹、天牛和象甲的入侵。在利周乡的一些林地，天牛的危害超过了拟木蠹蛾，所以也应该对上述害虫协同钻蛀西南桦危害进行研究。

广西岑王老山国家级自然保护区自 2000—2010 年大面积栽培西南桦纯林面积 332.67hm²，西南桦与红锥、大叶栎等乡土树种混交幼林 86.67hm² 比例小。由于营造西南桦人工纯林比例大，存在害虫爆发的危险。如田林县的板桃乡大面积连栽的西南桦钻蛀害虫爆发，将引起多样性的丧失退化。另外，天敌对害虫的影响等也有待于研究。

（注：本章节主要观点发表于《安徽农学通报》2011 年第 12 期）

第六章

行业标准

西南桦培育技术规程（林业行业标准 LY/T 2457—2015）

前言

本标准依据 GB/ T 1.1—2009 的规则编写。

本标准的附录为资料性附录。

本标准代替 LY/T 1948—2011（西南桦用材林培育技术规程）。

本标准与 LY/T 1948—2011 相比，除了编辑性修改外主要变化如下：

——增加了立地划分（见附录表 1）；

——增加了混交造林（见 5.4）；

——增加了食叶害虫防治和病害防治（见附录表 2）；

——增加了有害植物防治（见 7.2）；

——增加了生长量指标（见附录表 3）。

本标准由全国营造林标准化技术委员会提出并归口。

本标准由广西生态工程职业技术学院、百色市林业科技教育工作站起草。

本标准起草人：庞正轰、苏付保、戴庆辉、张国革、李荣珍、黄妹兰、刘有莲、梁立、冯立新、陈荣、曹书阁、温中林。

西南桦培育技术规程

1　范围

本标准规定了西南桦丰产栽培的适栽范围与立地选择、采种育苗、造林、抚育管理、有害生物防治技术及生长量指标。

本标准适用于西南桦适栽区域的苗木培育、营造、抚育及管护等生产技术活动。

2　规范性引用文件

下列文件对于本文件的应用是必不可少的。凡是注日期的引用文件，仅所注日期的版本适用于本文件。凡是不注日期的引用文件，其最新版本（包括所有的修改）适用于本文件。

GB 7908　林木种子质量分级

GB 2772　林木种子检验规程

GB/T 15776　造林技术规程

GB/T 15781　森林抚育规程

GB/T 8321　农药合理使用准则

LY/T 1948　西南桦用材林培育技术规程

LY/T 1646　森林采伐作业规程

3　适栽范围与立地选择

3.1　适栽范围

西南桦是阳性树种，喜温凉气候，其最适气温为年平均气温 16.5～19.5℃，1月平均气温 9.5～12.5℃，7月平均气温 21.5～24.0℃，极端最高气温 40.3℃，极端最低气温 -4℃；相对湿度 80% 以上，降水量 1000mm 以上。适栽范围为云南中部和南部、贵州西南部、福建东南部和广西、广东、海南，具体按 LY/T 1948—2011 的规定。其适宜海拔范围因地区而异，在云南 800～1800m，在贵州和广西 400～1000m，在广东 300～800m，在福建南部 600m 以下，在海南 700～1050m。

3.2　立地选择

选择阳光充足、土质疏松、土层 80cm 以上、排水良好、肥力中等以上、pH 值 4.5～6.5 的立地。在霜冻严重地区，不宜选择低洼地造林。

4　采种育苗

4.1　种子采收与贮藏

4.1.1　种子采收

4.1.1.1　采种母树选择

在优良种源地内选择树龄在 15～40 年，生长健壮、树干通直、分枝角度较小、无病虫害的优良单株作为采种母树。

4.1.1.2　种子采集

1～3 月，果穗由绿色变成黄褐色、树下有少量种子与苞片散落时采集果枝或果穗。

4.1.2　种子处理

将果穗放置在室内通风阴凉处，堆放厚度≤5cm。晾干后，用手搓揉，使种子从果穗中脱落；用孔径0.2cm的筛子筛选，除去杂质，种子净度≥80%。种子质量应符合GB 7908—1999的规定，种子检验方法按GB 2772—1999的规定执行。

4.1.3　种子贮藏

宜随采随播。如需贮藏，采取低温密封干藏，温度保持在0~5℃，贮藏时间≤2年。

4.2　苗木培育

4.2.1　芽苗培育

4.2.1.1　圃地

应选择交通方便、有水源、排水好、地势平整的地方。

4.2.1.2　苗床

苗床高20~30cm，宽80~100cm，表层铺一层3~5cm厚的过筛细沙或黄心土。

4.2.1.3　播种

播种时间依当地造林季节而定，宜在造林前6个月播种。采用撒播，播种量为$3~5g/m^2$。播种前先将用细沙或草木灰与种子均匀混合，再将混合物播于苗床上。

4.2.2　容器苗培育

4.2.2.1　容器规格

采用规格高12cm、宽8cm的塑料容器或无纺布容器。

4.2.2.2　基质

黄心土40%~50%、腐殖质土30%~40%、腐熟厩肥10%~20%、过磷酸钙2%；黄心土50%~70%、腐殖质土30%~50%、过磷酸钙2%；黄心土加过磷酸钙2%。黄心土和腐殖质土应打碎过筛，再与肥料均匀混合；基质中含有机肥的应堆沤1~2个月。

4.2.2.3　置床和消毒

将基质装入容器，排列成宽80~100cm、长10~20m的苗床，四周用10cm宽的竹片或木片等固定。用0.5%的多菌灵或其他杀菌剂的溶液对基质进行消毒，深度达容器高度的1/2。

4.2.2.4　移植

将3~5cm高的芽苗移植到装满基质的容器内，移植后浇水。

4.2.3 苗木管理

4.2.3.1 遮阴

覆盖透光度为 20% 的遮阴网，避免强阳光灼伤幼苗。

4.2.3.2 水肥管理

播种后用喷雾器或其他喷雾设施喷水，种子发芽后和移苗 10 天内每天喷雾一次，保持土壤湿润。芽苗阶段每 15 天喷施一次 0.3% 的尿素。移植后每 15 天浇施一次 0.5% 的尿素或复合肥。

4.2.3.3 苗木保护

出苗后每 10 天喷一次浓度 0.2% 的多菌灵或其他杀菌剂，直至苗木半木质化；若有感病苗木应及时拔出烧毁并消毒。冬天加防寒设施防冻害。

4.2.3.4 炼苗

苗木高度、地径达到出圃造林标准时开始炼苗，前 5 天每天早晚打开遮阴网 2 个小时，5 天后每天减少半小时的遮阴时间，直至全天打开，使苗木适应自然环境。炼苗时间 ≥15 天。

4.2.4 苗木出圃

4.2.4.1 质量标准

出圃苗必须达到表 6-1 规定的标准。

表 6-1 西南桦苗木等级标准

苗木种类	苗龄（年）	苗木等级	地径（cm）	苗高（cm）	综合控制条件
容器苗	0.2~0.4	I	>0.20	20.1~30.0	叶色正常，半木质化，根系不穿袋或少穿袋
		II	0.15~0.2	15.1~20.0	

4.2.4.2 起苗

起苗时间应与造林时间相衔接，要求做到随起、随选、随运、随栽。起苗时用移苗铲插入营养袋底部，将营养袋铲起，整齐的装入筐内。

5 造林

5.1 整地

全面清理造林地。按照"5.3"规定的株行距挖种植穴，规格为长 50cm × 宽 50cm × 深 40cm。挖穴时表土与心土分开堆放，一个月后回土。要求先回表土再回心土，回土后种植点略高于原地面。结合回土施复合肥 0.2~0.3kg/穴。整地方法按 GB/T 15776—2016 的规定执行。

5.2　栽植

每年春季或雨季、9~10月，降水后土壤湿润深度达30cm以上时造林。栽植时应去掉不可植容器和保持土团不散，埋入深度应高于苗木根颈2~3cm。

5.3　栽植密度

Ⅰ类地和Ⅱ类地株行距为2m×4m，初植密度1250株/hm²；Ⅲ类地株行距为2m×3m，初植密度1666株/hm²。Ⅰ、Ⅱ和Ⅲ类地的划分见本章附录表1。

5.4　混交造林

西南桦可与马尾松、杉木、马占相思、大叶栎、红锥等树种混交，采取行间、带状、块状等混交模式。混交林中西南桦的比例应占50%以上。

6　抚育管理

6.1　幼林抚育

6.1.1　松土除草

种植当年的5~6月和9~10月各松土除草1次，并向外扩坎50cm；第2年和第3年的5~6月和9~10月砍除杂灌木和杂草。

6.1.2　施肥

5~6月结合松土除草，在幼树树冠外缘的左右和上部共挖3个20cm深的小坑施肥；第1年施复合肥0.2~0.3kg/株，第2年和第3年各施复合肥0.3~0.5kg/株。

6.2　成林抚育

6.2.1　割蔓

每年9月~10月清除影响树木生长的藤蔓，避免藤蔓缠绕树木。

6.2.2　间伐

培育大径材应间伐2次，6~8年和12~13年各间伐一次，保持合理的密度（表6-2）。培育中径材6~8年间伐1次，间伐强度为50%。具体间伐方法按GB/T 15781—2015的规定执行。

表6-2　西南桦林分密度表

立地	密度(株/hm²)		
	初植密度	第一次间伐	第二次间伐
Ⅰ类地	1250	833	555
Ⅱ类地	1250	833	555
Ⅲ类地	1666	1111	740

6.2.3　施肥

有条件的，间伐当年或第二年的 5 ~ 6 月施复合肥 0.5kg/株，方法与"6.1.2"相同。

7　有害生物防治

7.1　主要病虫害防治

主要病害有苗木猝倒病、根腐病、立枯病、煤污病、叶斑病、溃疡病等；主要虫害有白蚁和木蠹蛾、拟木蠹蛾、吉丁虫、天牛等蛀干害虫，以及食叶害虫苹掌舟蛾。具体防治方法见本章附录表 2。农药使用按 GB/T 832.1 ~ 10 的规定执行。

7.2　有害植物防治

主要有害植物有葛藤、长青藤、桑寄生、飞机草等，除草、割蔓、砍除并烧毁桑寄生丛枝可有效预防其危害。

8　采伐

8.1　采伐年龄

大径材 18 ~ 20 年，中径材 15 年，造纸材和纤维材 9 ~ 10 年。

8.2　采伐方法

采伐方法按 LY/T 1646—2005 的规定执行。

8.3　生长量指标

生长量指标依地类而异，具体见本章附录表3。

附表

表1　地类划分表

地类	划分条件
Ⅰ类地	土层≥100cm、表土层≥20cm
Ⅱ类地	土层≥100cm、表土层10~19cm
Ⅲ类地	土层80~99cm或土层≥100cm、表土层＜10cm

表2　主要病虫害防治表

类别		主要种类	危害情况	防治方法
病害	苗期病害	猝倒病（或称立枯病）、根腐病	危害苗木	定期使用杀菌剂；发病时及时拔出病苗烧毁并消毒
	中幼林病害	煤污病、叶斑病、毛毡病、溃疡病、枝枯病	危害树叶或枝干	严重的使用杀菌剂或杀螨剂
虫害	蚁类	蚂蚁	播种后啃食种子	播种后在苗圃四周撒放防蚁药
		白蚁	造林初期啃食根部和茎皮	采用诱杀法或对蚁窝喷洒灭蚁灵；将苗木根部浸入乐斯本或绿僵菌（1500~2000倍液）中2~3min再定植
	蛀干害虫	拟木蠹蛾、吉丁虫、天牛、透翅蛾	危害根颈部皮层或枝干韧皮部、木质部	消灭树干基部虫卵；往虫孔注入农药；尽量不修枝
	食叶害虫	苹掌舟蛾、尺蠖、夜蛾、樟叶蜂	幼虫啃食树叶	剪除低矮处虫卵叶或群集幼虫枝叶；翻挖虫蛹集中烧毁；虫口密度大时，于3龄幼虫前喷施森得保粉剂

表3　生长量指标表

立地	蓄积年均生长量（m³/hm²）	3年生		5年生		10年生	
		树高(m)	胸径(cm)	树高(m)	胸径(cm)	树高(m)	胸径(cm)
Ⅰ类地	22.5	6.0	6.0	9.0	9.0	15.0	15.0
Ⅱ类地	18.0	5.5	5.5	8.0	8.0	13.5	13.5
Ⅲ类地	12.0	5.0	5.0	7.0	7.0	12.0	12.0

第七章

成果推广

7.1 "西南桦人工林丰产技术研究与示范成果"简介

7.1.1 项目来源

"西南桦人工林丰产技术研究与示范"是广西壮族自治区林业厅"十五"科技项目,项目编号为"十五"桂林科字〔2001〕第80号。项目由广西生态工程职业技术学院和百色市林业局共同承担,由广西生态工程职业技术学院、百色市林业局、百色市老山林场、田林县林业局、右江区林业局、隆林县林业局、西林县林业局、田东县林业局、平果县海明林场、乐业县同乐林场、广西雅长林场等16个单位共同完成。项目期为2001—2010年。项目研究经费186万元,全部为项目单位自筹。项目主要研究了西南桦天然林优质林分选择和优良采种母树选择技术、西南桦育苗技术、西南桦在不同海拔高度的生长适应性、速生丰产性、西南桦人工林选优技术、西南桦病虫害监测防治技术。项目研究对于丰富广西丰产林树种、推进林业产业发展具有重大意义。项目取得了显著的经济、社会和生态效益。

7.1.2 主要研究过程及研究方法

项目研究工作始于2001年1月,至2010年12月结束,历时10年。2001年1月~2001年12月为项目准备阶段;2002年1月~2010年6月为项目组织实施阶段;2010年6~12月项目总结阶段。2001年8月成立项目领导小组、研究小组,制定研究方案,2002年3月召开培训会,开展研究工作。每年召开项目小结会1次。2010年7月开始项目总结。

2000年10月开展优质天然林分和优良采种母树调查研究,2001年2~3月开始采种,同年9月开始育苗试验,2002年1~3月实施造林试验;2004—2006年1~5月在各个试验点营造试验林和示范林。造林后调查试验林、示范林的成活率、保存率以及树高、胸径等生长情况。收集各试验点的气象资料和土壤资料。2010年7~8月测定各试验示范林林分因子。

(1)成立项目领导小组

项目领导小组组长由时任(1997—2007年)广西林业局科学技术合作处长、广西生态生态工程职业技术学院院长(2007年5月~2014年7月)、广西

林学会副理事长庞正轰(教授/教授级高级工程师)担任,副组长由时任
(1996—2006 年)广西百色市林业局局长李通林工程师担任。领导小组办公室
设在百色市林业局,主任由百色市林业局总工程师戴庆辉高级工程师担任。

(2)成立项目研究小组

项目组负责人由庞正轰、李通林、丁允辉(时任广西百色市老山林场场
长、历任百色市林业局副局长、局长,现任广西林业技术推广总站站长、工
程师)担任;日常工作由广西百色市林业局总工程师戴庆辉高级工程师、工程
师梁立、高级工程师黄妹兰负责;广西生态工程职业技术学院、百色市林业
局、百色市老山林场、田林县林业局、右江区林业局、隆林县林业局、西林
县林业局、田东县林业局、平果县海明林场、乐业县同乐林场、广西雅长林
场等 16 个单位的领导和有关科技人员担任项目组主要研究成员。

(3)建立分工合作机制

项目分工科学合理,目标明确,任务具体,措施有力。以项目组主要负
责人为核心,以广西百色市林科所、百色市老山林场为依托,以 16 个参加项
目的试验单位的林地为基地,建立了项目研究试验示范体系。项目负责人负
责制定研究方案、监督项目实施、协调解决项目实施过程中的重大问题。百
色市林科所负责培育苗木,参试单位按研究计划组织实施,建立试验示范点,
按时测定数据、收集有关资料、反馈有关信息。

(4)建立联系制度

项目组每年召开工作会议,通报各个试验点的研究进展情况。

7.1.3 研究内容

①西南桦天然林优质林分和优良采种母树选择技术研究;

②西南桦育苗技术研究;

③西南桦在不同海拔高度的生长适应性研究;

④西南桦速生丰产性研究;

⑤西南桦人工林选优技术研究;

⑥西南桦病虫害监测防治技术研究。

7.1.4 研究成果

①采用林分对比法从西南桦天然林分中选出优质林分 2 处,面积 $100hm^2$,
并以此建立了国家级西南桦采种母树林基地;采用对比木法从优质林分中选

出候选采种优树 100 株、优良采种母树 9 株，单株蓄积量 1.9265m³ 比对比木（候选优树木，下同）大 59.6%。

②西南桦优树产籽量大，树龄 30 年母树每年可采种 5~10kg。优树的种子发芽率和成苗率高，9 年育苗 1280 万株，Ⅰ级、Ⅱ级苗木出圃率达到 88% 以上，造林成活率和保存率高，造林成活率达 90% 以上，6 年保存率达 80% 以上，林分生长态势良好，保持了优树的良好品质。

③西南桦适合在广西海拔 400~1450m 种植，海拔过低或过高对西南桦生长都不利。在海拔 500~950m，林分生长优良，年均蓄积生长 16.1~22.33m³/hm²，超过速丰林标准；在海拔 950~1300m 或 400~500m，林分生长良好，年均蓄积生长量 12.56~12.67m³/hm²，超过丰产林标准；在海拔 400m 以下或海拔 1450m 以上，林分难达到丰产林标准。在海拔 400~630m，西南桦生长量随着海拔上升而上升；在海拔 630~1450m，西南桦生长量随着海拔的上升而下降。

④西南桦 6 年生试验林平均树高 14.0m、平均胸径 14.0cm，平均蓄积量达到 133.96m³/hm²；年均树高、胸径、蓄积生长量分别达到 2.33m、2.33cm、22.33m³/hm²，大大超过了我国南方速生树种规定的年均生长量 10.5m³/hm² 的指标，为目前全国同类研究最高生长量。

⑤初植密度 2m×4m 的蓄积生长量大于 2m×3m、2.5m×4m。阴坡生长量大于阳坡。人工修枝对西南桦幼林生长没有明显的促进作用，反而会加重拟木蠹蛾危害。

⑥西南桦可与大叶栎、马尾松、红锥等树种混交造林，混交比例以西南桦占 50% 以上为宜，否则，西南桦受压。施肥对西南桦幼林生长具有明显的促进作用。

⑦发现西南桦病虫害 23 种，均为当地原有物种，大多数病虫害未造成经济损失，可通过生物或化学方法进行有效防治。

⑧项目拟定了《广西西南桦丰产技术标准》（草案），采种 445kg，育苗 1280 万株，造林 7036hm²，蓄积 23.41 万 m³，直接经济效益 7.38 亿元，创造就业机会 7036 个，每年储碳 9.56 万 t、储水 43623 万 t。

7.1.5 创新点及主要成效

（1）创新点

①首次采用林分对比法从西南桦天然林分中选出优质林分 100hm²、优良

采种母株 9 株，并据此建立了国家级西南桦采种母树林基地，从根本上解决了西南桦天然林采种母树选择和良种供应问题，为项目营造西南桦丰产林奠定了良种基础。

②采用适度控温、控湿、控光和水肥管理综合措施，大幅度提高西南桦种子发芽率、成苗率和出圃率，提出和实施了西南桦实生苗等级划分标准，9 年育苗 1280 万株，Ⅰ级、Ⅱ级苗木出圃率 88% 以上，为国内同类研究之首。

③首次系统地在海拔 400~1450m 开展 7 个不同海拔高度的西南桦生长适应性和速生丰产性试验研究。同时，开展西南桦密度造林、混交造林、修枝抚育和施肥等对比试验，6 年生试验林，平均树高 14.0m（年均 2.33m），平均胸径 14.0cm（年均 2.33cm），平均蓄积量 133.96m³/hm²（年均 22.33m³/hm²），为目前全国最高水平。试验示范期 10 年，造林 7036hm²、蓄积量 234072m³、价值 73810 万元。全面系统地研究了西南桦速生丰产技术，拟定了《广西西南桦丰产技术标准》（草案），试验研究的系统性、连续性、先进性和综合性为国内首创。

④首次系统研究西南桦人工林速生丰产性。以 2 个试验点数据为依托分析了西南桦树高、胸径和蓄积生长过程，以 16 个试验示范点连续 8 年获取的试验数据为基础，系统地分析了西南桦的速生丰产性和稳定性，并探讨了广西发展西南桦丰产林潜力，为西南桦的推广应用提供了科学依据。

⑤首次系统开展西南桦重大病虫害监测防治技术研究和低温雨雪灾害调查。连续 8 年对西南桦 23 种病虫害进行监测，重点研究了拟木蠹蛾等重要病虫害的发生危害特点和空间分布格局，提出了具体有效的防治措施。

⑥首次系统开展西南桦人工林优树选择研究。从 4.5 年生、5.5 年生、6 年生、6.5 年生 4 个龄级林分中选出优树 31 株，其中，材积比平均木（标准地平均值，下同）高 100% 以上的一级优树 17 株；比平均木高 50% 以上的二级优树 14 株，这为西南桦下一步选优奠定了坚实的基础。

（2）主要成效

项目拟定了《广西西南桦丰产技术标准》，采种 445kg，育苗 1280 万株，造林 7036hm²，蓄积量 23.41 万 m³，直接经济效益 7.38 亿元；召开现场会 1 次，举办技术培训班 5 期，培训 200 多人次，创造就业机会 7000 多个；每年储碳 9.56 万 t、储水 43623 万 t。项目的经济效益、社会效益和生态效益良好。

7.1.6 成果鉴定及获奖情况

项目于 2011 年 3 月份 3 日通过了由广西壮族自治区林业厅组织的成果鉴定。中国工程院院士、原北京林业大学校长尹伟伦教授主持了成果鉴定会，北京林业大学、中国林业科学研究院、广西大学、广西壮族自治区林业科学研究院等单位的专家参加鉴定会。会议认为，该项研究目标明确，技术路线合理，试验设计科学，试验示范规模大，研究内容系统，技术资料齐全，经济、社会和生态效益十分显著。在西南桦不同海拔高度生长适应性和速生丰产性研究、病虫害监测防治技术研究、地方性丰产技术标准制定等方面有创新。该项成果在国内同类研究中处于领先水平，在西南桦不同海拔高度生长适应性和速生丰产性研究方面处于国际先进水平。

该项成果 2011 年获广西科技进步三等奖。

7.2 那坡县国有那马林场西南桦推广项目简介

7.2.1 项目基本情况

项目名称：西南桦人工林丰产技术推广示范；合同编号：【2013】TG07 号。

项目承担单位：广西生态工程职业技术学院。

项目合作单位：百色市那坡县国有那马林场。

项目实施地点：那坡县那马林场那马分场。

项目实施时间：2013 年 3 月~2016 年 12 月。

项目依托技术：西南桦人工林丰产技术研究与示范。

项目负责人：庞正轰。

项目合同经费：中央财政林业科技推广示范资金专项经费 100.00 万元。

项目成效：推广西南桦良种 1 个，培育苗木 12.8 万株；营建西南桦丰产示范林 35.6hm²，保存率 91%，超额完成合同规定各项任务。

7.2.2 合同计划任务完成情况

项目完成了合同的所有指标，详见表 7-1。

表 7-1　项目合同考核指标与实际完成情况对照表

序号	合同任务指标	实际完成情况	完成效果
1	培育西南桦优质苗木 10 万株	项目执行期间，推广西南桦良种 1 个，培育苗木 12.8 万株	超额完成
2	营造西南桦速生丰产示范林 35hm²，造林成活率达 95%，保存率 85%；示范林生长量指标：至 2016 年 12 月，林分平均高 5.0m，平均胸径 4.0cm	营建西南桦栽培示范林 35.6hm²。造林成活率 98%，2016 年 11 月调查结果：平均树高 5.2m，平均胸径 5.6cm，保存率 91.0%	超额完成
3	举办一次现场经验交流会和两期技术培训班(培训林农 200 人次)	召开经验交流会 3 次，举办技术培训班 2 期，培训林农 212 人次	超额完成
4	编写西南桦丰产栽培技术手册	编写《西南桦丰产栽培技术》手册，发放 300 份。制定行业标准《西南桦培育技术规程》。撰写论文 3 篇	超额完成

7.2.3　合同任务完成情况分述

项目经过 3 年实施，全面超额完成合同规定的各项考核指标。项目实施过程中始终坚持"以研究推示范，以示范促推广"路线，开展了多项技术创新，在西南桦壮苗培育和高产示范林建设方面取得较大进展和突破。

（1）良种壮苗培育

依托"西南桦人工林丰产技术研究与示范项目"研究成果，采用适度控温、控湿、控光和水肥管理综合措施进行容器育苗。西南桦种子发芽需要适宜的温度、湿度和光照条件。在种子发芽阶段，温度 20~30℃、湿度 95%、黑暗条件比较有利，因此，播种育苗的种子既要覆盖，又不能盖得太厚，否则种子难以发芽；幼苗成活和初期生长阶段，温度 20~30℃、湿度 85%、光照 20% 条件比较有利，种子发芽后即需要一定的光照，最好是散射光，但是光照过强或过弱对幼苗生长都不利；在幼苗快速生长阶段，则需要 50% 左右的光照条件。通过适度控温、控湿、控光和水肥管理，大幅度提高了西南桦种子发芽率、成苗率和出圃率。

①培育良种壮苗 12.8 万株，为项目育苗任务的 128%　项目执行 3 年以来，采用经广西林木良种审定委员会审定的凌云县伶站西南桦采种母树林种子，育苗 12.8 万株。其中，在百色市田林县林业局潞城苗圃，由田林县聚原林业发展有限公司培育西南桦"中国林业科学研究院热带林业研究中心的青山一号组培苗"7.8 万株；在那坡县那赖村孟屯苗圃，由那坡县兴农林业技术咨询服务部培育"凌云县伶站林场西南桦采种母树林种子"实生营养杯苗 5.0 万

株。培育的优良苗木除满足本项目示范林建设的需求外，为西南桦辐射推广造林提供了良种壮苗。

②进一步熟化和完善了良种壮苗培育技术 为解决西南桦产业发展中良种严重短缺的瓶颈问题，2011年以来，以推进西南桦良种化进程为目标，加大了良种基地建设和良种的推广示范力度。本项目采用凌云县伶站西南桦种源种子，进行规模化的推广示范。

良种壮苗是营建高品质示范林的关键。在苗木培育过程中，采用良种分级、种子消毒、温水浸种催芽处理、沙床密播移芽等措施有效提高了种子发芽率和发芽势；切根移芽有效促进了根系生长；移苗后通过施肥和水分管理，调控不同时期苗木的水肥平衡，水肥管理采用前多后少的原则，逐步减少后期水分和养分的施用量；出圃前30天进行苗木预处理技术，显著提高了造林成活率。项目进一步熟化和完善了良种分级、切根移芽、水肥管理、出圃前苗木干旱胁迫预处理和延长苗龄等措施，提升了出圃苗木的质量。

（2）示范林建设

根据"西南桦人工林丰产技术研究与示范项目"研究成果：西南桦在广西适合在海拔400~1450m种植，不同海拔生长量显著差异。在海拔500~950m，林分生长优良，年均蓄积生长量$16.1~22.33m^3/hm^2$，超过速丰林标准；在海拔950~1300m，林分生长良好，年均蓄积生长量$12.56~12.67m^3/hm^2$，超过丰产林标准；在海拔500m以下或海拔1300m以上，林分难以达到丰产林标准。在海拔400~630m，西南桦蓄积生长量随着海拔的上升而上升；在海拔630~1450m，西南桦蓄积生长量随着海拔的上升而下降。海拔1300m以上低温雨雪灾害较严重，种植西南桦应谨慎。因此，推广示范林造林地选择在那马林场平流分场7林班（海拔950~1100m），是合理的。

①营建技术

a. 林地选择技术。选择那坡县那马林场平流分场7林班，土层100cm以上、坡度较缓、腐殖质含量较高的林地。

b. 人工整地技术。人工挖坎，规格为50m×50m×40cm，密度为2m×4m。秋冬季进行整地。每坎施N、P、K复合肥250g。

c. 良种壮苗技术。采用林木良种"凌云县伶站林场西南桦采种母树林种子"，采用二段式育苗。8~9月育苗，翌年1~3月出圃造林，苗木质量达到一级苗标准。

d. 抚育技术。造林后连续抚育三年。每年进行人工除草3次，第一次在

4~5月,第二次在7月,第三次9~10月;结合第一次和第二次除草,扩坎50cm,每株施N、P、K复合肥250g。

e.病虫害监测防治技术。定期地对西南桦试验林进行病虫害调查,一旦发现重大病虫害随即组织防治。目前,在广西百色危害西南桦的食叶害虫主要是苹掌舟蛾。可采用喷洒苏云金杆菌或阿维因素等生物制剂方法进行防治。目前,在那马林场没有发生西南桦重大病虫危害。

②在那马林场营建示范林35.6hm²,保存率91.0%,2.5年生树高5.2m,胸径5.6cm,示范林生长超过合同指标。

按照项目实施方案,2014年营建西南桦示范林35.6hm²,为考核指标35hm²的102%。高产示范林建设地点设在那马林场平流分场7林班(见附图)。示范林定植后,分别设立固定样地6个,每年对固定样地进行跟踪调查、定位测定、数据汇总和研判分析,目前示范林生长良好。至2016年10月,林分平均树高5.1m,平均胸径5.3cm,保存率91.0%,达到合同考核指标。见表7-2。2016年11月进行现场查定,随机抽查2个标准地,平均树高5.2m,平均胸径5.6cm,保存率91.0%(表7-2)。

表7-2　调查样地统计表

小班	样地	平均树高(m)	平均胸径(cm)	成活率(%)	保存率(%)
2小班	1	5.5	6.1	94	84
2小班	2	3.7	4.0	100	92
3小班	1	5.5	5.6	98	92
5小班	1	5.2	5.5	96	90
5小班	2	5.	5.4	100	94
6小班	1	5.3	5.4	98	94
平均		5.1	5.3	97.7	91

③使用凌云县伶站林场西南桦采种母树林种子营建示范林初显成效　凌云县伶站林场西南桦采种母树林种子是广西壮族自治区省级林木良种之一,2011年通过审定,在生产上还没有得到比较广泛的推广应用。那坡县是广西重要的林业县之一,自然条件和凌云县差异不大。本项目首次将凌云县伶站林场西南桦采种母树林种子用于营建示范林,既是推广西南桦良种,也是推广西南桦栽培技术。目前幼林生长表现良好。中龄林和成熟林生长表现还有待进一步观测,项目组将继续跟踪调查。

④营林试验研究

a.开展了西南桦实生苗与组培苗造林对比试验研究　2012年以来,随着西南桦组培技术的快速发展，出现了西南桦组培苗造林。为了科学评价西南桦组培苗造林，实施了西南桦实生苗与组培苗造林对比试验研究。设5个标准地，每个标准地分别种植实生苗和组培苗各50株，在百色市那坡县那马林场平流分场7林班6小班选择立地条件基本一致的地块造林，株行距2m×4m，2014年3月造林，造林后实生苗和组培苗采用相同的松土、除草、施肥等抚育措施。2016年3月对2年生幼林进行了调查，主要进行了胸径和树高的测量，结果表明，西南桦组培苗和实生苗造林相比较，在2年生时组培苗显示出了前期生长较快的优势，胸径生长量和树高生长量都明显大于实生苗，造林前期生长表现良好。现在还是试验阶段，后期生长表现还有待观察，不能根据2年生的生长表现判断后期成效。树干通直度，病虫害发生及树木抵抗各种灾害能力还有待观察测定，这是项目今后的研究重点。

b. 开展了西南桦幼林配方施肥研究　西南桦对施肥是否敏感？能否同经营桉树速丰林那样经营西南桦？带着这些问题，课题组开展了西南桦幼林配方施肥研究。试验地设在那马林场平流分场7林班2、3、5小班，成土母岩为砂页岩，土壤为黄红壤，土层厚度>100cm，表土层厚≥20cm。1号样地设在2小班，海拔1055m，西北坡；2号样地设在3小班，海拔1071m，北坡；3号样地设在5小班，海拔1025m，南坡。试验地年均气温17.6℃，极端最高气温34.5℃，极端最低气温-6.9℃，年均降水量1353.1mm，空气相对湿度78%。

以西南桦新造林为试验对象，每株幼树N、P、K的总用量为0.5kg，B的添加量为10g，Cu的添加量为5g，研究大量元素N、P、K比例及微量元素添加种类组合的施肥配方对西南桦幼林生长的影响。结果表明：不添加微量元素的配方对树高生长有极显著的促进作用、对胸径和单株材积生长的促进作用不显著，添加微量元素B的配方对树高、胸径和单株材积生长有显著至极显著的促进作用，添加微量元素B和Cu的配方对树高、胸径和单株材积生长有极显著的促进作用。施用不添加微量元素、只添加微量元素硼和同时添加微量元素B和Cu的3类施肥配方后，西南桦材积生长量的比例为1:1.2:1.4，故西南桦施肥以添加微量元素B和Cu的配方好，其中N、P、K比例3:2:2并添加微量元素B和Cu的配方效果最好。不添加微量元素的施肥配方对西南桦胸径和单株材积生长的促进作用不显著，可能与林分年龄尚小（2年）有关。

（3）技术培训

①召开经验交流会3次、举办技术培训2期，培训人员212人次，完成率

为 106%。

在项目实施过程中,于 2015 年和 2016 年共召开了经验交流会 3 次,通过设置不同主题,将西南桦推广项目的先进经验和先进做法进行总结,同时结合实际,深入研究项目承担单位和协作单位校企合作机制、人才培养、科学研究、社会服务等双方密切关心的问题(表 7-3)。

表 7-3　经验交流会统计表

序号	时间	地点	主题	参与单位人员
1	2015 年 7 月	那马林场	丰产栽培技术	生态学院、百色市林业局、那坡县林业局、那马林场相关人员
2	2016 年 7 月	那马林场	依托项目合作,实施人才培养	生态学院教务党支部、那马林场党支部党员
3	2016 年 10 月	生态学院	产学研紧密合作、校行企合作育人	生态学院、国有林场、林业局相关人员

广西生态工程职业技术学院,简称生态学院。广西生态工程职业技术学院在百色市那坡县分别采取室内专家授课和室外现场培训方式,举办西南桦良种壮苗培育、良种选育以及丰产栽培技术等培训班 2 次,培训人员 212 人次,超额完成合同规定的培训任务(表 7-4)。

表 7-4　项目培训统计表

期数	培训时间	培训地点	培训对象	培训方式	授课专家	人次
1	2015.7 月 22～24 日	百色市那坡县林业局、那马林场	县林业局各科室技术人员、那马林场技术人员、乡镇林业工作站技术人员	讲座和现场指导相结合、答疑互动	庞正轰、苏付保、梁海燕、倪健康	112
2	2015.7 月 22～24 日	百色市那坡县林业局、那马林场	村干部及林农	讲座和现场指导相结合、答疑互动	庞正轰、苏付保、梁海燕、倪健康	100
合计						212

技术培训主要分成两种形式,一是依托中央财政林业推广示范资金项目和广西珍贵乡土树种良种培育中心,以项目培训班的形式组织百色地区,特别是那坡县从事森林经营的国有林场和县林业局、推广站、林业站等技术人员开展西南桦良种及丰产栽培技术培训,强化西南桦栽培的"良种良法"意识;二是在项目示范点开展现场培训,现场培训主要包括苗木选择、造林地清理、造林地整地、种植、幼林抚育等重要技术步骤的操作和演示培训。通过现场培训,将西南桦良种壮苗、整地造林、幼林抚育等关键技术环节展现在林农

和技术员面前，激发了林农使用良种壮苗和先进培育技术的兴趣，许多林农详细了解良种壮苗和幼林抚育的重要性，良种是提高林业生产力的根本，这一概念逐渐被林农们接受，西南桦种植理念向前迈进一大步。受训的林场一线工作者和林农不仅是项目的建设者，更重要的是成为了项目技术的推广者，他们不仅将学到的技术用于营造林木，还能指导其他未受训林农，起到一传十，十传百的项目推广示范效应。在培训过程中，那坡县林业局的林业技术推广站、种苗站等各站室以及乡镇林业工作站等各类基层林业工作者参与到培训中，对良种良法有了更深刻的了解，指导林农的服务能力进一步提高，成为推动当地西南桦产业发展的重要参与者。项目实施的技术培训和营建的高产示范林，项目的推广培训效应得到充分体现，项目取得了很好的技术示范和辐射带动作用。

②编写培训资料 1 册、发放 300 份，研究论文集 1 册，出版标准 1 部。

在项目执行期间，编写了《西南桦人工林丰产技术》手册，发放 300 份；制定了行业标准《西南桦培育技术规程》，国家林业局于 2015 年 1 月 27 日发布，2015 年 5 月 1 日实施；收集了项目组成员论文 30 多篇，编撰为《西南桦研究》论文集，即将由中国林业出版社在 2018 年出版。培训资料通俗易懂，可以作为各级林业技术人员，林业教学、科研、生产、设计和管理部门的科技与推广工作者参考使用。

7.2.4 资金投入和使用情况

（1）项目资金到位情况

项目合同总经费 100.00 万元，全部为中央财政林业科技推广示范资金专项经费。项目经费于 2013 年 9 月一次性下拨到位，资金到位率为 100%。

（2）项目资金使用情况

项目预算总经费 100.00 万元，项目总支出 100.00 万元。支出经费主要包括以下方面：

①林木新品种繁育 预算 9.9 万元，实际支出 9.87 万元；

②示范林营建 预算 77.00 万元，实际支出 75.7 万元；

③简易基础设施建设 预算 1.2 万元，实际支出 1.16 万元；

④技术培训 预算 3.2 万元，实际支出 3.1 万元；

⑤技术咨询 预算 5 万元，目前未支出。

（3）项目资金使用评价

项目资金及时到位，使用规范。具体如下：

①项目承担单位广西生态工程职业技术学院负责设立项目资金专户，经费使用由财务处指派专人负责管理。为保障项目资金安全和使用效率，设立专账，经费使用执行报账制度，示范林建设中使用的良种壮苗、肥料、农药实行批量采购，造林、抚育管护等用工则按示范点当地标准执行。

②项目经费支出严格按照《中央财政林业科技推广示范资金管理暂行办法》（财农〔2009〕289号）和《广西壮族自治区中央财政林业科技推广示范资金管理办法实施细则》等相关规定执行。严格专款专用，专账管理。严格执行年度预算以及项目预算制度，按年度资金和项目资金的预算进度使用。严格审核各项报账凭证和票据，做到每笔支出均符合相关规定。

项目经费到位及时，使用合理，管理规范，通过了专项审计。

7.2.5 项目组织方式

通过项目实施，培育西南桦优质苗木12.8万株，营建示范林35.6hm²，培训人员212人次，辐射推广造林3170亩。对推广项目的组织实施和管理经验总结如下：

（1）精心组织，统筹规划

①加强组织领导，明确分工，密切配合。

为确保项目按质按量顺利完成，在国家林业局和广西林业厅的统一指导下，由广西生态工程职业技术学院牵头成立项目组，负责编写项目总体实施方案，分解落实任务，主要负责苗木培育、示范林营造、样地设置、外业调查、技术培训和督促检查等工作，同时，负责向上级管理部门报告项目进展情况。那坡县那马林场提供示范林建设用地，营建及管理示范林，协助完成各年度样地测定，向项目承担单位提交年度工作总结。

②重视示范和技术培训，发挥辐射推广效应。

以"中央财政林业科技推广示范资金项目"和"广西珍贵乡土树种良种培育中心"为平台，以研究引领示范，以示范促进推广，在推广中发现新问题，开展新研究，形成新技术，发挥最大的推广效应，最大限度地提高科技成果转化率。统筹广西西南桦的技术培训和推广示范，发挥多层次多渠道的推广辐射效应，从根本上改变林农对珍贵乡土树种——西南桦的经营理念，提升了西南桦的发展潜力。

（2）严格管理，有条不紊推进项目实施

①严格项目管理与监督。为顺利实施项目，将项目管理组织机构设在广西生态工程职业技术学院科研处，按照国家林业局和广西林业厅下达的中央财政推广示范资金项目的相关管理办法进行严格监督管理。每年召开1~2次项目组工作会议，商讨和解决项目实施过程中出现的问题。广西生态工程职业技术学院科研处每年年底督查项目进展情况。

②严格档案管理。建立档案制度，档案进行专柜保存；档案管理严格按中央财政推广示范资金项目档案管理办法执行。项目技术档案主要包括项目承担单位与国家林业局签订项目合同，与项目协作单位签订项目合作协议；由项目承担单位编写总体实施方案并报广西林业厅备案，协同项目协作单位编写各自实施方案；每年对固定样地进行观测、测定和记录，数据统计整理归档；每年完成项目绩效自评和年度总结报告。

③严格资金管理。项目资金实行专账管理，专款专用。承担单位和协作单位年初编写经费开支使用预算报告，各年度严格按预算使用项目经费。

（3）项目在发挥成果应用及产业化发展的经验

①重视示范、培训和宣传工作。以示范林为样板开展技术培训和宣传，以示范促推广，辐射和带动广西西南桦人工林发展。

②利用广西珍贵乡土良种培育中心资源，对示范林进行后续支持。由于西南桦大径材的生产周期较长，对项目建立的示范林仍需按大径材培育的相关技术要求进行持续管护和观测，真正发挥示范林的样板作用。本项目验收后，广西珍贵乡土树种良种培育中心将继续跟踪研究项目后续工作。

③在推广中不断创新，推动西南桦良种及丰产栽培技术的推广应用，促进西南桦人工林发展。借助推广项目平台，开展技术创新，促进先进技术成果转化和应用，推动西南桦良种化进程，带动西南桦造林持续发展。

7.2.6　项目示范效果以及取得的效益

项目依托"西南桦人工林丰产技术研究与示范"成果及选育的优良种子"凌云县伶站林场西南桦采种母树林种子"，开展良种壮苗繁育和高产示范林营建，培育西南桦优良苗木12.8万株，营造大径材示范林35.6hm^2。充分利用中央财政林业科技推广示范资金项目的平台，在广西西南桦主产区，以示范促推广，带动和辐射当地和周边地区推广应用新品种以及先进技术，促进西南桦造林持续健康发展。

（1）项目的示范效果

①以中央财政林业推广示范资金项目和广西珍贵乡土树种良种培育中心为平台，探索出"研究——试验——示范/培训——推广"模式，以研究推示范，以示范促推广，加速科技成果转化。

广西是我国西南桦的重要分布区，经过十几年的联合攻关，西南桦栽培技术研究成效显著。由于长期以来，林农重"松、杉、桉"，轻西南桦的意识浓厚，加上传统的粗放经营，严重制约了西南桦的发展。为尽快扭转和改变对西南桦的认识误差，项目组利用广西多地试验测定结果，采用适地适树原则，选择"凌云县伶站林场西南桦采种母树林种子"在百色市那坡县进行规模化推广示范，取得了显著的推广示范效果，项目成功总结出一套高效的科技成果转化模式。

依托中央财政林业科技推广示范资金项目和广西珍贵乡土树种良种培育中心的平台，每年以项目培训班或培育中心年会的形式召开西南桦研发团队会议，及时通报西南桦最新研究动态和科研进展，谋划下一年度的工作思路。将最新研究成果通过中央财政林业推广示范项目的形式，用标准化方式营建示范林，以研究推示范，以示范促推广。以中央财政推广项目为纽带，充分发挥示范和技术培训的作用，达到一传十，十传百的推广效应，实现高效的科技成果转化。

②在百色市各县（区）辐射造林 2000hm²。

2013 年项目开展以来，主要在百色市和河池市范围内推广应用。据不完全统计，2013 年以来，百色市新造西南桦人工林 2000hm²。目前，那坡县那马林场、靖西市五岭林场、田林老山林场、隆林县金钟山林场、广西雅长林场、广西高峰林场等 18 家单位，累计造林 5172.9hm²，预计采伐时产值超过 20 亿元。

（2）项目技术创新

①探索不同施肥对幼林生长的影响。

详细请参见"7.2.3 中的营林试验研究"。

②探索不同苗木类型幼林生长表现。

为了对比不同苗木种类造林生长表现，结合西南桦推广造林项目开展了实生苗和组培苗造林对比试验，实生苗和组培苗各造林 250 株，分 5 个重复，每个重复 50 株，造林后 2 年进行测定，胸径和树高生长差异显著，组培苗明显好于实生苗，后期生长表现还有待观察。

③撰写相关论文 3 篇。

2013—2016 年项目执行期间，结合项目实施开展试验研究，撰写了西南桦组培育苗技术、施肥技术、实生苗和组培苗对比试验等论文 3 篇(表 7-5)。

表 7-5　撰写论文统计表

序号	论文名称	第一作者	期刊名称
1	西南桦实生苗与组培苗造林对比试验初报	苏彬	农业与技术(2016.16)
2	西南桦幼林配方施肥研究	马朝忠	《南方农业学报》
3	西南桦染色体加倍的影响因子初步研究	朱昌叁	亚热带植物科学(2014.04)

④人才培育。

通过项目的实施，培训了林业科技推广技术人员 200 多人，提升了项目实施单位技术人员的业务水平。项目执行期间，项目主要参加人员中 2 人晋升职称，其中正高 1 人，副高 1 人。

(3)项目取得的效益

①经济效益

a. 直接经济效益　项目实施 3 年来，培育优良苗木 12.8 万株，西南桦优良苗木售价 1.0 元，实现销售收入 12.8 万元；育苗成本主要包括种子、肥料、农药、薄膜、荫网、水电、育苗大棚维修和劳务费用，按 0.4 元/株计算，育苗成本 5.12 万元；扣除成本后，利润 7.68 万元。

b. 预期经济效益　营造 35.6hm^2 示范林至 16 年主伐时，每公顷生产木材 273m^3，以木材价格 1000 元/m^3 计算，35.6hm^2 示范林产材 9720m^3，产值 972 万元。同时，通过示范基地的辐射带动作用，该项技术得到大面积推广应用，将产生更大的经济效益。

②生态效益。

西南桦是广西珍贵乡土阔叶树种，生态功能非常突出。

固碳量：按 122.4t/hm^2 计算，35.6hm^2 示范林碳储量 4357t。

涵养水源：6300t/hm^2 计算，35.6hm^2 示范林涵养水源 22.42 万 t。

维持地力：西南桦枯枝落叶容易腐烂，形成有机质，肥沃林地。

防止水土流失：西南桦根系发达，固土作用明显，效益显著。

③社会效益。

培育了林业科技队伍。项目实施过程中，培训科技人员 200 多人次。

提高了西南桦的影响。广西是我国西南桦的产区之一。西南桦是广西林业发展的重要乡土珍贵树种。由于各种原因，西南桦在社会上鲜为人知。项目实施过程中，编制西南桦丰产技术手册，发放 300 册；举办培训班 2 期，培训人员 212 人次，撰写论文 3 篇，这些向社会展示了西南桦研究成果和巨大的发展潜力，在一定程度上改变了人们对西南桦的认知。

丰富了西南桦丰产技术。项目实施过程中，制订林业行业标准 1 件，结合推广工作的实际，开展了多项研究，进一步完善了西南桦造林技术。营造的西南桦示范林，为广西乃至全国树立了样板。

通过项目的实施，促进西南桦人工林的发展，对增加山区农民收入，促进山区经济发展发挥了重要作用。同时，西南桦产业的正在发展，将为社会提供更多的就业机会，促进社会稳定和谐。

7.2.7 推广应用前景

据调查，西南桦木材价是松树、杉木的 2~3 倍，是桉树高 4~6 倍。据统计，广西海拔 300~900m，适合发展西南桦丰林的林地约 70 万 hm^2。目前，广西西南桦人工林面积只有 1 万~2 万 hm^2，占可发展西南桦林地的 2.8%。如果按照《西南桦培育技术规程》大力营造西南桦丰产林，参照松杉桉发展模式发展西南桦，将从根本上改变广西人工林种树种结构，颠覆广西林业产业现状，产生巨大的经济、生态和社会效益。因此，推广应用前景十分广阔。

7.3　田林县乐里林场西南桦推广项目简介

7.3.1 项目基本情况

项目名称：西南桦人工林丰产技术推广示范；合同编号：【2014】TG09 号。

项目承担单位：田林县乐里林场。

项目实施地点：田林县乐里林场乐里分场 7 林班。

项目实施时间：2015 年 3 月~2018 年 12 月。

项目负责人：韦永山(乐里林场场长)。

项目依托技术：西南桦人工林丰产技术研究与示范。

项目技术依托单位：广西生态工程职业技术学院。

项目技术指导：庞正轰、苏付保、冯立新(广西生态工程职业技术学院)。

项目合同经费：中央财政林业科技推广示范资金专项经费 100.00 万元。

项目推广内容：推广西南桦良种 1 个；营建西南桦丰产示范林 40hm²；至 2018 年 12 月项目验收时，平均树高 5.0m，平均胸径 5.0cm，保存率 90%。

7.3.2　项目主要技术

①人工整地技术　人工挖坎，规格为 50cm×50cm×40cm，密度为 2m×4m。秋冬季整地。每坎施 N、P、K 复合肥 250g。

②良种壮苗技术　采用林木良种"凌云县伶站林场西南桦采种母树林种子"，采用二段式育苗。8~9 月育苗，次年 1~3 月出圃造林，苗木质量达到一级苗标准。部分苗木来源凭祥市中国林科院热带林业试验中心组织培养苗木。

③抚育技术　造林后连续抚育三年。每年进行人工除草 3 次，第一次在 4~5 月，第二次在 7 月，第三次 9~10 月；结合第一次和第二次除草，扩坎 50cm，每株施 N、P、K 复合肥 250g。

④病虫害监测防治技术　定期地对西南桦试验林进行病虫害调查，一旦发现重大病虫害随即组织防治。西南桦主要害虫有苹掌舟蛾和相思拟木蠹蛾等，可喷洒苏云金杆菌、阿维因素等生物制剂或乐果等化学药剂进行防治。

7.3.3　项目效益

①经济效益　项目营造示范林 40hm²，按主伐年龄 16 年、木材产量 280m³/hm²、木材价格 1500 元/m³ 计算，示范林木材收入 1680 万元，是总投入的 16.8 倍。

②社会效益　在项目期间，举办培训班 2 期，培训人员 200 多人次；印发《西南桦丰产栽培技术》手册 300 份。

附图

"西南桦人工林丰产技术研究与示范"获广西科技进步三等奖

林木良种证

（审 定）

良种名称 凌云县伶站林场西南桦采种母树林种子

树种 西南桦

学名 *Betula alnoides* Buch. Ham.

良种编号 桂 S-SS-BA-024-2011

适宜推广生态区域
　　适宜在广西西南桦主要产区栽植。

申请人 广西生态学院、百色市林业科技教育工作站等

选育人 庞正轰、李通林、戴庆辉、苏付保、黄凉兰等

编号：（桂SY）第024号 　**发证机关**

2011 年 12 月 31 日

凌云县伶站林场西南桦采种母树林种子

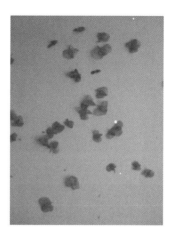

西南桦果实与种子

西南桦母树林

西南桦标准地林相

西南桦林相

技术培训会

庞正轰教授现场指导造林技术

西南桦推广造林当年测定树高

西南桦推广项目现场查定树高、胸径

那坡县示范点示范牌

老山林场示范林